面向新工科普通高等教育系列教材

工厂供电

主　编　张雪君　吴　娜
副主编　高　岩
参　编　孙晓波　张雪梅　张银娟

机 械 工 业 出 版 社

本书是从培养应用型创新人才的目标出发，结合学生就业的具体需求而编写的。本书除了包括电力系统的基本知识、电力负荷的计算方法、短路电流分析与计算、电气设备的选择与校验、供电系统保护及其电气照明等之外，还增加了供配电系统的仿真介绍，可以改善强电实验课程开设比较难的现状，通过 MATLAB 仿真软件学生可以对实用供配电系统进行设计和开发，提高学生的思维能力和动手能力。每章配有习题与思考题，以指导读者深入地进行学习。

　　本书较好地平衡了工程应用与基础理论之间的关系，既可用作本科电类相关专业学生的专业课教材，也可用作工程技术人员的参考用书，还可供电力企业考试复习与培训使用。

　　本书配套授课电子课件，需要的教师可登录 www.cmpedu.com 免费注册，审核通过后下载，或联系编辑索取（QQ：308596956，电话：010-88379753）。

图书在版编目（CIP）数据

工厂供电/张雪君，吴娜主编 . —北京：机械工业出版社，2019.2
（2025.1 重印）
面向新工科普通高等教育系列教材
ISBN 978-7-111-61815-7

Ⅰ.①工…　Ⅱ.①张…②吴…　Ⅲ.①工厂-供电-高等学校-教材
Ⅳ.①TM727.3

中国版本图书馆 CIP 数据核字（2019）第 020299 号

机械工业出版社（北京市百万庄大街 22 号　邮政编码 100037）
策划编辑：汤　枫　　责任编辑：汤　枫
责任校对：张艳霞　　责任印制：郜　敏
中煤（北京）印务有限公司印刷
2025 年 1 月第 1 版·第 5 次印刷
184mm×260mm·19.25 印张·471 千字
标准书号：ISBN 978-7-111-61815-7
定价：59.00 元

电话服务　　　　　　　　　　　网络服务
客服电话：010-88361066　　　机　工　官　网：www.cmpbook.com
　　　　　010-88379833　　　机　工　官　博：weibo.com/cmp1952
　　　　　010-68326294　　　金　书　网：www.golden-book.com
封底无防伪标均为盗版　　机工教育服务网：www.cmpedu.com

前　言

党的二十大报告指出："科技是第一生产力、人才是第一资源、创新是第一动力"。本书是根据本专科院校电类、机电类等专业培养工程应用型人才的特点编写的。在内容上，全面贯彻党的教育方针，落实立德树人根本任务，对传统课程内容进行整合、交融和改革，既体现其内在的联系，又密切结合工程实际，注重新技术、新规范、新设备的介绍，加强了教材的工程实用性和针对性。

工厂供电课程涵盖了电力技术和电力科学的基本内容，本书根据培养应用型人才的要求，在内容编排上注意加强理论教学与工程实际的有机联系，在编写时注重基本概念、定性分析、基本计算方法和实际应用。在叙述上力求深入浅出，通过实例加强对概念的理解和应用技术的掌握。本书图文并茂，文字通顺易懂，便于复习和自学。

本书在介绍电力系统基本知识的基础上，系统地讲解了工厂供电的基础理论及实用计算方法。全书共9章，主要内容包括：绪论、电力负荷计算、短路电流及其计算、供配电一次系统、供配电线路、供电系统的二次接线及防雷与接地、工厂继电保护、工厂电气照明、电力系统的 MATLAB/SIMULINK 建模与仿真等。每章后附有习题与思考题。

本书由张雪君、吴娜主编。山东科技大学的吴娜编写了第2章、第3章，高岩编写了第7章、第8章，哈尔滨理工大学的孙晓波编写了第6章，张雪梅编写了第9章，许昌学院的张银娟编写了第5章，其余内容由哈尔滨理工大学的张雪君编写并统稿。本书的顺利出版，要感谢哈尔滨理工大学、山东科技大学和许昌学院的领导和老师给予的大力支持和帮助。

由于时间仓促及编写水平有限，书中可能存在不少缺点甚至错误，请读者原谅，并提出宝贵意见，也敬请各位同行批评指正。在此向所有支持和帮助完成本书的各位同仁表示衷心的感谢，也要感谢书中所引用的参考资料的各位作者。

编　者

目　　录

第1章 绪 论

本章概述电力系统的相关概念和问题，为学习本课程建立基础。首先简要介绍供配电系统的发展概况，然后介绍发电厂及变电所的类型，并扼要介绍部分新能源发电的知识，接着重点讲述电力系统的基础概念、电能质量指标、电力系统的额定电压及电力系统的中性点运行方式。

1.1 电力系统发展概述

电力行业作为国民经济发展的先行部门，为国民经济其他部门提供发展的基本动力。电能是一种优质资源，具有易于由其他形式的能量转换而来，也易于转换成其他形式的能量以供使用的特点。另外电能还具有转换效率高、便于输送和分配、有利于实现自动化等许多方面的优点。从发电厂到用户的送电过程示意如图1-1所示。

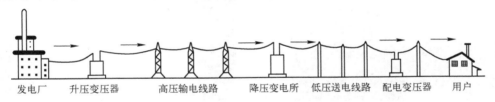

发电厂　升压变压器　高压输电线路　降压变电所　低压送电线路　配电变压器　用户

图1-1　从发电厂到用户的送电过程示意图

电能作为最基本的能源，已广泛地应用到社会生产和生活的各个方面。随着我国国民经济的快速发展和技术的不断进步，对电能的需求将会进一步增大，电能的应用将会更加广泛，因此，搞好电能的生产和供应就显得尤为重要。

1820年奥斯特通过实验证明了电流的磁效应，1831年法拉第发现了电磁感应定律，这些很快促成了电动机和发电机的发明。随之引发人们对电能的开发与应用。

在电能应用的初期，由小容量发电机单独向灯塔、轮船、车间等照明系统供电，可看作是简单的住户式供电系统。白炽灯发明后，出现了中心电站式供电系统，如1882年托马斯·阿尔瓦·爱迪生在纽约主持建造的珍珠街电站，它装有6台直流发电机（总容量约670 kW），用110 V电压供1300盏电灯照明。19世纪90年代，三相交流输电系统研制成功，并很快取代了直流输电，成为电力系统大发展的里程碑。

20世纪以后，人们普遍认识到扩大电力系统的规模可以给能源开发、工业布局、负荷调整、系统安全、经济运行等方面带来显著的社会经济效益，于是，电力系统的规模迅速增长。

1.2 发电厂及变电所类型

电能的生产、输送、分配和使用的全过程，实际上是在同一瞬间实现的，彼此相互影响，因此我们除了了解供配电系统的概况外，还需要了解发电厂和电力系统的一些基本知识。

1.2.1 发电厂类型及新能源发电简介

发电厂（Power Plant）又称发电站，是将自然界蕴藏的各种一次能源转换为电能（二次能源）的工厂。

发电厂按照其所利用的能源不同，主要分为以下几种类型：

（1）火力发电厂（见图1-2）

火力发电就是利用煤、重油和天然气为燃料，使锅炉产生蒸汽，以高压高温蒸汽驱动汽轮机，由汽轮机带动发电机来发电。

（2）水力发电厂（见图1-3）

水力发电就是利用自然水资源作为动力，通过水库或筑坝截流的方式提高水位，利用水流的位能驱动水轮机，由水轮机带动发电机来发电。

图1-2　火力发电厂

图1-3　水力发电厂

（3）核电厂（见图1-4）

原子能发电就是利用核燃料在反应堆中的裂变反应所产生的热能来产生高压高温蒸汽，驱动汽轮机再带动发电机来发电，原子能发电又称核发电。

（4）风力发电厂（见图1-5）

风力发电就是利用自然风力作为动力，驱动可逆风轮机，再由风轮机带动发电机来发电。

图1-4　核电厂

图1-5　风力发电

（5）潮汐发电（见图 1-6）

潮汐发电就是利用潮汐的水位差作为动力，驱动可逆水轮机，再由可逆水轮机带动发电机来发电。

（6）沼气发电（见图 1-7）

沼气发电就是以工业、农业或城镇生活中的大量有机废弃物（例如酒糟液、禽畜粪、城市垃圾和污水等），经厌氧发酵处理产生的沼气，驱动沼气发电机组来发电。

图 1-6　潮汐发电

图 1-7　沼气发电

（7）地热发电（见图 1-8）

地热发电就是把地下的热能转变为机械能，然后再将机械能转变为电能。

（8）太阳能热电（见图 1-9）

太阳能热电就是利用汇聚的太阳光，把水烧至沸腾变为水蒸气，然后用来发电。

图 1-8　地热发电

图 1-9　太阳能热电

1.2.2　变配电所类型

1. 变配电所的任务

变电所担负着从电力系统受电，经过变压然后配电的任务。配电所担负着从电力系统受电，然后直接配电的任务。

2. 变配电所的类型

企业变电所分为总降压变电所和车间变电所，一般中小型企业不设总降压变电所。

（1）总降压变电所

总降压变电所是企业电能供应的枢纽。它由降压变压器高压配电装置（35~110 kV）和低压配电装置（6~10 kV）等主要配电设备组成。总降压变电所的作用是将 35~110 kV 的电源电压降为 6~10 kV 的电压，再由 6~10 kV 配电装置分别将电能送到企业内部各个配电所或高压用电设备。为保证供电的可靠性，总降压变电所一般应设置两台变压器。图 1-10 所示是具有总降压变电所的企业供配电系统示意图。

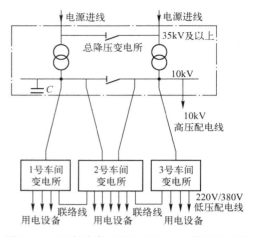

图 1-10　具有总降压变电所的企业供配电系统

对于当地供电电压为 35 kV，企业环境条件和设备条件也允许采用 35 kV 架空线路和较经济的电气设备时，则可采用 35 kV 作为高压配电电压，35 kV 线路直接引入靠近负荷中心的车间变电所，经电力变压器直接降为用电设备所需要的电压，如图 1-11 所示。这种方式被称为高压深入负荷中心的供配电系统。需要指出的是，这种供配电方式企业内部必须满足具有满足 35 kV 架空线路的"安全走廊"，以确保供电安全。

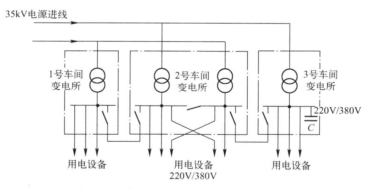

图 1-11　高压深入负荷中心的供配电系统

（2）配电所

对于大中型企业，由于厂区范围大，负荷分散，常设置一个或一个以上配电所。配电所的作用是在靠近负荷中心处集中接受总降压变电所 6~10 kV 电源供来的电能，并把电能重新分配，送至附近各个车间变电所或高压用电设备。所以高压配电所是企业内部电能的中转站，企业配电所的设置还起到了减少厂区高压线路，降低初期建设投资的作用。在运行管理上还起到了分区控制的作用。图 1-12 所示是具有高压配电所的企业供配电系统示意图。

（3）车间变电所

车间变电所的设置应根据车间负荷的大小和车间负荷分布情况来决定，一个车间可设置一个或多个变电所，几个相邻车间负荷都不大时也可以共用一个车间变电所。车间变电所的

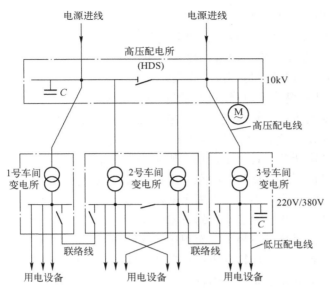

图 1-12 具有高压配电所的企业供配电系统

作用是将 6~10kV 的电源电压变换为 220V/380V 的电压，由 220V/380V 低压配电装置分别送至各个低压用电设备，如图 1-10～图 1-12 所示。

车间变电所按其主变压器的安装位置来分，有下列类型。

1）车间附设变电所：变电所变压器室的一面墙或几面墙与车间建筑的墙共用，变压器室的大门朝车间外开。如果按变压器室位于车间的墙内还是墙外，还可进一步分为内附式（见图 1-13 中的 1、2）和外附式（见图 1-13 中的 3、4）。

2）车间内变电所：变压器室位于车间内的单独房间内，变压器室的大门朝车间内开，处于负荷中心，损耗小（见图 1-13 的 5）。

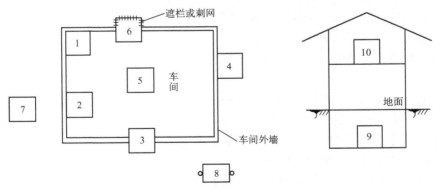

图 1-13 车间变电所的类型

1、2—内附式   3、4—外附式   5—车间内式
6—露天或半露天式   7—独立式   8—杆上式   9—地下式   10—楼上式

3）露天（或半露天）变电所：变压器安装在车间外面抬高的地面上（见图 1-13 中的 6）。

4）独立变电所：变电所设在与车间建筑有一定距离的单独建筑物内（见图 1-13 中的 7）。

5）杆上变电台：变压器安装在室外的电杆上，常用于居民区以及用电负荷较小的单位，如油田井场，亦称杆上变电所（见图 1-13 中的 8）。

6）地下变电所：整个变电所设置在地下（见图 1-13 中的 9）。

7）楼上变电所：整个变电所设置在楼上（见图 1-13 中的 10）。

8）成套变电所：由电器制造厂按一定接线方案成套制造、现场装配的变电所。

9）移动式变电所：整个变电所装设在可移动的车上。

其中车间附设变电所、车间内变电所、独立变电所、地下变电所和楼上变电所均属于室内型（户内式）变电所。露天（或半露天）变电所及杆上变电台，则属于室外型（户外式）变电所。成套变电所和移动式变电所，则室内型和室外型均有。

在负荷较大的多跨厂房、负荷中心在厂房中央且环境许可时，可采用车间内变电所，车间内变电所位于车间的负荷中心，可以缩短低压配电距离，从而降低电能损耗和电压损耗，减少有色金属消耗量，因此这种变电所的技术经济指标比较好。但是变电所建在车间内部，要占一定的生产面积，因此对一些生产面积比较紧凑和生产流程要经常调整、设备也要相应变动的生产车间不太适合；而且其变压器室门朝车间内开，对生产的安全有一定的威胁。这种车间内变电所在大型冶金企业中应用较多。

生产面积比较紧凑和生产流程要经常调整、设备也要相应变动的生产车间，宜采用附设变电所的形式。至于是采用内附式还是外附式，要视具体情况而定。内附式要占一定的生产面积，但离负荷中心比外附式稍近一些，而从建筑外观来看，内附式一般也比外附式好。外附式不占或少占车间生产面积，而且变压器室处于车间的墙外，比内附式更安全一些。因此，内附式和外附式各有所长。这两种形式的变电所在机械类工厂中比较普遍。

露天或半露天变电所，简单经济，通风散热好，因此只要周围环境条件正常，无腐蚀性、爆炸性气体和粉尘的场所均可以采用。这种形式的变电所在工厂的生活区及小厂中较为常见。但是这种形式的变电所的安全可靠性较差，在靠近易燃易爆的厂房附近及大气中含有腐蚀性爆炸性物质的场所不能采用。

独立变电所的建筑费用较高，因此除非各车间的负荷相当小而分散，或需远离易燃易爆和有腐蚀性物质的场所可以采用外，一般车间变电所不宜采用。电力系统中的大型变配电站和工厂的总变配电所，则一般采用独立式。

杆上变电台最为简单经济，一般用于容量在 315kV·A 及以下的变压器，而且多用于生活区供电。

地下变电所的通风散热条件较差，湿度较大，建筑费用也较高，但相当安全且美观。这种形式的变电所在一些高层建筑、地下工程和矿井中采用。

楼上变电所适于高层建筑。这种变电所要求结构尽可能轻型、安全，其主变压器通常采用干式变压器，也有的采用成套变电所。

移动式变电所主要用于坑道作业及临时施工现场供电。

工厂的高压配电所，尽可能与邻近的车间变电所合建，以节约建筑费用。

（4）小型企业供配电系统

对于某些小型企业（容量不大于 1000kV·A），一般只设一个将 10kV 电压降为低压的降压变电所，如图 1-14 所示。

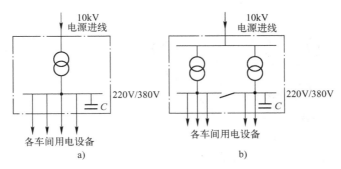

图 1-14　小型企业的供配电系统

a）装有一台变压器　b）装有两台变压器

1.3　电力系统基础

1.3.1　电力系统的基本概念

为了充分利用动力资源，减少燃料运输，降低发电成本，有必要在有水力资源的地方建造水电站，而在有燃料资源的地方建造火电厂。但这些有动力资源的地方，往往离用电中心较远，所以必须用高压输电线路进行远距离的输电，如图 1-15 所示。

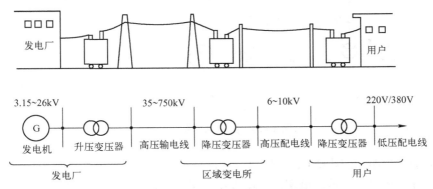

图 1-15　从发电厂到用户的送电过程示意图

1. 电力系统

按对象描述，由各级电压的电力线路将一些发电厂、变电所和电力用户联系起来，组成的统一整体称为电力系统（Power System）。

按过程描述，电力系统是由发电、输电、变电、配电和用电等设备和技术组成的一个将一次能源转换成电能的统一系统。

图 1-16 是一个大型电力系统的简图。

2. 电力网

电力系统中各级电压的电力线路及其联系的变电所，称为电力网或电网（Power Network）。但习惯上，电网和系统往往以电压等级来区分，如 35 kV 电网或 10 kV 系统。这里所指的电网或系统，实际上是指某一电压级相互联系的整个电力线路。

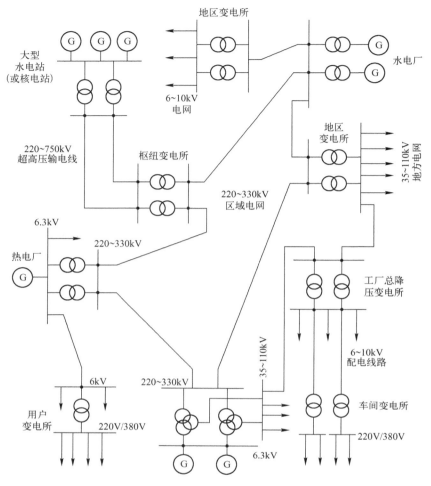

图 1-16 大型电力系统简图

按电压高低和供电范围大小，电网可分为区域电网和地方电网。区域电网的范围大，电压一般在 220 kV 及以上。地方电网的范围较小，最高电压一般不超过 110 kV。

3. 动力系统

电力系统加上发电厂的动力部分及其热能系统和热能用户，就成为动力系统。

其中动力部分指火力发电厂的锅炉、汽轮机、热力网等；水力发电厂的水库、水轮机等；原子能发电厂的核反应堆、蒸发器等。

动力系统、电力系统、电力网三部分的关系如图 1-17 所示。从图中可见，电力网是电力系统的组成部分；电力系统是动力系统的组成部分。

1.3.2 电能的质量指标

电能质量的指标是频率、电压和交流电的波形。当三者在允许的范围内变动时，电能质量合格；当上述三者的偏差超过允许范围时，不仅严重影响用户的工作，而且对电力系统本身的运行也有严重的危害。

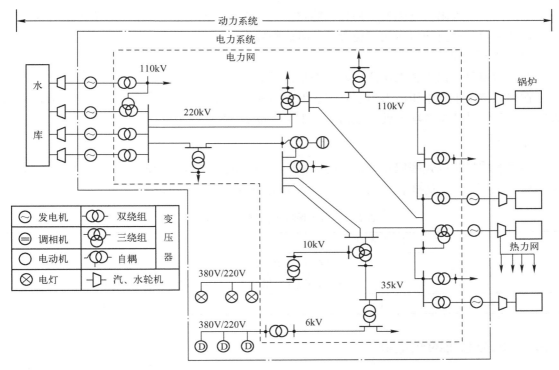

图 1-17　动力系统、电力系统、电力网三部分的关系示意图

1. 电压

电压质量是以电压偏离额定电压的幅度（电压偏差）、电压波动与闪变和电压波形来衡量。

（1）电压偏差

电压偏差是电压偏离额定电压的幅度，一般以百分数表示，即

$$\Delta U\% = \frac{U - U_N}{U_N} \times 100\% \tag{1-1}$$

式中，$\Delta U\%$ 为电压偏差百分数；U 为实际电压（kV）；U_N 为额定电压（kV）。

（2）电压波动与闪变

电压波动是指电压的急剧变化。

电压波动程度以电压最大值与最小值之差或其百分数表示，即

$$\delta U = U_{max} - U_{min} \tag{1-2}$$

$$\delta U\% = \frac{U_{max} - U_{min}}{U_N} \times 100\% \tag{1-3}$$

式中，δU 为电压波动；$\delta U\%$ 为电压波动百分数；U_{max}、U_{min} 分别为电压波动的最大值和最小值（kV）；U_N 为额定电压（kV）。

电压波动将影响电动机正常起动，甚至使电动机无法起动；对同步电动机还可能引起转子振动；使电子设备和计算机无法工作；照明灯发生明显的闪烁，严重影响视力，使人无法正常生产、工作和学习。

电压闪变是人眼对灯闪的一种直观感觉。电压闪变对人眼有刺激作用,甚至使人无法正常工作和学习,严重的电压闪变还会增加事故的概率。

(3)电压波形

波形的质量是以正弦电压波形畸变率来衡量的。

在理想情况下,电压波形为正弦波,但电力系统中有大量非线性负荷,使电压波形发生畸变,除基波外还有各项谐波,电力系统中主要以 3 次、5 次等奇次谐波为主。

2. 频率

频率的质量是以频率偏差来衡量的。我国一般交流电力设备的额定频率为 50 Hz,此频率通称"工频"(工业频率)。不同情况下对频率的要求见表 1-1。

表 1-1　各种情况下允许的频率偏差

运 行 情 况		允许频率偏差/Hz
正常运行	300 万 kW 及以上	±0.2
	300 万 kW 及以下	±0.5
非正常运行		±1.0

1.3.3　电力系统的额定电压

所谓的额定电压,是指电气设备正常运行且能获得最佳技术性能和经济效果的电压。额定电压通常是指线电压,在电气设备铭牌上标出。

电力系统电压是有等级的。

电压分级的原因:

由于 $S=\sqrt{3}UI$,当输送功率 S 一定时,U 越高,I 越小,导线等载流部分的截面积越小,投资也就越小;但电压 U 越高,对于设备绝缘要求也就越高,变压器、杆塔、断路器等设备的绝缘投资也就越大。

综合考虑上述因素,对于一定的输送功率和输送距离总会有一最为合理的线路电压,此时最为经济,主要分成 220 V、380 V、3 kV、6 kV、10 kV、35 V、110 kV、220 kV、500 kV 等。

输电电压一般分为高压、超高压和特高压;通常高压指 35~220 kV 的电压;超高压指 330 kV 及以上、1000 kV 以下的电压;特高压指 1000 kV 及以上的电压。

为了使电力设备生产实现标准化和系列化,方便运行、维修,各种电力设备都规定有额定电压。由于各种用电设备以及发电机、变压器都是按照额定电压设计和制造的,因此它们在额定电压下运行时,技术、经济性能指标都将得到最好的发挥。

在电力系统中同一电压等级下,不同的电气设备具有不同的额定电压规定。用电设备、电力线路、发电机以及变压器的额定电压规定下面分别予以介绍。

1. 电力线路的额定电压

电力线路的额定电压也称为网络的额定电压。网络的额定电压等级是国家根据国民经济发展的需要和电力工业发展的水平,经全面的技术经济分析后确定的。它是确定各类电力设备额定电压的基本依据。

2. 用电设备的额定电压

用电设备的额定电压与同级电网的额定电压相同。

3. 发电机的额定电压

发电机的额定电压比网络的额定电压高 5%。这是因为发电机总是接在电力网的首端，电力线路首端到末端电压损耗一般为网络额定电压的 10%，通常线路首端电压比网络额定电压高 5%，而线路末端电压比网络额定电压最多低 5%。

4. 电力变压器的额定电压

电力变压器额定电压的规定情况较为复杂，需视所处位置来确定，而且需明确一次绕组和二次绕组的定义。

一次绕组：规定变压器接受功率的一侧，相当于用电设备。

二次绕组：规定变压器输出功率的一侧，相当于电源设备。

（1）变压器一次绕组的额定电压

变压器一次绕组接电源，相当于用电设备。与发电机直接相连的变压器的一次绕组的额定电压与发电机额定电压相同；不与发电机直接相连，而是连接在线路上的变压器一次绕组的额定电压应与线路的额定电压相同。

（2）变压器二次绕组的额定电压

变压器二次绕组向负荷供电，相当于发电机。如果变压器二次侧供电线路较长，则变压器二次绕组额定电压要考虑补偿变压器二次绕组本身 5% 的电压降和变压器满载时输出的二次电压仍高于电网额定电压的 5%，所以这种情况的变压器二次绕组额定电压要高于二次侧电网额定电压的 10%；如果变压器二次侧供电线路不长，直接向高低压用电设备供电，则变压器二次绕组的额定电压，只需高于二次侧电网额定电压的 5%，仅考虑补偿变压器内部的 5%。如图 1-18 所示。

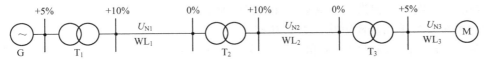

图 1-18　电力变压器额定电压

1.3.4　电力系统的中性点运行方式

电力系统中性点指系统中星形联结的变压器或发电机的中性点。

电力系统的中性点运行方式是一个综合的问题，对于电力系统的运行特别是在系统发生单相接地故障时，有明显的影响。

电力系统的中性点运行方式与电压等级、单相接地电流、过电压水平、保护配置等有关。中性点的运行方式直接影响电网的绝缘水平、系统供电的可靠性、主变压器和发电机的运行安全以及通信线路的抗干扰能力等。

电力系统中性点的运行方式有三种：中性点不接地（中性点绝缘）、中性点经消弧线圈接地（又称非有效接地）和中性点直接接地（又称有效接地）。前两种接地系统称为小接地电流系统，后一种接地系统又称为大接地电流系统。这种区分方法是根据系统中发生单相接地故障时接地电流的大小来划分的，现分别予以讲述。

1. 中性点不接地的电力系统

图 1-19 所示是中性点不接地的电力系统正常运行时的电路图和相量图。假设三相对称系统的电源、线路和负载参数都是对称的，把每相导线的对地分布电容用集中参数 C 来表示，X_C 表示其容抗，并忽略极间分布电容。

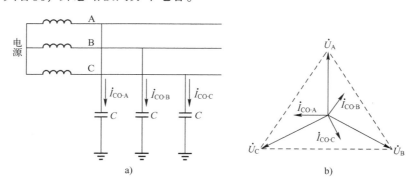

图 1-19 中性点不接地系统正常运行时的电路图和相量图

（1）系统正常运行

由于在正常运行时三相电压 $\dot{U}_A$、$\dot{U}_B$、$\dot{U}_C$ 是对称的，三相的对地电容电流 $\dot{I}_{CO \cdot A}$、$\dot{I}_{CO \cdot B}$、$\dot{I}_{CO \cdot C}$ 也是对称的，如图 1-19b 所示。三相对地分布电容电流分别为

$$\dot{I}_{CO \cdot A} = \frac{\dot{U}_A}{X_{CA}}, \quad \dot{I}_{CO \cdot B} = \frac{\dot{U}_B}{X_{CB}}, \quad \dot{I}_{CO \cdot C} = \frac{\dot{U}_C}{X_{CC}} \tag{1-4}$$

接地电流为

$$\dot{I}_0 = \dot{I}_{CO \cdot A} + \dot{I}_{CO \cdot B} + \dot{I}_{CO \cdot C} = 0 \tag{1-5}$$

三相的电容电流之和为零，说明没有电流在地中流过。各相对地电压均为相电压。

（2）系统发生单相接地短路（如 C 相接地）

如图 1-20 所示，如果发生一相（如 C 相）接地故障，则 C 相对地电压为零，中性点对地电压不为零。而非故障相 A、B 相的对地电压在相位上和数值上均发生变化（变为线电压），如图 1-20b 所示。各相对地电压的表达式如下：

A 相对地电压为 $\qquad\qquad \dot{U}'_A = \dot{U}_A + (-\dot{U}_C) = \dot{U}_{AC}$ $\qquad\qquad$ (1-6)

B 相对地电压为 $\qquad\qquad \dot{U}'_B = \dot{U}_B + (-\dot{U}_C) = \dot{U}_{BC}$ $\qquad\qquad$ (1-7)

由相量图可知，C 相接地时，A 相和 B 相对地电压数值上由原来的相电压变为线电压，即升高为原对地电压的 $\sqrt{3}$ 倍。因此，这种系统的设备的相绝缘，不能只按相电压来考虑，而要按线电压来考虑。

由相量图还可以看出，该系统发生单相接地故障时三相线电压仍然保持对称。因此，与该系统相接的三相用电设备仍可正常运行，这是中性点不接地系统的最大优点。但只允许短时间运行，因为此时非故障相对地电压升高到原对地电压的 $\sqrt{3}$ 倍，容易发生对地闪络接地故障，可能会造成两相短路，其危害性较大。

对地电容电流的变化情况，如图 1-20b 所示。C 相接地时，系统的接地电流（对地电流）I_C 应为 A、B 两相对地电容电流之和，即将接地点作为广义节点，列 KCL 方程：

$$\dot{I}_C + \dot{I}_{CA} + \dot{I}_{CB} = 0 \qquad (1-8)$$

$$\dot{I}_C = -(\dot{I}_{CA} + \dot{I}_{CB}) \qquad (1-9)$$

由图 1-20b 所示的相量图可知，I_C 在相量上正好超前 C 相电压 90°。而 I_C 的量值上：

$I_C = \sqrt{3}\,I_{CA}$，并且 $I_{CA} = \dfrac{U'_A}{X_C} = \dfrac{\sqrt{3}\,U_A}{X_C} = \sqrt{3}\,I_{C0}$，得 $I_C = 3\,I_{C0}$。

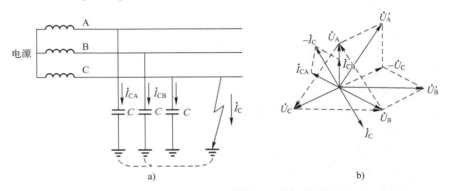

图 1-20　中性点不接地系统发生单相接地故障

结论：一相接地的电容电流为正常运行时每相对地电容电流的 3 倍。中性点不接地系统仅适用于单相接地电容电流不大的电网：

1）3~10 kV 电网中，单相接地电流 $I_d < 30$ A。

2）35~60 kV 电网中，单相接地电流 $I_d < 10$ A。

2. 中性点经消弧线圈接地的电力系统

中性点不接地系统具有发生单相接地故障时仍继续供电的突出优点，但也存在产生间歇性电弧而导致过电压的危险，由于电力线路中含有电阻、电感和电容，因此在单相弧光接地时，可能会形成串联谐振，出现过电压（幅值可达 2.5~3 倍相电压），导致线路上绝缘薄弱地点出现绝缘击穿，因此不宜用于单相接地电流较大的系统。为了克服这个缺点，可将电力系统的中性点经消弧线圈接地。

消弧线圈是一个具有铁心的可调电感线圈，通常将它装在变压器或发电机中性点与地之间，如图 1-21 所示。当电网发生单相接地故障时，流过接地点的总电流是接地电容电流 I_C 与流过消弧线圈的电感电流 I_L 之和。由于 I_C 超前于 U_C 90°，而 I_L 滞后于 U_C 90°，如图 1-21b 所示，两者流过接地点的电流的方向相反，在接地点形成相互补偿，假如电感电流与电容电流基本相等，则可使接地处的电流变得很小或等于零，从而消除了接地处的电弧以及由此引起的各种危害。另外，当电流过零，电弧熄灭后，消弧线圈能减小故障相电压的恢复速度，从而减小了电弧重燃的可能性，有利于单相接地故障的消除。

如果调节消弧线圈抽头使之满足 $I_L = I_C$，则可实现完全补偿。但是，正常运行时并不进行完全补偿，因为感抗等于容抗时，电网将发生串联谐振。假如三相导线对地电容不对称而使中性点有位移电压，那么串联谐振电路中将产生很大电流，该电流在消弧线圈上形成很大电压降，使中性点对地电位大大升高，甚至使设备绝缘损坏。

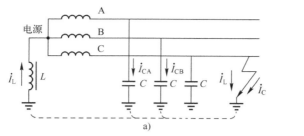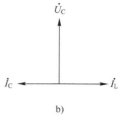

图 1-21　中性点经消弧线圈接地系统发生单相接地故障

如果调节消弧线圈抽头，使 $I_L < I_C$，这时接地处将有未被补偿的电容电流，称为欠补偿运行方式。若 $I_L > I_C$，则在接地处将有残余的电感电流，称为过补偿运行方式，也是供电系统中多采用的一种运行方式。

过补偿方式的消弧线圈留有一定裕度，以保证将来电网发展而使对地电容增加后，原有消弧线圈仍可继续使用。如果采用欠补偿方式，当电网运行方式改变而切除部分线路时，整个电网的对地电容减小，有可能变得接近于完全补偿状态，从而出现上述严重后果。另外，欠补偿方式容易引起铁磁谐振过电压等其问题，所以很少采用。

按我国有关规程规定，在 3～10 kV 电力系统中，若单相接地时的电容电流超过 30 A，或 35～60 kV 电力系统单相接地时电容电流超过 10 A，其系统中性点均应采取经消弧线圈接地方式。

在电源中性点经消弧线圈接地的三相系统中发生单相接地故障时，与中性点不接地的系统一样，相间电压没有变化，因此，三相设备仍可照常运行。但不允许长期运行（一般规定 2 h），必须装设单相接地保护或绝缘监视装置，在发生单相接地时给予报警信号或指示，提醒运行值班人员及时采取措施，查找或消除故障，并尽可能地将重要负荷通过系统切换操作转移到备用线路上。如发生单相接地会危及人身和设备安全时，则单相接地保护应动作于跳闸，切除故障线路。

3. 中性点直接接地的电力系统

中性点直接接地的电力系统可解决如下问题：

1）高压灭弧困难。220 kV 及以上的电压电网，除存在对地电容外，还存在较大的电晕损耗和泄漏损耗，因而在接地电流中既有有功分量又有无功分量，而消弧线圈只能补偿无功分量，接地点仍有较大的有功电流流过；电压等级越高，该值越大，达到 100～200 A 之上时，电弧将无法熄灭。

2）高压绝缘投资大。在中性点直接接地系统中，发生单相接地故障后，中性点电位不变化，致使非故障相对地电压即相电压基本不变化，所以可以有效克服线路及高压设备高压绝缘投资问题。

3）低压单相设备运行需要。在 380 V/220 V 系统中，为了设备可靠接地以及单相设备的工作需要，也通常采用中性点直接接地运行方式。

图 1-22 所示为中性点直接接地的电力系统示意图，这种系统中性点始终保持为零电位。正常运行

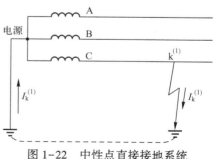

图 1-22　中性点直接接地系统
发生单相接地故障图

时，各相对地电压为相电压，中性点无电流通过；如果该系统发生单相接地故障，因系统中出现了除中性点外的另一个接地点，构成了单相接地短路，如图 1-22 所示，单相短路用符号 $k^{(1)}$ 表示，线路上将流过很大的单相短路电流 $I_k^{(1)}$，各相之间电压不再是对称的。但未发生接地故障的两完好相的对地电压不会升高，仍保持相电压。因此，中性点直接接地的系统中的供用电设备的相绝缘只需按相电压来考虑，从而降低了工程造价。由于这一优点，我国 110kV 及以上的电力系统基本上都采用中性点直接接地的方式。在低压配电系统中，三相四线制的 TN 系统和 TT 系统也都采取中性点直接接地的运行方式。

对于中性点直接接地的电力系统，其优点首先是安全性好，因为系统单相接地时即为单相短路，短路电流较大，保护装置动作立即切除故障；其次是经济性好，因中性点直接接地系统在任何情况下，中性点电压不会升高，且不会出现系统单相接地时电网过电压问题，这样可按相电压考虑电力系统的绝缘水平，经济性好。其缺点是供电可靠性差，因为系统发生单相接地时由于继电保护作用使故障线路的断路器立即跳闸，所以降低了供电可靠性（为了提高其供电可靠性就需采用加自动重合闸装置等措施）。

本章小结

本章主要介绍电能的特点及对供配电的基本要求、电力系统的概念、电力系统的电压和电力系统中性点的运行方式等问题。这些内容是学习本课程的预备知识。在学习本章的内容时，应将重点放在对基本概念的认识和理解上。

1）对供配电的基本要求是保证供电的安全可靠、保证良好的电能质量、保证灵活的运行方式和具有经济性。

2）电力系统通常由发电厂、电力网和电力负荷组成。发电厂的类型按其所使用的一次能源分，主要有火力发电厂、水力发电厂和核能发电厂等；电力网主要是指电力系统中的变电设备和电力线路。

3）电能生产、传输、分配和使用的特点表现在：①电能的生产、传输、分配和使用是同时进行的，也就是说电能无法存储（准确地说是不能大量存储）；②电力系统中的瞬态过程非常短暂；③电能的应用范围非常广泛，影响很大。

4）企业供配电系统主要由外部电源系统和企业内部变配电系统组成。

5）评价电能质量的主要参数是电压和频率。

6）额定电压是指电力网或电力设备在正常运行时能获得最好技术和经济效果的电压。

7）电力系统的中性点运行方式有中性点不接地、中性点经消弧线圈接地和中性点直接接地。

习题与思考题

1-1　电能具有什么特点？

1-2　水电站、火电厂和核电站各利用什么能源？风力发电、地热发电和太阳能发电各有何特点？

1-3　变配电所的任务是什么？类型有哪些？

1-4 什么叫电力系统、电力网和动力系统？

1-5 衡量电能质量的指标是什么？

1-6 电压质量的衡量指标是什么？

1-7 什么叫电压偏差？什么叫电压波动？

1-8 我国规定的"工频"是多少？对其频率偏差有何要求？

1-9 什么是额定电压？在电力系统中同一电压等级下用电设备、电力线路、发电机以及变压器的额定电压是如何规定的？

1-10 三相交流电力系统的电源中性点有哪些运行方式？

第2章 电力负荷计算

在供配电系统设计中，负荷计算是正确选择供配电系统中导线、电缆、开关电器、变压器等电气设备的基础，也是保障供配电系统安全可靠运行必不可少的环节，因此本章内容是供配电系统运行分析和设计计算的基础。

2.1 计算负荷的意义及计算目的

2.1.1 电力负荷的概念及分类

1. 电力负荷的概念

在供配电系统设计中，所谓电力负荷（Electric Power Load）是指电气设备（发电机、变压器、电动机等）和线路中流过的功率或电流（因电压一定时，电流与功率成正比），而不是指它们的阻抗。例如，发电机、变压器的负荷是指它们输出的电功率（或电流），线路的负荷是指通过线路的电功率（或电流）。

2. 电力负荷的分类

工厂的电力负荷，按 GB50052—2009《供配电系统设计规范》规定，根据其对供电可靠性的要求不同分为三个等级。

（1）一级负荷

一级负荷若供电突然中断将造成人身伤亡，或造成重大设备损坏且难以修复，或打乱复杂的生产过程并使大量产品报废，给国民经济带来重大损失。

一级负荷对供电可靠性的要求最高，绝对不允许停电，因此必须由两回独立的电源供电。

（2）二级负荷

二级负荷若突然停电，将造成生产设备局部损坏，或生产流程紊乱且恢复较困难，企业内部运输停顿，或出现大量减产，给国民经济造成较大的损失。

二级负荷一般允许短时停电几分钟，在工业企业中占的比例最大。因此也应由两回线路供电，而且两回线路应尽可能取自不同的变压器或母线段。

（3）三级负荷

不属于一、二级负荷的用电设备称为三级负荷。

三级负荷为不重要的一般负荷，对供电无特殊要求，允许较长时间停电，因此可用单回线路供电。

2.1.2 负荷曲线

1. 负荷曲线的概念及作用

负荷曲线（Load Curve）是表征电力负荷随时间变化的曲线，它反映了用户用电的特点和规律。负荷曲线绘制在直角坐标系中,纵坐标表示负荷值,横坐标表示对应的时间。

负荷曲线按负荷对象分,有工厂的、车间的或某类设备的负荷曲线,按负荷性质分为有功和无功负荷曲线,按所表示的负荷变动时间分,有年的、月的、日的或工作班的负荷曲线。

负荷曲线对供电系统的运行是非常重要的,它是安排供电计划、设备检修和确定系统运行方式的重要依据。由于负荷曲线是用电设备负荷的真实记录,一是可以利用负荷曲线来计算设备或电网的总消费电量;二是可以根据负荷的峰谷情况及供电部门的要求合理安排设备的工作时间,获得最佳用电效率。

2. 负荷曲线的种类与绘制方法

(1) 日负荷曲线

日负荷曲线表示一日 24 h 内负荷变化的情形,如图 2-1 所示。绘制方法如下:

1) 以某个监测点为参考点,在 24 h 中各个时刻记录有功功率表的读数,逐点绘制而成折线形状,称为折线形负荷曲线,如图 2-1a 所示。

2) 通过接在供电线路上的电度表,每隔一定的时间间隔(一般为半小时)将其读数记录下来,求出半小时的平均功率,再依次将这些点画在坐标上,把这些点连成阶梯状,称为阶梯形负荷曲线,如图 2-1b 所示。

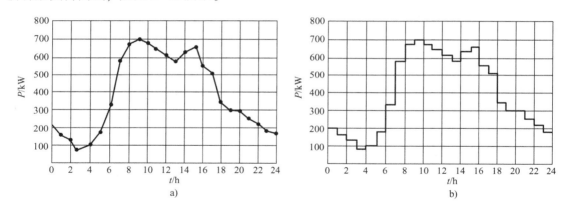

图 2-1 日有功负荷曲线

a) 折线形负荷曲线 b) 阶梯形负荷曲线

为了便于计算,负荷曲线多绘制成阶梯形,横坐标一般按半小时分格,以便确定半小时最大负荷。当然,其时间间隔取得越短,曲线越能反映负荷的实际变化情况。

(2) 年负荷曲线

年负荷曲线反映一年(8760 h)内负荷变化的情况。

年负荷曲线又分为年运行负荷曲线和年负荷持续时间曲线。年运行负荷曲线可根据全年日负荷曲线间接制成;年负荷持续时间曲线的绘制,要借助一年中有代表性的冬季日负荷曲线和夏季日负荷曲线。通常用年负荷持续时间曲线来表示年负荷曲线。绘制方法如图 2-2 所示。

其夏日和冬日在全年中所占的天数,应视地理位置和气温情况核定。一般在北方,近似认为冬季 200 天,夏季 165 天;在南方,近似认为冬季 165 天,夏季 200 天。假设绘制南方某厂的年负荷曲线(见图 2-2c),其中 P_1 在年负荷曲线上所占的时间 $T_1 = 200t_1 + 165t_2$。

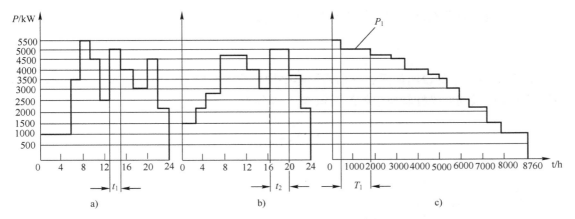

图 2-2　年负荷持续时间曲线的绘制

a) 夏日负荷曲线　b) 冬日负荷曲线　c) 年负荷持续时间曲线

年负荷曲线的另一种形式，是按全年每日的最大负荷（通常取每日最大负荷的半小时平均值）绘制，称为年每日最大负荷曲线，如图 2-3 所示。横坐标依次以全年 12 个月的日期来分格，这种年最大负荷曲线，可以用来确定拥有多台电力变压器的变电所在一年内的不同时期宜投入几台运行，即所谓的经济运行方式，以降低电能损耗，提高供电系统的经济效益。

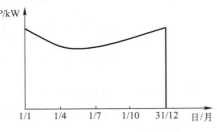

图 2-3　年每日最大负荷曲线

注意：日负荷曲线是按时间的先后绘制的，而年负荷曲线是按负荷的大小和累积时间绘制的。

3. 与负荷曲线和负荷计算有关的物理量

（1）年最大负荷和年最大负荷利用小时

1）年最大负荷（Annual Maximum Load）（P_{max}）：年最大负荷是全年中负荷最大工作班内（该工作班的最大负荷不是偶然出现的，而是在负荷最大的月份内至少出现过 2~3 次）消耗电能最大的半小时的平均功率，又叫半小时最大负荷 P_{30}。

2）年最大负荷利用小时（Utilization Hours of Annual Maximum Load）（T_{max}）：年最大负荷利用小时是一个假想时间，在此时间内，电力负荷按年最大负荷 P_{max} 或 P_{30} 持续运行所消耗的电能，恰好等于该电力负荷全年实际消耗的电能，如图 2-4 所示。

年最大负荷利用小时为

$$T_{max} = \frac{W_a}{P_{max}} \tag{2-1}$$

式中，W_a 为全年实际消耗的电能量（kW·h）。

年最大负荷利用小时是反映电力负荷特征的一个重要参数，与工厂的生产班制有明显的关系。例如，一班制：$T_{max} = 1800 \sim 3600$ h，两班制：$T_{max} = 3500 \sim 4800$ h，三班制：$T_{max} = 5000 \sim 7000$ h。

（2）平均负荷和负荷系数

1）平均负荷（Average Load）P_{av}：平均负荷是电力负荷在一定时间 t 内平均消耗的功

率，也就是电力负荷在该时间 t 内消耗的电能 W_a 除以时间 t 的值，即

$$P_{av} = \frac{W_a}{t} \qquad (2-2)$$

年平均负荷 P_{av} 的说明如图 2-5 所示。年平均负荷的横线与两坐标轴所包围的矩形截面积等于负荷曲线与两坐标轴所包围的面积 W_a，即年平均负荷 P_{av} 为

$$P_{av} = \frac{W_a}{8760\,h} \qquad (2-3)$$

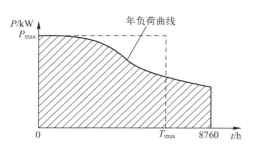

图 2-4　年最大负荷和年最大负荷利用小时

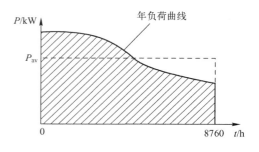

图 2-5　年平均负荷

2）负荷系数（Load Coefficient）：又称为负荷率，它是用电负荷的平均负荷与其最大负荷的比值，分有功负荷系数和无功负荷系数两种，即

$$\left.\begin{array}{l} K_{aL} = \dfrac{P_{av}}{P_{max}} \\[3mm] K_{rL} = \dfrac{Q_{av}}{Q_{max}} \end{array}\right\} \qquad (2-4)$$

对负荷曲线来说，负荷系数也称为负荷曲线填充系数，它表征负荷曲线不平坦的程度，即表征负荷起伏变化的程度。从充分发挥供电系统的能力、提高供电效率来说，希望此系数越高即越接近于 1 越好。从发挥整个电力系统的效能来说，应尽量使不平坦的负荷曲线"削峰填谷"，提高负荷系数。

对于单个用电设备或用电设备组，负荷系数就是设备的输出功率 P 与设备额定容量 P_N 的比值，即

$$K_L = \frac{P}{P_N} \qquad (2-5)$$

负荷系数通常以百分数表示。有时，有功负荷率用 α、无功负荷率用 β 表示。

对于不同性质的用户，负荷曲线是不同的。一般来说，负荷曲线的变化规律取决于负荷的性质、企业生产发展情况及作息制度、用电地区的地理位置、当地气候条件和人民生活习惯等。三班制连续生产的重工业，如钢铁工业的日负荷曲线如图 2-6a 所示，该曲线比较平坦，最小负荷系数达到 0.85。一班制生产的轻工业，如食品工业的日负荷曲线如图 2-6b 所示，其负荷变化比较大，最小负荷系数只有 0.13。非排灌季节的农业日负荷曲线如图 2-6c 所示，农村加工用电每天仅 12 h。市政生活负荷曲线中存在明显的照明用电高峰，如图 2-6d 所示。

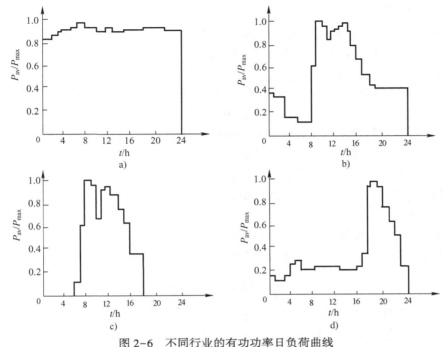

图 2-6 不同行业的有功功率日负荷曲线

a) 钢铁工业负荷 b) 食品工业负荷 c) 农村负荷 d) 市政生活负荷

2.1.3 负荷计算的意义及目的

进行供电系统设计时，首先遇到的是全单位要多大的供电量，即负荷大小问题。由于各种用电设备运行特性不同，其用电方式各有特点，一般各用电设备的最大负荷不会同时出现，甚至不同时工作。因此，精确地计算企业的用电负荷是非常困难的。若负荷统计过大，则所选导线截面及电气设备的额定容量就大，将造成投资和设备的浪费；若负荷统计过小，则所选导线截面及电气设备的额定容量就小，将造成导线及电气设备过热，使线路及各种电气设备的绝缘老化，寿命缩短，甚至无法正常工作。因此，负荷统计是重要的。通过负荷的统计计算求出的、用来按发热条件选择供电系统中各元件的负荷值，称为计算负荷（Calculation Load）。根据计算负荷选择的电气设备和导线电缆，如果以计算负荷连续运行，其发热温度不会超过允许值。

由于导体通过电流达到稳定温升的时间大约需要 $(3\sim4)\tau$，τ 为发热时间常数。截面积在 16 mm^2 及以上的导体，其 $\tau \geqslant 10min$，因此载流导体大约经 30 min 后可达到稳定温升值。由此可见，计算负荷实际上与从负荷曲线上查得的半小时最大负荷 P_{30}（亦称年最大负荷 P_{max}）是基本相当的，所以计算负荷也可以认为就是半小时最大负荷。

求计算负荷的这项工作称为负荷计算。负荷计算的意义在于能为合理地选择供电系统中的导线、开关电器、变压器等设备，使电气设备和材料既能得到充分利用又能满足电网的安全运行提供理论根据。另外，也是选择仪表量程、整定继电保护的重要依据，并作为按发热条件选择导线、电缆和电气设备的依据。

求计算负荷时必须考虑用电设备的工作特征，其中工作制与负荷计算的关系较大，因为不同工作制下，导体的发热条件是不同的。

用电设备的工作制可以分为：

1）连续运行工作制。指工作时间较长（长到足以达到热平衡状态）、连续运行的用电设备，绝大多数属于此工作制。如通风机、空气压缩机、各种泵类、各种电炉、电解电镀设备、电动发电机组和照明设备等。

2）短时运行工作制。指工作时间很短（短于达到热平衡所需的时间）、停歇时间相当长（长到足以使设备温度冷却到周围介质的温度）的用电设备。如金属切削机床用的辅助机械（横梁升降、刀架快速移动装置等）、控制闸门用的电动机等，这类设备数量很少。求计算负荷一般不考虑短时运行工作制的设备。

3）断续周期工作制。指有周期性地时而工作、时而停歇、反复运行的用电设备，而每个工作周期不超过 10 min，无论工作或停歇，都不足以使设备达到热平衡。如吊车用电动机、电焊变压器等。

断续周期工作制的设备，可用"负荷持续率"（Duty Cycle，又称暂载率）来表示其工作特征。负荷持续率为一个工作周期内工作时间与工作周期的百分比值，用 ε 来表示，即

$$\varepsilon = \frac{t}{T} \times 100\% = \frac{t}{t+t_0} \times 100\% \tag{2-6}$$

式中，T 为工作周期；t 为工作周期内的工作时间；t_0 为工作周期内的停歇时间。

吊车电动机的标准暂载率有 15%、25%、40% 和 60% 共 4 种；电焊设备的标准暂载率有 50%、65%、75% 和 100% 共 4 种。

断续周期工作制设备的额定容量（铭牌功率）P_N，是对应于某一标称负荷持续率 ε_N 的。如果实际运行的负荷持续率 $\varepsilon \neq \varepsilon_N$，则实际容量 P_e 应按同一周期内等效发热条件进行换算。由于电流 I 通过电阻 R 的设备在时间 t 内产生的热量为 I^2Rt，因此在设备产生相同热量的条件下，$I \propto 1/\sqrt{\varepsilon}$，即设备容量与负荷持续率的平方根值成反比。由此可知，如果设备在 ε_N 下的容量为 P_N，则换算到实际 ε 下的容量 P_e 为

$$P_e = P_N \sqrt{\frac{\varepsilon_N}{\varepsilon}} \tag{2-7}$$

2.2 用电设备计算负荷的确定

2.2.1 三相用电设备组计算负荷的确定

我国目前普遍采用的确定用电设备计算负荷的方法有需要系数法和二项式法。需要系数法是国际上普遍采用的确定计算负荷的方法，最为简便。二项式法的应用局限性较大，但在确定设备台数少而容量差别很大的分支干线的计算负荷时，较之需要系数法更合理，且计算也更简便。本书只介绍这两种方法。

1. 需要系数法

（1）基本公式

用电设备组的计算负荷，是指用电设备组从供电系统中取用的半小时最大负荷 P_{30}。用电设备组的设备容量 P_e，是指用电设备组所有用电设备（不含备用设备）的额定容量之和，

即 $P_e = \sum P_N$（见图2-7）。而设备的额定容量 P_N，是设备在额定条件下的最大输出功率（出力）。但是用电设备组的设备实际上不一定都同时运行，运行的设备也不太可能都满负荷，同时设备本身和配电线路还有功率损耗，因此用电设备组的有功计算负荷应为

$$P_{30} = \frac{K_\Sigma K_L}{\eta_e \eta_{WL}} P_e \qquad (2-8)$$

式中，K_Σ 为设备组的同时系数，即设备组在最大负荷时运行的设备容量与全部设备容量之比；K_L 为设备组的负荷系数，即设备组在最大负荷时输出功率与运行的设备容量之比；η_e 为设备组的平均效率，即设备组在最大负荷时输出功率与取用功率之比；η_{WL} 为配电线路的平均效率，即配电线路在最大负荷时的末端功率（即设备组取用功率）与首端功率（即计算负荷）之比。

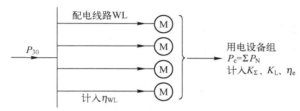

图2-7　用电设备组的计算负荷说明

令式（2-8）中的 $\dfrac{K_\Sigma K_L}{\eta_e \eta_{WL}} = K_d$，这里的 K_d 称为需要系数（Demand Coefficient）。可知需要系数的定义式为

$$K_d = \frac{P_{30}}{P_e} \qquad (2-9)$$

即用电设备组的需要系数，为用电设备组的半小时最大负荷与其设备容量的比值。

由此可得按需要系数法确定三相用电设备组有功计算负荷的基本公式为

$$P_{30} = K_d P_e \qquad (2-10)$$

实际上，需要系数 K_d 不仅与用电设备组的工作性质、设备台数、设备效率和线路损耗等因素有关，而且与操作人员的技能和生产组织等多种因素有关，因此应尽可能地通过实测分析确定，使之尽量接近实际。

表2-1~表2-4列出了各种用电设备组的需要系数值，供读者参考。

表2-1　各用电设备组的需要系数 K_d 及功率因数 $\cos\varphi$

用电设备组名称	K_d	$\cos\varphi$	$\tan\varphi$
单独传动的金属加工机床：			
1. 小批量生产的冷加工车间	0.16~0.2	0.50	1.73
2. 大批量生产的冷加工车间	0.18~0.25	0.50	1.73
3. 小批量生产的热加工车间	0.25~0.3	0.60	1.33
4. 大批量生产的热加工车间	0.3~0.35	0.65	1.17
压床、锻锤、剪床及其他锻工机械	0.25	0.60	1.33
连续运输机械：			
1. 联锁的	0.65	0.75	0.88
2. 非联锁的	0.60	0.75	0.88

用电设备组名称	K_d	$\cos\varphi$	$\tan\varphi$
轧钢车间反复短时工作制的机械	0.3~0.40	0.5~0.6	1.73~1.33
通风机：			
1. 生产用	0.75~0.85	0.8~0.85	0.75~0.62
2. 卫生用	0.65~0.70	0.80	0.75
泵、活塞式压缩机、鼓风机、电动发电机组、排风机等	0.75~0.85	0.8	0.75
透平压缩机和透平鼓风机	0.85	0.85	0.62
破碎机、筛选机、碾砂机等	0.75~0.80	0.80	0.75
磨碎机	0.80~0.85	0.80~0.85	0.75~0.62
铸铁车间造型机	0.70	0.75	0.88
搅拌器、凝结器、分级器等	0.75	0.75	0.88
水银整流机组（在变压器一次侧）：			
1. 电解车间用	0.90~0.95	0.82~0.90	0.70~0.48
2. 起重机负荷	0.30~0.50	0.87~0.90	0.57~0.48
3. 电气牵引用	0.40~0.50	0.92~0.94	0.43~0.36
感应电炉（不带功率因数补偿装置）：			
1. 高频	0.80	0.10	10.05
2. 低频	0.80	0.35	2.67
实验室用的小型电热设备（电阻炉、干燥箱等）	0.7	1.0	0
小容量试验设备和试验台：			
1. 带电动发电机组	0.15~0.40	0.70	1.02
2. 带试验变压器	0.1~0.25	0.20	4.91
起重机：			
1. 锅炉房、修理、金工、装配车间	0.05~0.15	0.50	1.73
2. 铸铁车间、平炉车间	0.15~0.30	0.50	1.73
3. 轧钢车间、脱锭工部等	0.25~0.35	0.50	1.73
电焊机：			
1. 点焊与缝焊用	0.35	0.60	1.33
2. 对焊用	0.35	0.70	1.02
电焊变压器：			
1. 自动焊接用	0.50	0.40	2.29
2. 单头手动焊接用	0.35	0.35	2.68
3. 多头手动焊接用	0.40	0.35	2.68
焊接用电动发电机组：			
1. 单头焊接用	0.35	0.60	1.33
2. 多头焊接用	0.70	0.75	0.80
电弧炼钢变压器	0.90	0.87	0.57
煤气电气滤清机组	0.80	0.78	0.80

注：本表参考《工矿企业电气设计手册》（上册）编制。

表 2-2　3~10 kV 高压用电设备需要系数及功率因数

序号	高压用电设备组名称	K_d	$\cos\varphi$	$\tan\varphi$
1	电弧炉变压器	0.92	0.87	0.57
2	铜炉	0.90	0.87	0.57
3	转炉鼓风机	0.70	0.80	0.75
4	水压机	0.50	0.75	0.88
5	煤气站、排风机	0.70	0.80	0.75
6	空气站压缩机	0.70	0.80	0.75
7	氧气压缩机	0.80	0.80	0.75
8	轧钢设备	0.80	0.80	0.75
9	试验电动机组	0.50	0.75	0.88
10	高压给水泵（感应电动机）	0.50	0.80	0.75
11	高压给水泵（同步电动机）	0.80	0.92	-0.43
12	引风机、送风机	0.8~0.9	0.85	0.62
13	有色金属轧机	0.15~0.20	0.70	1.02

注：本表参考《电气负荷计算系数》编制。

表 2-3　各种车间的低压负荷需要系数及功率因数

序号	车间名称	K_d	$\cos\varphi$	$\tan\varphi$
1	铸钢车间（不包括电炉）	0.3~0.4	0.65	1.17
2	铸铁车间	0.35~0.4	0.7	1.02
3	锻压车间（不包括高压水泵）	0.2~0.3	0.55~0.65	1.52~1.17
4	热处理车间	0.4~0.6	0.65~0.7	1.17~1.02
5	焊接车间	0.25~0.3	0.45~0.5	1.98~1.73
6	金工车间	0.2~0.3	0.55~0.65	1.52~1.17
7	木工车间	0.28~0.35	0.6	1.33
8	工具车间	0.3	0.65	1.17
9	修理车间	0.2~0.25	0.65	1.17
10	落锤车间	0.2	0.6	1.33
11	废钢铁处理车间	0.45	0.68	1.08
12	电镀车间	0.4~0.62	0.85	0.62
13	中央实验室	0.4~0.6	0.6~0.8	1.33~0.75
14	充电站	0.6~0.7	0.8	0.75
15	煤气站	0.5~0.7	0.65	1.17
16	氧气站	0.75~0.85	0.8	0.75
17	冷冻站	0.7	0.75	0.88
18	水泵站	0.5~0.65	0.8	0.75
19	锅炉房	0.65~0.75	0.8	0.75
20	压缩空气站	0.7~0.85	0.75	0.88
21	乙炔站	0.7	0.9	0.48
22	试验站	0.4~0.5	0.8	0.75
23	发电机车间	0.29	0.60	1.32
24	变压器车间	0.35	0.65	1.17
25	电容器车间（机械化运输）	0.41	0.98	0.19
26	高压开关车间	0.30	0.70	1.02
27	绝缘材料车间	0.41~0.50	0.80	0.75
28	漆包线车间	0.80	0.91	0.48
29	电磁线车间	0.68	0.80	0.75
30	线圈车间	0.55	0.87	0.51
31	扁线车间	0.47	0.75~0.78	0.88~0.80
32	圆线车间	0.43	0.65~0.70	1.17~1.02

序号	车 间 名 称	K_d	$\cos\varphi$	$\tan\varphi$
33	压延车间	0.45	0.78	0.80
34	辅助性车间	0.3~0.35	0.65~0.70	1.17~1.02
35	电线厂主厂房	0.44	0.75	0.88
36	电瓷厂主厂房（机械化运输）	0.47	0.75	0.88
37	电表厂主厂房	0.40~0.50	0.80	0.75
38	电刷厂主厂房	0.50	0.80	0.75

注：本表参考《工矿企业电气设计手册》及《电气负荷计算系数》编制。

表 2-4　某些工厂的全厂需要系数及功率因数

工厂类别	需 要 系 数		最大负荷时功率因数	
	变动范围	建议采用	变动范围	建议采用
汽轮机制造厂	0.38~0.49	0.38		0.88
锅炉制造厂	0.26~0.33	0.27	0.73~0.75	0.73
柴油机制造厂	0.32~0.34	0.32	0.74~0.84	0.74
重型机械制造厂	0.25~0.47	0.35		0.79
机床制造厂	0.13~0.3	0.2		
重型机床制造厂	0.32	0.32		0.71
工具制造厂	0.34~0.35	0.34		
仪器仪表制造厂	0.31~0.43	0.37	0.8~0.82	0.81
滚珠轴承制造厂	0.24~0.34	0.28		
量具刃具制造厂	0.26~0.35	0.26		
电机制造厂	0.25~0.38	0.33		
石油机械制造厂	0.45~0.5	0.45		0.78
电线电缆制造厂	0.35~0.36	0.35	0.65~0.8	0.73
电器开关制造厂	0.3~0.6	0.35		0.75
阀门制造厂	0.38	0.38		
铸管厂		0.5		0.78
橡胶厂	0.5	0.5	0.72	0.72
通用机器厂	0.34~0.43	0.4		

需要系数值与用电设备的类别和工作状态关系极大，因此在计算时，首先要正确判明用电设备的类别和工作状态，否则将造成错误。

求出有功计算负荷后，可按下式分别求出其余的计算负荷。

无功计算负荷为

$$Q_{30} = P_{30}\tan\varphi \tag{2-11}$$

式中，$\tan\varphi$ 为对应于用电设备组 $\cos\varphi$ 的正切值。

视在计算负荷为

$$S_{30} = \frac{P_{30}}{\cos\varphi} \tag{2-12}$$

式中，$\cos\varphi$ 为用电设备组的平均功率因数。

计算电流为

$$I_{30} = \frac{S_{30}}{\sqrt{3}\,U_N} \tag{2-13}$$

式中，U_N 为用电设备组的额定电压。

如果为一台三相电动机，则其计算电流应取为其额定电流，即

$$I_{30}=I_{N}=\frac{P_{N}}{\sqrt{3}\,U_{N}\eta\cos\varphi} \tag{2-14}$$

负荷计算中常用的单位：有功功率为"千瓦"（kW），无功功率为"千乏"（kvar），视在功率为"千伏安"（kV·A），电流为"安"（A），电压为"千伏"（kV）。

【例 2-1】 已知某机修车间的金属切削机床组，有电压为 380 V 的三相电动机，其中 7.5 kW 5 台，3 kW 12 台，1.5 kW 16 台。试求其计算负荷。

解： 此机床组电动机的总容量为

$$P_{e}=(7.5\times5+3\times12+1.5\times16)\,kW=97.5\,kW$$

查表 2-1 中"小批量生产的冷加工车间的机床"项，得 $K_{d}=0.16\sim0.2$（取 0.2 计算），$\cos\varphi=0.5$，$\tan\varphi=1.73$。由此可求得

有功计算负荷　$P_{30}=0.2\times97.5\,kW=19.5\,kW$

无功计算负荷　$Q_{30}=19.5\,kW\times1.73=33.74\,kvar$

视在计算负荷　$S_{30}=19.5/0.5\,kV\cdot A=39\,kV\cdot A$

计算电流为　$I_{30}=\dfrac{39}{\sqrt{3}\times0.38}\,A=59.27\,A$

（2）设备容量的计算

需要系数法基本公式 $P_{30}=K_{d}P_{e}$ 中的设备容量 P_{e}，不含备用设备的容量，而且要注意，此容量的计算与用电设备组的工作制有关。

1）一般连续运行工作制和短时运行工作制的用电设备组。

设备容量就是所有设备的铭牌额定容量之和。

2）断续周期工作制的用电设备组。

设备容量是将所有设备在不同负荷持续率下的铭牌额定容量换算到一个规定的负荷持续率下的容量之和。

① 吊车电动机组。若负荷持续率 $\varepsilon\neq25\%$，则应统一换算为 $\varepsilon=25\%$ 时的设备容量。即

$$P_{e}=P_{N}\sqrt{\frac{\varepsilon_{N}}{\varepsilon_{25}}}=2P_{N}\sqrt{\varepsilon_{N}} \tag{2-15}$$

式中，P_{N} 为吊车电动机的铭牌容量；ε_{N} 为与铭牌对应的负荷持续率；ε_{25} 为 ε 等于 25% 的负荷持续率（计算中用 0.25）。

② 电焊机组。若负荷持续率 $\varepsilon\neq100\%$，则应统一换算为 $\varepsilon=100\%$ 时的设备容量。即

$$P_{e}=P_{N}\sqrt{\frac{\varepsilon_{N}}{\varepsilon_{100}}}=P_{N}\sqrt{\varepsilon_{N}} \tag{2-16}$$

式中，P_{N} 为电焊机的铭牌容量；ε_{N} 为与铭牌对应的负荷持续率；ε_{100} 为 ε 等于 100% 的负荷持续率（计算中用 1）。

3）照明设备。

① 不用镇流器的照明设备的设备容量指灯头的额定功率，即

$$P_{e}=P_{N} \tag{2-17}$$

② 用镇流器的照明设备（如荧光灯、高压汞灯）的设备容量要包括镇流器中的功率损

失，即

$$P_e = K_{b1}P_N \qquad (2-18)$$

式中，K_{b1} 为功率换算系数。荧光灯采用普通电感镇流器取 1.25，采用节能型电感镇流器取 1.15~1.17，采用电子镇流器取 1.1；高压钠灯和金属卤化物灯采用普通电感镇流器取 1.14~1.16，采用节能型电感镇流器取 1.09~1.1。

③ 照明设备的设备容量还可按建筑物的单位面积容量法估算，即

$$P_e = \omega S/1000 \qquad (2-19)$$

式中，ω 为建筑物的单位面积照明容量（W/m^2）；S 为建筑物的面积（m^2）。

（3）多组用电设备计算负荷的确定

确定拥有多组用电设备的干线上或车间变电所低压母线上的计算负荷时，应考虑各组用电设备的最大负荷不同时出现的因素。因此在确定多组用电设备的计算负荷时，应结合具体情况对其有功负荷和无功负荷分别计入一个同时系数 $K_{\Sigma p}$ 和 $K_{\Sigma q}$。

对车间干线，取

$$K_{\Sigma p} = 0.85 \sim 0.95$$
$$K_{\Sigma q} = 0.90 \sim 0.97$$

对低压母线，分两种情况：

1）由用电设备组计算负荷直接相加来计算时，取

$$K_{\Sigma p} = 0.80 \sim 0.90$$
$$K_{\Sigma q} = 0.85 \sim 0.95$$

2）由车间干线计算负荷直接相加时，取

$$K_{\Sigma p} = 0.90 \sim 0.95$$
$$K_{\Sigma q} = 0.93 \sim 0.97$$

总的有功计算负荷为

$$P_{30} = K_{\Sigma p} \sum P_{30(i)}$$

式中，$\sum P_{30(i)}$ 为各组设备的有功计算负荷之和。

总的无功计算负荷为

$$Q_{30} = K_{\Sigma q} \sum Q_{30(i)} \qquad (2-20)$$

式中，$\sum Q_{30(i)}$ 为各组设备的无功计算负荷之和。

总的视在计算负荷为

$$S_{30} = \sqrt{P_{30}^2 + Q_{30}^2} \qquad (2-21)$$

总的计算电流为

$$I_{30} = \frac{S_{30}}{\sqrt{3} U_N} \qquad (2-22)$$

注意：由于各组用电设备的功率因数不一定相同，因此总的视在计算负荷和计算电流一般不能用各组的视在计算负荷或计算电流之和来计算，总的视在计算负荷也不能按式（2-12）来计算。

【例 2-2】某机修车间的 380 V 线路上，接有金属切削机床电动机：7.5 kW 1 台，4 kW

3台，3kW 5台，2.2kW 10台；另接通风机 1.5 kW 4台；电阻炉 2kW 1台。试求计算负荷（设同时系数 $K_{\Sigma p}$ 和 $K_{\Sigma q}$ 均为 0.9）。

解：（1）金属切削机床（属于冷加工机床）

此机床组电动机的总容量为

$$P_{e(1)} = (7.5 \times 1 + 4 \times 3 + 3 \times 5 + 2.2 \times 10) \, \text{kW} = 56.5 \, \text{kW}$$

查表 2-1，可得 $K_{d1} = 0.2$，$\cos\varphi_1 = 0.5$，$\tan\varphi_1 = 1.73$。

$$P_{30(1)} = 0.2 \times 56.5 \, \text{kW} = 11.3 \, \text{kW}$$

$$Q_{30(1)} = 11.3 \, \text{kW} \times 1.73 = 19.55 \, \text{kvar}$$

（2）通风机

$$P_{e(2)} = 1.5 \, \text{kW} \times 4 = 6 \, \text{kW}$$

查表 2-1，可得 $K_{d2} = 0.8$，$\cos\varphi_2 = 0.8$，$\tan\varphi_2 = 0.75$。

$$P_{30(2)} = 0.8 \times 6 \, \text{kW} = 4.8 \, \text{kW}$$

$$Q_{30(2)} = 4.8 \, \text{kW} \times 0.75 = 3.6 \, \text{kvar}$$

（3）电阻炉

查表 2-1，可得 $K_{d3} = 0.7$，$\cos\varphi_3 = 1.0$，$\tan\varphi_3 = 0$。

$$P_{30(3)} = 2 \, \text{kW} \times 1 = 2 \, \text{kW}$$

$$Q_{30(2)} = 0$$

（4）总的计算负荷

$$P_{30} = K_{\Sigma p} \sum_{i=1}^{3} P_{30(i)} = 0.9 \times (11.3 + 4.8 + 2) \, \text{kW} = 16.29 \, \text{kW}$$

$$Q_{30} = K_{\Sigma q} \sum_{i=1}^{3} Q_{30(i)} = 0.9 \times (19.55 + 3.6 + 0) \, \text{kvar} = 20.84 \, \text{kvar}$$

$$S_{30} = \sqrt{P_{30}^2 + Q_{30}^2} = \sqrt{16.29^2 + 20.84^2} \, \text{kV} \cdot \text{A} = 26.45 \, \text{kV} \cdot \text{A}$$

$$I_{30} = \frac{S_{30}}{\sqrt{3} \, U_N} = \frac{26.45}{\sqrt{3} \times 0.38} \, \text{A} = 40.19 \, \text{A}$$

2. 二项式法

二项式法是考虑用电设备的数量和大容量用电设备对计算负荷影响的经验公式。一般应用在机械加工和热处理车间中用电设备数量较少和容量差别大的配电箱及车间支干线的负荷计算，来弥补需要系数法的不足之处。但是，二项式系数过分突出最大用电设备容量的影响，其计算负荷往往较实际偏大。

（1）对同一工作制的单组用电设备

基本公式

$$\left.\begin{array}{l} P_{30} = bP_e + cP_x \\ Q_{30} = P_{30}\tan\varphi \\ S_{30} = \sqrt{P_{30}^2 + Q_{30}^2} \\ I_{30} = \dfrac{S_{30}}{\sqrt{3} \, U_N} \end{array}\right\} \tag{2-23}$$

式中，P_x 为该用电设备组中 x 台容量最大用电设备的额定容量之和；P_e 为该用电设备组的额定容量总和；b、c 为二项系数，随用电设备组类别而定（见表 2-5）；cP_x 为由 x 台容量最大用电设备所造成的使计算负荷大于平均负荷的一个附加负荷；bP_e 为该用电设备组的平均负荷。当用电设备的台数 n 等于最大容量用电设备的台数 x，且 $n=x\leqslant 3$ 时，一般将用电设备的额定容量总和作为计算负荷。

表 2-5 用电设备组的二项系数 b 及 c

用电设备组名称	b	c	x	$\cos\varphi$	$\tan\varphi$
小批生产金属冷加工机床	0.14	0.4	5	0.5	1.73
大批生产金属冷加工机床	0.14	0.5	5	0.5	1.73
大批生产金属热加工机床	0.26	0.5	5	0.65	1.17
通风机、泵、压缩机及电动发电机组	0.65	0.25	5	0.8	0.75
连续运输机械（联锁）	0.6	0.2	5	0.75	0.88
连续运输机械（不联锁）	0.4	0.4	5	0.75	0.88
锅炉房、机修、装配、机械车间的吊车（$\varepsilon=25\%$）	0.06	0.2	3	0.5	1.73
铸工车间的吊车（$\varepsilon=25\%$）	0.09	0.3	3	0.5	1.73
平炉车间的吊车（$\varepsilon=25\%$）	0.11	0.3	5	0.5	1.73
轧钢车间及脱锭脱模的吊车（$\varepsilon=25\%$）	0.18	0.3	3	0.5	1.73
自动装料的电阻炉（连续）	0.7	0.3	2	0.95	0.33
非自动装料的电阻炉（不连续）	0.5	0.5	1	0.95	0.33
实验室用的小型电热设备（电阻炉、干燥箱等）	0.7	0	—	1.0	0

（2）对不同工作制的多组用电设备

$$\left. \begin{aligned} P_{30} &= \sum (bP_e)_i + (cP_x)_{\max} \\ Q_{30} &= \sum (bP_e\tan\varphi)_i + (cP_x)_{\max}\tan\varphi_{\max} \\ S_{30} &= \sqrt{P_{30}^2 + Q_{30}^2} \\ I_{30} &= \frac{S_{30}}{\sqrt{3}\,U_N} \end{aligned} \right\} \tag{2-24}$$

式中，$(cP_x)_{\max}$ 为各用电设备组附加负荷 cP_x 中的最大值；$\sum (bP_e)_i$ 为各用电设备组平均负荷 bP_e 的总和；$\tan\varphi_{\max}$ 为与 $(cP_x)_{\max}$ 相对应的功率因数角正切值；$\tan\varphi$ 为各用电设备组相应的功率因数角正切值。

需要系数法是各国均普遍采用的确定计算负荷的基本方法，简单方便。二项式法的应用局限性较大，但在确定设备台数较少而容量差别很大的分支干线的计算负荷时，较需要系数法更合理，且计算也更简单。采用二项式法计算时，应注意将计算范围内的所有用电设备统一分组，不应逐级计算后再代数相加，并且计算的最后结果，不再乘以最大负荷同时系数。因为由二项式法求得的计算负荷是总平均负荷和最大一组附加负荷之和，它与需要系数法的各用电设备组半小时最大负荷的概念不同。在需要系数法中就要考虑乘以最大负荷同时系数。

【例 2-3】 试用二项式法确定例 2-2 所述机修车间 380 V 线路的计算负荷。

解： 先求各组的 bP_e 和 cP_x：

1）金属切削机床组查表 2-6，得 $b = 0.14$，$c = 0.4$，$x = 5$，$\cos\varphi = 0.5$，$\tan\varphi = 1.73$，因此

$$bP_{e(1)} = 0.14 \times 56.5\,\text{kW} = 7.91\,\text{kW}$$

$$cP_{x(1)} = 0.4 \times (7.5\,\text{kW} \times 1 + 4\,\text{kW} \times 3 + 3\,\text{kW} \times 1) = 9\,\text{kW}$$

2）通风机组查表 2-5，得 $b = 0.65$，$c = 0.25$，$x = 5$，$\cos\varphi = 0.8$，$\tan\varphi = 0.75$，因此

$$bP_{e(2)} = 0.65 \times 6\,\text{kW} = 3.9\,\text{kW}$$

$$cP_{x(2)} = 0.25 \times 6\,\text{kW} = 1.5\,\text{kW}$$

3）电阻炉查表 2-5，得 $b = 0.7$，$c = 0$，$x = 0$，$\cos\varphi = 1$，$\tan\varphi = 0$，因此

$$bP_{e(3)} = 0.7 \times 2\,\text{kW} = 1.4\,\text{kW}$$

$$cP_{x(3)} = 0$$

以上设备组中，附加负荷以 $cP_{x(1)}$ 为最大，因此总的计算负荷为

$$P_{30} = (7.91 + 3.9 + 1.4)\,\text{kW} + 9\,\text{kW} = 22.21\,\text{kW}$$

$$Q_{30} = (7.91 \times 1.73 + 3.9 \times 0.75 + 0)\,\text{kvar} + (9 \times 1.73)\,\text{kvar} = 32.18\,\text{kvar}$$

$$S_{30} = \sqrt{22.21^2 + 32.18^2}\,\text{kV} \cdot \text{A} = 39.1\,\text{kV} \cdot \text{A}$$

$$I_{30} = \frac{39.1}{\sqrt{3} \times 0.38}\,\text{A} = 59.41\,\text{A}$$

比较例 2-2 和例 2-3 的结果可知，按二项式法计算的结果较之按需要系数法计算的结果大得多，这也更为合理。

2.2.2　单相用电设备组计算负荷的确定

在供配电系统中，除了大量的三相设备外，还应用有大量的单相设备。单相设备接在三相线路中，应尽可能均衡分配。在进行负荷计算时，如果三相线路中单相设备的总容量不超过三相设备总容量的 15%，则不论单相设备如何分配，单相设备可与三相设备综合按三相负荷平衡计算。如果单相设备总容量超过三相设备容量的 15%，则应将单相设备容量换算为等效三相设备容量，再与三相设备容量相加。

由于确定计算负荷的目的，主要是选择线路上的设备和导线（包括电缆），使线路上的设备和导线在通过计算电流时不致过热或烧毁，因此在接有较多单相设备的三相线路中，不论单相设备接于相电压还是线电压，只要三相负荷不平衡，就应以最大负荷相有功负荷的 3 倍作为等效三相有功负荷。

1. 单相设备接于相电压时的负荷计算

首先计算其等效三相设备容量，即

$$P_e = 3P_{e \cdot \varphi m} \tag{2-25}$$

式中，$P_{e \cdot \varphi m}$ 为最大负荷相所接的单相设备容量。然后应用需要系数法算出计算负荷。

2. 单相设备接于线电压时的负荷计算

首先计算其等效三相设备容量，即

$$P_e = \sqrt{3} P_{e \cdot \varphi} \tag{2-26}$$

式中，$P_{e \cdot \varphi}$ 为单相设备的容量。再应用需要系数法算出计算负荷。

3. 单相设备有的接于线电压，有的接于相电压时的负荷计算

首先，将接于线电压的单相设备换算为接于相电压的设备容量，可按下式进行：

$$
\begin{aligned}
\text{A 相} \quad & P_{eA} = p_{AB-A} P_{AB} + p_{CA-A} P_{CA} \\
& Q_{eA} = q_{AB-A} P_{AB} + q_{CA-A} P_{CA} \\
\text{B 相} \quad & P_{eB} = p_{BC-B} P_{BC} + p_{AB-B} P_{AB} \\
& Q_{eB} = q_{BC-B} P_{BC} + q_{AB-B} P_{AB} \\
\text{C 相} \quad & P_{eC} = p_{CA-C} P_{CA} + p_{BC-C} P_{BC} \\
& Q_{eC} = q_{CA-C} P_{CA} + q_{BC-C} P_{BC}
\end{aligned}
\right\}
\tag{2-27}
$$

式中，P_{AB}、P_{BC}、P_{CA} 为接于 AB、BC、CA 相间的有功设备容量；P_{eA}、P_{eB}、P_{eC} 为换算为 A、B、C 相的有功设备容量；Q_{eA}、Q_{eB}、Q_{eC} 为换算为 A、B、C 相的无功设备容量；p_{AB-A}、q_{AB-A}、……为有功和无功换算系数，其值见表 2-6。

表 2-6 相间负荷换算为相负荷的功率换算系数表

功率换算系数	负荷功率因数								
	0.35	0.40	0.50	0.60	0.65	0.70	0.80	0.90	1.0
p_{AB-A}、p_{BC-B}、p_{CA-C}	1.27	1.17	1.00	0.89	0.84	0.80	0.72	0.64	0.5
p_{AB-B}、p_{BC-C}、p_{CA-A}	-0.27	-0.17	0.00	0.11	0.16	0.20	0.28	0.36	0.5
q_{AB-A}、q_{BC-B}、q_{CA-C}	1.05	0.86	0.58	0.38	0.3	0.22	0.09	-0.05	-0.29
q_{AB-B}、q_{BC-C}、q_{CA-A}	1.63	1.44	1.16	0.96	0.88	0.80	0.67	0.53	0.29

然后，分相计算各相的设备容量和计算负荷。总的等效三相有功计算负荷为其最大有功负荷相的有功计算负荷的 3 倍，总的等效三相无功计算负荷为其最大无功负荷相的无功计算负荷的 3 倍，即

$$
\begin{aligned}
P_{30} &= 3 P_{30 \cdot m\varphi} \\
Q_{30} &= 3 Q_{30 \cdot m\varphi}
\end{aligned}
\right\}
\tag{2-28}
$$

式中，$P_{30 \cdot m\varphi}$ 为最大有功负荷相的有功计算负荷；$Q_{30 \cdot m\varphi}$ 为最大有功负荷相的无功计算负荷。

【例 2-4】 某 220 V/380 V 三相四线制线路上，装有 220 V 单相电热干燥箱 6 台、单相电加热器 2 台和 380 V 单相对焊机 6 台。电热干燥箱 20 kW 2 台接于 A 相，30 kW 1 台接于 B 相，10 kW 3 台接于 C 相；电加热器 20 kW 2 台分别接于 B 相和 C 相；对焊机 21 kV·A（ε= 100%）3 台接于 AB 相，28 kV·A（ε= 100%）2 台接于 BC 相，46 kW（ε= 60%）1 台接于 CA 相。试求该线路的计算负荷。

解：（1）电热干燥箱及电加热器的各相计算负荷

查表 2-1 得 $K_d = 0.7$，$\cos\varphi = 1$，$\tan\varphi = 0$，因此只需计算有功计算负荷

A 相 $P_{30 \cdot A(1)} = K_d P_{eA} = 0.7 \times 20 \times 2 \text{ kW} = 28 \text{ kW}$

B 相 $P_{30 \cdot B(1)} = K_d P_{eB} = 0.7 \times (30 \times 1 + 20 \times 1) \text{ kW} = 35 \text{ kW}$

C 相 $P_{30 \cdot C(1)} = K_d P_{eC} = 0.7 \times (10 \times 3 + 20 \times 1) \text{ kW} = 35 \text{ kW}$

（2）对焊机的各相计算负荷

查表 2-1 得 $K_d = 0.35$，$\cos\varphi = 0.7$，$\tan\varphi = 1.02$。

查表 2-6 得 $\cos\varphi = 0.7$ 时

$$p_{AB-A} = p_{BC-B} = p_{CA-C} = 0.8$$
$$p_{AB-B} = p_{BC-C} = p_{CA-A} = 0.2$$
$$q_{AB-A} = q_{BC-B} = q_{CA-C} = 0.22$$
$$q_{AB-B} = q_{BC-C} = q_{CA-A} = 0.8$$

先将接于 CA 相的 46 kW（$\varepsilon = 60\%$）换算至 $\varepsilon = 100\%$ 的设备容量，即

1）各相的设备容量为

A 相　$P_{eA} = p_{AB-A}P_{AB} + p_{CA-A}P_{CA} = (0.8 \times 14 \times 3 + 0.2 \times 35.63)\ \text{kW} = 40.73\ \text{kW}$

　　　$Q_{eA} = q_{AB-A}P_{AB} + q_{CA-A}P_{CA} = (0.22 \times 14 \times 3 + 0.8 \times 35.63)\ \text{kvar} = 37.74\ \text{kvar}$

B 相　$P_{eB} = p_{BC-B}P_{BC} + p_{AB-B}P_{AB} = (0.8 \times 20 \times 2 + 0.2 \times 14 \times 3)\ \text{kW} = 40.4\ \text{kW}$

　　　$Q_{eB} = q_{BC-B}P_{BC} + q_{AB-B}P_{AB} = (0.22 \times 20 \times 2 + 0.8 \times 14 \times 3)\ \text{kvar} = 42.4\ \text{kvar}$

C 相　$P_{eC} = p_{CA-C}P_{CA} + p_{BC-C}P_{BC} = (0.8 \times 35.63 + 0.2 \times 20 \times 2)\ \text{kW} = 36.5\ \text{kW}$

　　　$Q_{eC} = q_{CA-C}P_{CA} + q_{BC-C}P_{BC} = (0.22 \times 35.63 + 0.8 \times 20 \times 2)\ \text{kvar} = 39.84\ \text{kvar}$

2）各相的计算负荷为

A 相　$P_{30 \cdot A(2)} = K_d P_{eA} = 0.35 \times 40.73\ \text{kW} = 14.26\ \text{kW}$

　　　$Q_{30 \cdot A(2)} = K_d Q_{eA} = 0.35 \times 37.74\ \text{kvar} = 13.21\ \text{kvar}$

B 相　$P_{30 \cdot B(2)} = K_d P_{eB} = 0.35 \times 40.4\ \text{kW} = 14.14\ \text{kW}$

　　　$Q_{30 \cdot B(2)} = K_d Q_{eB} = 0.35 \times 42.4\ \text{kvar} = 14.84\ \text{kvar}$

C 相　$P_{30 \cdot C(2)} = K_d P_{eC} = 0.35 \times 36.5\ \text{kW} = 12.78\ \text{kW}$

　　　$Q_{30 \cdot C(2)} = K_d Q_{eC} = 0.35 \times 39.84\ \text{kvar} = 13.94\ \text{kvar}$

3）各相总的计算负荷（设同时系数为 0.95）

A 相　$P_{30 \cdot A} = K\sum(P_{30 \cdot A(1)} + P_{30 \cdot A(2)}) = 0.95 \times (28 + 14.26)\ \text{kW} = 40.15\ \text{kW}$

　　　$Q_{30 \cdot A} = K\sum(Q_{30 \cdot A(1)} + Q_{30 \cdot A(2)}) = 0.95 \times (0 + 13.21)\ \text{kvar} = 12.55\ \text{kvar}$

B 相　$P_{30 \cdot B} = K\sum(P_{30 \cdot B(1)} + P_{30 \cdot B(2)}) = 0.95 \times (35 + 14.14)\ \text{kW} = 46.68\ \text{kW}$

　　　$Q_{30 \cdot B} = K\sum(Q_{30 \cdot B(1)} + Q_{30 \cdot B(2)}) = 0.95 \times (0 + 14.84)\ \text{kvar} = 14.10\ \text{kvar}$

C 相　$P_{30 \cdot C} = K\sum(P_{30 \cdot C(1)} + P_{30 \cdot C(2)}) = 0.95 \times (35 + 12.78)\ \text{kW} = 45.39\ \text{kW}$

　　　$Q_{30 \cdot C} = K\sum(Q_{30 \cdot C(1)} + Q_{30 \cdot C(2)}) = 0.95 \times (0 + 13.94)\ \text{kvar} = 13.24\text{kvar}$

4）总的等效三相计算负荷

因为 B 相的有功计算负荷最大，所以

$$P_{30 \cdot m\varphi} = P_{30 \cdot mB} = 46.68\ \text{kW}$$
$$Q_{30 \cdot m\varphi} = Q_{30 \cdot mB} = 14.10\ \text{kvar}$$
$$P_{30} = 3P_{30 \cdot m\varphi} = 3 \times 46.68\ \text{kW} = 140.04\ \text{kW}$$
$$Q_{30} = 3Q_{30 \cdot m\varphi} = 3 \times 14.10\ \text{kvar} = 42.3\ \text{kvar}$$

2.3　供电系统的功率损耗与电能损耗

当电流流过线路和变压器时，就要产生有功功率和无功功率的损耗。因此在确定全厂的

计算负荷时，应将这部分功率损耗计入。各个供电线路及变压器的首端和末端计算负荷的差别就是线路上及变压器的功率损耗。用计算负荷求出的功率损耗，显然不是实际的功率损耗，计算它的意义在于，在同等条件下对供电系统进行技术、经济比较，以确定方案的可行性。

2.3.1 线路的功率损耗

三相供电线路的最大有功功率损耗 ΔP_{WL} 和三相无功功率损耗 ΔQ_{WL} 为

$$\left.\begin{array}{l}\Delta P_{WL}=3I_{30}^2 R_{WL}\times 10^{-3}(kW)\\[2mm]\Delta Q_{WL}=3I_{30}^2 X_{WL}\times 10^{-3}(kvar)\end{array}\right\} \tag{2-29}$$

式中，R_{WL}、X_{WL} 分别为线路每相电阻、电抗（Ω）；I_{30} 为线路计算负荷电流（A）。

若计算负荷电流用计算功率表示时，则式（2-29）变为

$$\left.\begin{array}{l}\Delta P_{WL}=\dfrac{S_{30}^2}{U_N^2}R_{WL}\times 10^{-3}=\dfrac{P_{30}^2+Q_{30}^2}{U_N^2}R_{WL}\times 10^{-3}(kW)\\[4mm]\Delta Q_{WL}=\dfrac{S_{30}^2}{U_N^2}X_{WL}\times 10^{-3}=\dfrac{P_{30}^2+Q_{30}^2}{U_N^2}X_{WL}\times 10^{-3}(kvar)\end{array}\right\} \tag{2-30}$$

式中，P_{30}、Q_{30}、S_{30} 分别为线路的有功、无功及视在计算负荷（kW、kvar、kV·A）；U_N 为系统的额定电压（kV）。

由于工矿企业供电系统的线路一般不长，且多采用电缆供电，阻抗较小，所以在进行负荷统计和技术经济比较时，线路上的功率损耗往往忽略不计。

2.3.2 电力变压器的功率损耗

变压器的功率损耗分为铁损和铜损两部分。

1. 铁损

铁心中的功率损耗简称"铁损"。当变压器的外加电压不变时，铁损为一常数，与变压器的负荷无关，通常用变压器的空载实验确定。变压器空载时有功损耗和无功损耗分别用 ΔP_{0T} 和 ΔQ_{0T} 表示。

2. 铜损

变压器铜损是变压器负荷电流在其绕组中产生的有功损耗和无功损耗，它与负荷电流（或功率）成正比，可由变压器短路实验测定。

3. 变压器的功率损耗

有功损耗

$$\Delta P_T=\Delta P_{0T}+\Delta P_{NT}\left(\dfrac{S_{30}}{S_{NT}}\right)^2=\Delta P_{0T}+\Delta P_{NT}\beta^2 \tag{2-31}$$

无功损耗

$$\Delta Q_T=\Delta Q_{0T}+\Delta Q_{NT}\left(\dfrac{S_{30}}{S_{NT}}\right)^2 \tag{2-32}$$

式中，ΔP_{0T}、ΔQ_{0T} 分别为变压器空载时的有功及无功损耗（kW、kvar）；ΔP_{NT}、ΔQ_{NT} 分别

为变压器额定负载时的有功及无功损耗（kW、kvar）；S_{NT} 为变压器的额定容量（kV·A）；S_{30} 为计算负荷的视在容量（kV·A）；β 为变压器的负荷率。

由于变压器的空载电流百分数 I_{0T} 为

$$\frac{I_{0T}\%}{100}=\frac{I_{0T}}{I_{NT}}=\frac{\sqrt{3}\,U_{NT}I_{0T}}{\sqrt{3}\,U_{NT}I_{NT}}=\frac{\Delta Q_{0T}}{S_{NT}} \qquad (2\text{-}33)$$

则 $\Delta Q_{0T}=\dfrac{I_{0T}\%}{100}\times S_{NT}$。

又变压器的短路电压百分数 $\Delta U_{k}\%$ 为

$$\frac{\Delta U_{k}\%}{100}\approx\frac{\sqrt{3}\,I_{NT}X_{T}}{U_{NT}}=\frac{3I_{NT}^{2}X_{T}}{S_{NT}}=\frac{\Delta Q_{NT}}{S_{NT}} \qquad (2\text{-}34)$$

则 $\Delta Q_{NT}=\dfrac{U_{k}\%}{100}\times S_{NT}$。

因此

$$\Delta Q_{T}=\Delta Q_{0T}+\Delta Q_{NT}\left(\frac{S_{30}}{S_{NT}}\right)^{2}=\left(\frac{I_{0T}\%}{100}+\frac{U_{k}\%}{100}\beta^{2}\right)S_{NT} \qquad (2\text{-}35)$$

式中，$I_{0T}\%$、$\Delta U_{k}\%$、ΔP_{0T}、ΔP_{NT} 均可在产品目录中查到。

在电力负荷计算中，电力变压器的功率损耗通常采用下列简化公式估算：

$$\Delta P_{T}\approx0.02S_{NT}\quad\Delta Q_{T}\approx0.08\sim0.10S_{NT} \qquad (2\text{-}36)$$

2.3.3 线路及变压器的电能损耗

在供配电设计中，对设计方案进行技术、经济比较时，需要考虑不同方案的电能损耗。

1. 线路的电能损耗

由于在供电设计中通常求得的负荷为计算负荷，也就是半小时最大负荷。因此设计时利用最大负荷损耗时间近似地决定电能损耗是可供计算的主要方法。

最大负荷损耗时间 τ 的定义：线路输送相当于最大负荷的电流 I_{30}，在 τ 时间内产生的电能损耗，恰好等于线路中全年的实际电能损耗，即

$$\Delta W_{WL}=3I_{30}^{2}R_{WL}\tau\times10^{-3}(\text{kW·h}) \qquad (2\text{-}37)$$

式中，I_{30} 为计算负荷电流（kA）；R_{WL} 为每相导线电阻（Ω）；τ 为最大负荷年损耗小时数（h）。τ 与年最大负荷年利用小时数 T_{max} 的关系如图 2-8 所示。

2. 变压器的电能损耗

变压器的电能损耗包括铁损和铜损两部分，因此变压器的年电能损耗可以按照下式计算：

$$\Delta W_{T}=\Delta P_{0T}T_{W}+\Delta P_{NT}\beta^{2}\tau \qquad (2\text{-}38)$$

式中，T_{W} 为变压器年投入工作时数（h）。若变压器长年连续工作，则 $T_{W}=8760\,\text{h}$。

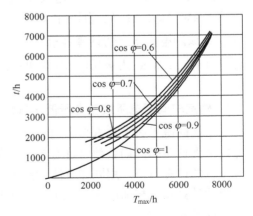

图 2-8　$\tau=f(T_{max})$ 曲线

2.4 用户计算负荷的确定

确定用户的计算负荷是选择电源进线和一、二次设备的基本依据，是供配电系统设计的重要组成部分，也是与电力部门签订用电协议的基本依据。

确定等效三相设备容量用户计算负荷的方法很多，可根据不同情况和要求采用不同的方法。在制定计划、初步设计，特别是方案比较时可用较粗略的方法。在供电设计中进行设备选择时，则应进行较详细的负荷计算。

2.4.1 按逐级计算法确定用户的计算负荷

根据用户的供配电系统图，从用电设备开始，朝电流方向逐级计算，直到企业电源进线端为止，最后求出用户总的计算负荷的方法称为逐级计算法。

某用户的供配电系统图如图 2-9 所示，现以此图为例讨论图中各点的计算负荷和用户的总计算负荷。

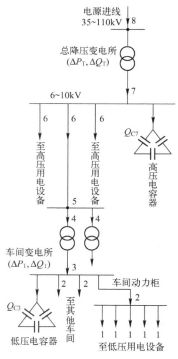

图 2-9　确定用户总计算负荷的
供电系统示意图

1. 根据生产工艺流程及负荷性质将用电设备分组，并确定各组设备的计算负荷

1）首先确定单台用电设备的设备容量 P_e 及计算负荷 $P_{30(1)}$：

$$P_{30(1)} = P_e \qquad (2\text{-}39)$$

2）确定用电设备组的计算负荷。

当确定了各单台用电设备容量之后，将工艺性质相同、需要系数相近的用电设备合并成组，进行用电设备组的负荷计算。计算公式为

$$\left.\begin{array}{l} P_{30(2)} = K_d \sum P_{30(1)} \\ Q_{30(2)} = P_{30(2)} \tan\varphi \end{array}\right\} \qquad (2\text{-}40)$$

式中，$P_{30(2)}$、$Q_{30(2)}$ 分别为该用电设备组的有功及无功计算负荷（kW、kvar）；K_d 为该用电设备组的需要系数；$\sum P_{cal}$ 为该用电设备组的计算容量之和，但不包括备用设备容量（kW）；$\tan\varphi$ 为该用电设备组的功率因数对应的正切值。

2. 确定车间配电所或变电所低压母线上的计算负荷

当车间配电干线上接有多个用电设备组时，则该干线上各用电设备组的计算负荷相加后应乘以最大负荷的同期系数（亦称为最大负荷的同时系数或最大负荷的混合系数），即得该配电干线的计算负荷。用同样方法计算车间变电所低压母线上的计算负荷，即将车间各用电设备组的计算负荷相加后乘以最大负荷的同期系数，即得车间变电所低压母线上的计算负荷。其计算公式为

$$P_{30(3)} = K_{\Sigma p} \sum P_{30(2)}$$
$$Q_{30(3)} = K_{\Sigma q} \sum Q_{30(2)}$$
$$S_{30(3)} = \sqrt{P_{30(3)}^2 + Q_{30(3)}^2}$$
$$\tag{2-41}$$

式中，$P_{30(3)}$、$Q_{30(3)}$、$S_{30(3)}$ 分别为车间变电所低压母线上的有功、无功及视在计算负荷（kW、kvar、kV·A）；$K_{\Sigma p}$、$K_{\Sigma q}$ 分别为最大负荷时有功及无功负荷的同期系数，是考虑到各用电设备组的最大计算负荷不会同时出现而引入的一个系数；$\sum P_{30(2)}$、$\sum Q_{30(2)}$ 分别为各用电设备组的有功、无功计算负荷的总和（kW、kvar）。

若在变电所的低压母线上装有容量为 Q_C 的无功补偿装置时，则在计算车间变电所低压母线上的计算负荷时，应减去无功补偿容量，即

$$Q_{30(3)} = K_{\Sigma q} \sum Q_{30(2)} - Q_C \tag{2-42}$$

并按补偿后的计算容量（视在功率）确定变压器的额定容量。

3. 确定车间变电所中变压器高压侧的计算负荷

将车间变电所低压母线的计算负荷加上车间变压器的功率损耗，即可得其高压侧计算负荷。计算公式为

$$P_{30(4)} = P_{30(3)} + \Delta P_{\mathrm{T}}$$
$$Q_{30(4)} = Q_{30(3)} + \Delta Q_{\mathrm{T}}$$
$$\tag{2-43}$$

式中，$P_{30(4)}$、$Q_{30(4)}$ 分别为车间变电所高压侧的有功及无功计算负荷（kW、kvar）；ΔP_{T}、ΔQ_{T} 分别为变压器的有功损耗及无功损耗（kW、kvar）。

4. 确定车间变电所中高压母线上的计算负荷

当车间变电所的高压母线上接有多台电力变压器时，将车间变压器高压侧计算负荷相加，即得车间变电所高压母线上的计算负荷。计算公式为

$$P_{30(5)} = \sum P_{30(4)}$$
$$Q_{30(5)} = \sum Q_{30(4)}$$
$$\tag{2-44}$$

式中，$P_{30(5)}$、$Q_{30(5)}$ 分别为车间变电所高压母线上的有功及无功计算负荷（kW、kvar）。

5. 确定总降压变电所出线上的计算负荷

确定总降压变电所 6~10kV 母线上各高压出线计算负荷时，应将其线路末端的计算负荷加上其配电线路的功率损耗。由于工矿企业厂区范围不大，且高压线路中电流较小，故其功率损耗较小，在负荷计算中通常忽略不计。因此，总降压变电所 6~10kV 母线上各高压出线计算负荷与其配电线路末端的计算负荷近似相等，即

$$P_{30(6)} \approx P_{30(5)}$$
$$Q_{30(6)} \approx Q_{30(5)}$$
$$\tag{2-45}$$

6. 确定总降压变电所二次母线上的计算负荷

将总降压变电所 6~10kV 母线上各高压出线计算负荷分别相加后乘以最大负荷的同期系数，就可求得总降压变电所母线上的计算负荷。若在总降压变电所 6~10kV 母线上采用高压

电容器进行无功补偿，则在计算总无功功率时，应减去无功补偿容量 Q_C。其计算公式为

$$
\left.
\begin{aligned}
P_{30(7)} &= K_{\Sigma \mathrm{p}} \sum P_{30(6)} \\
Q_{30(7)} &= K_{\Sigma \mathrm{q}} \sum Q_{30(6)} - Q_C \\
S_{30(7)} &= \sqrt{P_{30(7)}^2 + Q_{30(7)}^2}
\end{aligned}
\right\}
\tag{2-46}
$$

用补偿后的计算负荷确定总降压变电所主变压器的容量。

7. 确定全厂总计算负荷

将总降压变电所二次母线上的计算负荷加上主变压器的功率损耗即可求得企业计算负荷。其计算公式为

$$
\left.
\begin{aligned}
P_{30(8)} &= P_{30(7)} + \Delta P_T \\
Q_{30(8)} &= Q_{30(7)} + \Delta Q_T \\
S_{30(8)} &= \sqrt{P_{30(8)}^2 + Q_{30(8)}^2}
\end{aligned}
\right\}
\tag{2-47}
$$

该计算负荷除用来选择总降压变电所一次设备外，还可向供电部门提供企业最大负荷，申请用电量。

2.4.2 按需要系数法确定用户的计算负荷

将用户用电设备的总容量 P_e（不包括备用设备容量）乘上一个需要系数 K_d，可得到企业的有功计算负荷，即

$$
P_{30} = K_d P_e
$$

用户的无功计算负荷、视在计算负荷和计算电流分别按照式（2-11）~式（2-13）计算。

2.4.3 估算法

1. 单位产品耗电量法

将用户年产量 A 乘以单位产品耗电量 α，就可得到企业全年的耗电量

$$
W_\alpha = A\alpha
\tag{2-48}
$$

各类用户的单位产品耗电量 α 可由有关设计单位根据实测统计资料确定，亦可查阅有关设计手册。

在求出年耗电量 W_α 后，除以用户的年最大负荷利用小时 $T_{\max}$，就可得用户的有功计算负荷：

$$
P_{30} = \frac{W_\alpha}{T_{\max}}
\tag{2-49}
$$

其他计算负荷 Q_{30}、S_{30} 和 I_{30} 的计算，与上述需要系数法相同。

2. 负荷密度法

若已知车间生产面积 $S(\mathrm{m}^2)$ 和负荷密度指标 $\rho(\mathrm{kW/m}^2)$ 时，车间负荷为

$$
P_{av} = \rho S
\tag{2-50}
$$

负荷密度指标见表 2-7。

表 2-7 车间低压负荷估算指标

车间类别	负荷密度（kW/m²）
铸钢车间（不包括电弧炉）	0.055~0.06
焊接车间	0.04
铸铁车间	0.06
金工车间	0.1
木工车间	0.66
煤气站	0.09~0.13
锅炉房	0.15~0.2
空气压缩站	0.15~0.2

车间计算负荷为

$$P_{30} = \frac{P_{av}}{K_{aL}}$$ (2-51)

式中，K_{aL} 为有功负荷系数。

2.5 尖峰电流及其计算

尖峰电流（Peak Current）I_{pk} 是指单台或多台用电设备持续 1~2s 的短时最大负荷电流。它是由于电动机起动、电压波动等原因引起的，与计算电流不同，计算电流是指半小时最大电流，因此，尖峰电流比计算电流大得多。

计算尖峰电流的目的是选择熔断器、整定低压断路器和继电保护装置、计算电压波动及检验电动机自起动条件等。

2.5.1 单台用电设备供电的支线尖峰电流计算

尖峰电流就是用电设备的起动电流，即

$$I_{pk} = I_{st} = K_{st} I_N$$ (2-52)

式中，I_{st} 为用电设备的起动电流；I_N 为用电设备的额定电流；K_{st} 为用电设备的起动电流倍数（可查样本或铭牌，笼型电机一般为 5~7，绕线转子电机一般为 2~3，直流电机一般为 1.7，电焊变压器一般为 3 或稍大）。

2.5.2 多台用电设备供电的干线尖峰电流计算

计算多台用电设备供电干线的尖峰电流时，只考虑其中一台用电设备起动，该设备起动电流的增加值最大，而其余用电设备达到最大负荷电流。因此，计算公式为

$$I_{pk} = I_{30} + (I_{st} - I_N)_{max}$$ (2-53)

式中，I_{30} 为全部设备投入运行时线路的计算电流；$(I_{st} - I_N)_{max}$ 为用电设备组起动电流与额定电流之差中的最大电流。

【例 2-5】计算某 380 V 供电干线的尖峰电流，该干线给 3 台机床供电，已知 3 台机床电动机的额定电流和起动电流倍数分别为 $I_{N1} = 5$ A，$K_{st1} = 7$；$I_{N2} = 4$ A，$K_{st2} = 4$；$I_{N3} = 10$ A，$K_{st3} = 3$。

解：（1）计算起动电流与额定电流之差

$$(K_{st1}-1) \times I_{N1} = (7-1) \times 5\,A = 30\,A$$
$$(K_{st2}-1) \times I_{N2} = (4-1) \times 4\,A = 12\,A$$
$$(K_{st3}-1) \times I_{N3} = (3-1) \times 10\,A = 20\,A$$

可见，第一台用电设备电动机的起动电流与额定电流之差最大。

（2）计算供电干线的尖峰电流（取同时系数为 0.15）

$$I_{pk} = I_{30} + I_{st} = K_d \sum I_N + I_{st}$$
$$= 0.15 \times (5 + 4 + 10)\,A + 30\,A = 32.85\,A$$

本章小结

本章介绍了负荷曲线的基本概念、类别及有关物理量，电力负荷的分类及有关概念，讲述了用电设备容量的确定方法，重点介绍了负荷计算的方法、电力系统的功率损耗与电能损耗的计算，详细论述了负荷计算的步骤，并介绍了尖峰电流及其计算方法。

1）负荷曲线是表征电力负荷随时间变动情况的一种图形。按照时间单位的不同，分为日负荷曲线和年负荷曲线。日负荷曲线以时间先后绘制，而年持续负荷曲线以负荷的大小为序绘制，要求掌握两者的区别。

2）与负荷曲线有关的物理量有年最大负荷曲线、年最大负荷利用小时、计算负荷、年平均负荷和负荷系数等，年最大负荷利用小时用以反映负荷是否均匀；年平均负荷是指电力负荷一年内消耗的功率的平均值。要求理解这些物理量各自的含义。

3）确定负荷计算的方法有多种，本章重点介绍了需要系数法和二项式法。需要系数法适用于求多组三相用电设备的计算负荷，二项式法适用于确定设备台数少而容量差别较大的分支干线的较少负荷。要求掌握三相负荷和单相负荷的计算方法。

4）当电流流过供配电线路和变压器时，势必要引起功率损耗和电能损耗。在进行用户负荷计算时，应计入这部分损耗。要求掌握线路及变压器的功率损耗和电能损耗的计算方法。

5）进行用户负荷计算时，通常采用需要系数法逐级进行计算，要求重点掌握逐级计算法。

6）尖峰电流是指单台或多台用电设备持续 1~2s 时的短路最大负荷电流。计算尖峰电流的目的是用于选择熔断器和低压断路器、整定继电保护装置、计算电压波动及检验电动机自起动条件等。

习题与思考题

2-1　什么叫负荷曲线？负荷曲线有哪些类型？与负荷曲线有关的物理量有哪些？

2-2　什么叫年最大负荷利用小时？什么叫年最大负荷和年平均负荷？什么叫负荷系数？

2-3　电力负荷按重要程度分为哪几级？各级负荷对供电电源有什么要求？

2-4　什么叫计算负荷？为什么计算负荷通常采用半小时最大负荷？正确确定计算负荷有何意义？

2-5　工厂用电设备按其工作制分为哪几类？各类工作制的设备容量如何确定？

2-6　需要系数的物理含义是什么？

2-7　需要系数法和二项式法各有何特点？各适用于什么场合？

2-8　在确定多组用电设备总的视在计算负荷和计算电流时，可否将各组的视在计算负荷和计算电流分别直接相加？为什么？应如何正确计算？

2-9　在接有单相用电设备的三相线路中，什么情况下可将单相设备与三相设备按三相负荷的计算方法确定负荷？而在什么情况下应进行单相负荷计算？

2-10　如何分配单相（220 V、380 V）用电设备可使计算负荷最小？如何将单相负荷简便地换算成三相负荷？

2-11　在负荷统计中需要考虑的功率损耗有哪些？如何计算？

2-12　什么叫尖峰电流？如何计算单台和多台设备的尖峰电流？

2-13　企业总降压变电站及车间变电所中变压器台数及容量应如何确定？

2-14　某车间有一380 V线路供电给下列设备：长期工作的设备有7.5 kW的电动机2台，4 kW的电动机3台，3 kW的电动机12台；反复短时工作制的设备有42 kV·A电焊机1台（额定暂载率60%，$\cos\varphi_N = 0.70$，$\eta_N = 0.80$）；10 t吊车1台（在暂载率为40%的条件下，其额定功率为39.6 kW，$\cos\varphi_N = 0.55$）。试确定它们的设备容量。

2-15　某车间采用一台10 kV/0.4 kV的变压器供电，低压负荷有生产用通风机5台共50 kW，电焊机（$\varepsilon = 65\%$）3台共12 kW，有联锁的连续运输机械8台共48 kW，5.1 kW的行车（$\varepsilon = 15\%$）2台。试确定该车间变电所低压侧的计算负荷。

2-16　某车间设有小批量生产冷加工机床电动机50台，总容量为180 kW，其中较大容量电动机有10 kW 1台，7.5 kW 2台，4 kW 3台，3 kW 10台，试分别用需用系数法和二项式法确定其计算负荷P_{30}、Q_{30}、S_{30}和I_{30}。

2-17　某220 V/380 V三相线路上接有表2-8所示负荷。试确定该线路的计算负荷P_{30}、Q_{30}、S_{30}和I_{30}。

表2-8　习题2-17负荷表

设备名称	380 V 单头手动弧焊机			220 V 电热箱		
接入相序	AB	BC	CA	A	B	C
设备台数	1	3	2	1	2	1
单台设备容量	20 kW ($\varepsilon = 65\%$)	6 kW ($\varepsilon = 100\%$)	10.5 kW ($\varepsilon = 50\%$)	6	3	4.5

2-18　某锅炉房的面积为50 m×40 m，试用估算法估算该车间的平均负荷。

2-19　某工厂35 kV/10 kV总降压变电所，分别供电给A、B、C、D车间变电所及5台冷却水泵用的高压电动机。A、B、C、D车间变电所的计算负荷分别为$P_{30(A)} = 900$ kW，$Q_{30(A)} = 750$ kvar；$P_{30(B)} = 880$ kW，$Q_{30(B)} = 720$ kvar；$P_{30(C)} = 850$ kW，$Q_{30(C)} = 700$ kvar；$P_{30(D)} = 840$ kW，$Q_{30(D)} = 680$ kvar。高压电动机每台容量为350 kW，试计算该总降压变电所总的计算负荷（忽略线损）。

第3章 短路电流及其计算

3.1 短路概述

供配电系统应该正常地、不间断地可靠供电，以保证生产和生活的正常进行。但是供配电系统的正常运行常常因为发生短路故障而遭到破坏。在供配电系统的设计和运行中，不仅要考虑正常运行的情况，而且要考虑发生故障的情况，最严重的是发生短路故障。

3.1.1 短路的基本概念

所谓短路（Short Circuit），就是指供电系统中不等电位的导体在电气上被短接，如相与相之间、相与地之间的短接等。其特征就是短接前后两点的电位差会发生显著的变化。

供电系统发生短路的原因有：

1）电力系统中电气设备载流导体的绝缘损坏。造成绝缘损坏的原因主要有设备长期运行绝缘自然老化、设备缺陷、设计安装有误、操作过电压以及绝缘受到机械损伤等。

2）运行人员不遵守操作规程发生的误操作。如带负荷拉、合隔离开关（内部仅有简单的灭弧装置或不含灭弧装置），检修后忘拆除地线合闸等。

3）自然灾害。如雷电过电压击穿设备绝缘，大风、冰雪、地震造成线路倒杆以及鸟兽跨越在裸导体上引起短路等。

3.1.2 短路的危害

发生短路故障时，由于短路回路中的阻抗大大减小，短路电流（Short-circuit Current）与正常工作电流相比增大很多（通常是正常工作电流的十几倍到几十倍）。同时，系统电压降低，离短路点越近电压降低越大，三相短路时，短路点的电压可能降低到零。因此，短路将会造成严重危害。

1）短路产生很大的热量，造成导体温度升高，绝缘损坏。

2）短路产生巨大的电动力，使电气设备受到变形或机械损坏。

3）短路使系统电压严重降低，电气设备正常工作受到破坏，例如，异步电动机的转矩与外施电压的二次方成正比，当电压降低时，其转矩降低使转速减慢，造成电动机过热而烧坏。

4）短路造成停电，给国民经济带来损失，给人民生活带来不便。

5）严重的短路影响电力系统运行稳定性，使并列的同步发电机失步，造成系统解列，甚至崩溃。

6）单相对地短路时，电流产生较强的不平衡磁场，对附近通信线路和弱电设备产生严重电磁干扰，影响其正常工作。

由此可见，短路的后果是非常严重的。在供配电系统的设计和运行中应采取有效措施，设法消除可能引起短路的一切因素。还应在短路故障发生后及时采取措施，尽量减小短路造成的损失，如采用继电保护装置将故障隔离、在合适的地点装设电抗器限制短路电流、采用自动重合闸装置消除瞬时故障使系统尽快恢复正常等。

3.1.3　短路的种类

在三相供电系统中可能发生的主要短路类型有三相短路、两相短路、两相接地短路及单相接地短路。这几种短路情况见表 3-1。三相短路称为对称短路，其余均称为不对称短路。因此，三相短路可用对称三相电路分析，不对称短路采用对称分量法分析，即把一组不对称的三相量分解成三组对称的正序、负序和零序分量来分析研究。

表 3-1　短路的种类

短路种类	示意图	代表符号	性　质
三相短路		$k^{(3)}$	三相同时在一点短接，属于对称短路
两相短路		$k^{(2)}$	两相同时在一点短接，属于不对称短路
两相接地短路		$k^{(1,1)}$	在中性点直接接地系统中，两相在不同地点与地短接，属于不对称短路
单相接地短路		$k^{(1)}$	在中性点直接接地系统中，一相与地短接，属于不对称短路

在供电系统实际运行中，发生单相接地短路的概率最大，发生三相对称短路的概率最小，但通常三相短路的短路电流最大，危害也最严重，所以短路电流计算的重点是三相短路电流计算。

3.1.4　短路电流计算的目的与基本假设

1. 短路电流计算的目的

在变电所和供电系统的设计和运行中，为确保电气设备在短路情况下不致损坏，减轻短路的危害和缩小故障的影响范围，必须事先对短路电流进行计算。计算短路电流的目的是：

1）选择电气设备和载流导体，必须用短路电流校验其热稳定性和动稳定性。

2）选择和整定继电保护装置，使之能正确地切除短路故障。

3）确定合理的主接线方案、运行方式及限流措施。

2. 短路电流计算的基本假设

选择和校验电气设备时，一般只需近似计算在系统最大运行方式下可能通过设备的最大三相短路电流值。设计继电保护和分析电力系统故障时，应计算各种短路情况下的短路电流和各母线节点的电压。要准确计算短路电流是相当复杂的，在工程上多采用近似计算法。这种方法建立在一系列假设的基础上，计算结果稍偏大。基本假设有以下几个方面：

1）忽略磁路的饱和与磁滞现象，认为系统中各元件参数恒定。

2）忽略各元件的电阻。高压电网中各种电气元件的电阻一般都比电抗小得多，各阻抗元件均可用一等值电抗表示。但短路回路的总电阻大于总阻抗的 1/3 时，应计入电气元件的电阻。此外，在计算暂态过程的时间常数时，各元件的电阻不能忽略。

3）忽略短路点的过渡电阻，认为过渡电阻为零；只是在某些继电保护的计算中才考虑过渡电阻。

4）除不对称故障处出现局部不对称外，实际的电力系统都可以看成是三相对称的。

3.2 短路过程的分析

供电系统造成短路的因素往往是逐渐造成的，但故障因素转变成短路故障却常常是突然的。当发生突然短路时，系统总是由原来的稳定工作状态，经过一个暂态过程，然后进入短路后的稳定状态。供电系统中的电流也由正常负载值突然增大，经过暂态过程达到新的稳态值。虽然暂态过程历时很短，但它在某些问题的分析研究中占据重要位置，因此，研究短路的暂态过程具有重要意义。

暂态过程的情况，不仅与供电系统的阻抗参数有关，而且还与系统的电源容量大小有关。下面分别讨论无限大容量电源系统及有限容量电源系统的短路暂态过程。

3.2.1 无限大容量系统

电力系统的容量为系统内各发电厂运转发电机的容量之和，实际电力系统的容量和阻抗都有一定的数值，系统容量越大，则系统内阻抗就越小。

所谓无限大容量电源是个相对概念，它是指电源距短路点的电气距离较远时，电源的额定容量远大于系统供给短路点的短路容量，在短路过程中可近似认为电源电压恒定不变，该类电源被称为无限大容量电源。当用户供配电系统的负荷变动甚至发生短路时，电力系统变电所母线上的电压能基本维持不变

真正的无限大容量电源内阻抗为零。在实际应用中，常把内阻抗小于短路回路总阻抗 10%（或电力系统的容量超过用户供电系统容量的 50 倍以上）的电源作为无限大容量电源。对一般工厂供电系统来说，由于工厂供电系统的容量远比电力系统总容量小，而阻抗又较电力系统大得多，因此工厂供电系统内发生短路时，电力系统变电所馈电母线上的电压几乎维持不变，也就是说可将电力系统视为无限大容量电力系统。

按无限大容量电源系统计算所得的短路电流是装置通过的最大短路电流。因此，在估算装置的最大短路电流时，就可以认为短路回路所接电源是无限大容量电源系统。

在分析短路暂态过程中，对于无限大容量电源，可以不考虑电源内部的暂态过程，认为电源电压恒定不变。

3.2.2 三相短路过渡过程分析

当工业企业供电系统内某处发生三相短路时，均可用图 3-1 的等效电路来表示。

由于故障对称，可取一相（A 相）来分析，如图 3-2 所示。

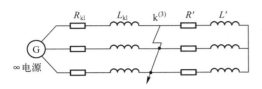

图 3-1　三相对称短路等效电路图

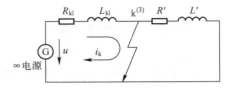

图 3-2　一相等效电路图

假设短路前电路中的电压和电流分别为

$$u = U_m \sin(\omega t + \alpha)$$

$$i = I_m \sin(\omega t + \alpha - \varphi)$$

$$I_m = \frac{U_m}{\sqrt{(R_{kl} + R')^2 + \omega^2 (L_{kl} + L')^2}}$$

$$\alpha = \arctan \frac{\omega (L_{kl} + L')}{(R_{kl} + R')} \qquad (3-1)$$

式中，u、i 分别为相电压及相电流的瞬时值；U_m、I_m 分别为相电压及相电流的幅值；α 为相电压的初相角；φ 为供电回路的阻抗角，即相电压与相电流的相位差。

在 k 点发生三相短路时，负载回路被短接，在电源至短路点的回路内，电流将由原来的负载电流增大为短路电流 i_k，当忽略负载对短路电流的影响时，其值可由短路回路的微分方程式来确定。图 3-2 所示回路的微分方程为

$$L \frac{di_k}{dt} + R i_k = U_m \sin(\omega t + \alpha)$$

这个微分方程的解为

$$i_k = I_{pm} \sin(\omega t + \alpha - \varphi_{kl}) + c e^{-\frac{t}{\tau}} \qquad (3-2)$$

式中，I_{pm} 为短路电流周期分量的幅值，且 $I_{pm} = \dfrac{U_m}{\sqrt{R_{kl}^2 + (\omega L_{kl})^2}}$；$R_{kl}$、$L_{kl}$ 分别为短路回路每相电阻及电感；φ_{kl} 为短路回路的阻抗角，$\varphi_{kl} = \arctan \dfrac{\omega L_{kl}}{R_{kl}}$；$\tau$ 为短路回路的时间常数，且 $\tau = \dfrac{L_{kl}}{R_{kl}}$；$c$ 为积分常数，其值由初始条件决定。

根据楞次定律可知，当 $t = 0$ 时发生三相短路的瞬间，电流不能突变，即短路后瞬间短路电流瞬时值（用 i_{0+} 表示）与短路前瞬间负载电流瞬时值（用 i_{0-} 表示）相等。将 $t = 0$ 分别代入式（3-1）及式（3-2）可求得短路前及短路后瞬间的电流为

$$i_{0-} = I_m \sin(\alpha - \varphi)$$

$$i_{0+} = I_{pm} \sin(\alpha - \varphi_{kl}) + c$$

由 $i_{0+} = i_{0-}$ 可得

$$c = I_m \sin(\alpha - \varphi) - I_{pm} \sin(\alpha - \varphi_{kl}) \qquad (3-3)$$

将式（3-3）代入式（3-2）即可得到短路全电流的瞬时表达式为

$$i_k = I_{pm}\sin(\omega t + \alpha - \varphi_{kl}) + [I_m\sin(\alpha - \varphi) - I_{pm}\sin(\alpha - \varphi_{kl})]e^{-\frac{t}{\tau}}$$
$$= i_p + i_{np} \tag{3-4}$$

式中，i_p 为短路电流的周期分量，$i_p = I_{pm}\sin(\omega t + \alpha - \varphi_{kl})$；$i_{np}$ 为短路电流的非周期分量，$i_{np} = [I_m\sin(\alpha - \varphi) - I_{pm}\sin(\alpha - \varphi_{kl})]e^{-\frac{t}{\tau}}$。

从式（3-3）和式（3-4）可以看出，短路电流的周期分量是依电源频率按正弦规律而变化的，其幅值大小是由电源电压及短路回路的总阻抗决定的；短路电流的非周期分量随短路回路的时间常数 τ 按指数规律衰减，其幅值为 $i_{np(0)} = I_m\sin(\alpha - \varphi) - I_{pm}\sin(\alpha - \varphi_{kl})$。经历 $(3\sim5)\tau$ 即衰减至零，暂态过程将结束，短路进入稳态，此后稳态短路电流只含短路电流的周期分量。

上述短路电流各分量的波形图及相量图如图 3-3 所示。

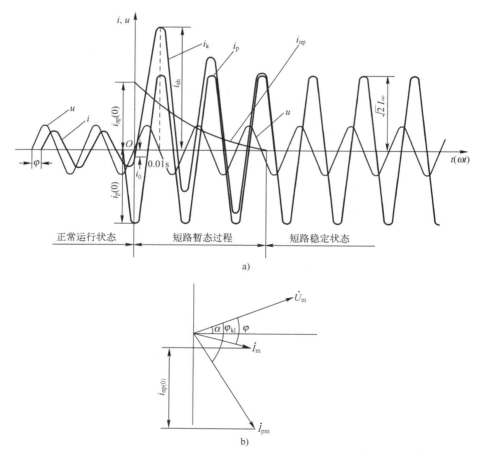

图 3-3 短路电流波形及相量图
a）短路电流波形 b）短路电流相量图

式（3-4）和图 3-3 都表明一相的短路电流情况，其他两相只是在相位上相差 120°而已。

短路电流暂态过程的突出特点就是产生非周期分量电流，产生的原因是短路回路中存在电感。在发生突然短路的瞬间（即 $t=0$ 时），根据楞次定律，短路电流不能突变。由于短路前的电流与短路后的周期分量电流一般是不等的，为了维持电流的连续性，将在短路回路中产生一自感电流来阻止短路电流的突变。这个自感电流就是非周期分量，其初值的大小与短路发生的时刻有关，即与电源电压的初相位 α 有关。短路电流的非周期分量是按指数规律衰减的，其衰减快慢取决于短路回路时间常数 τ。一般非周期分量衰减很快，在 0.2s 后即衰减到初值的 2%，在工程上即可认为已衰减结束。当非周期分量衰减到零后，短路的暂态过程即告结束，此时进入短路的稳定状态，这时的电流称为稳态短路电流，其有效值以 I_∞ 表示。

在三相电路中，各相的非周期分量电流大小并不相等。初始值为最大或者为零的情况，只能在一相中出现，其他两相因有 120° 相角差，初始值必不相同，因此，三相短路全电流的波形是不对称的。

3.2.3 有关短路的物理量

1. 短路电流周期分量

$$i_p = I_{pm}\sin(\omega t + \alpha - \varphi_{kl}) = \sqrt{2}\,I_p\sin(\omega t + \alpha - \varphi_{kl})$$

式中，I_{pm} 为周期分量的幅值；I_p 为周期分量的有效值。

2. 短路电流非周期分量

$$i_{np} = i_{np(0)}\,e^{-\frac{t}{\tau}} = \left[I_m\sin(\alpha - \varphi) - I_{pm}\sin(\alpha - \varphi_{kl})\right]e^{-\frac{t}{\tau}}$$

式中，$i_{np(0)}$ 为非周期分量的初始值；$i_{np(0)} = I_m\sin(\alpha - \varphi) - I_{pm}\sin(\alpha - \varphi_{kl})$。

3. 短路次暂态电流

短路次暂态电流是短路周期分量在短路后第一个周期的有效值，用 I'' 表示。在无限大容量电源系统中，短路电流周期分量不衰减，即

$$I'' = I_p$$

4. 短路全电流的有效值

短路全电流 I_k 就是周期分量和非周期分量之和，即 $I_k = i_p + i_{np}$。

短路全电流的有效值 I_{kt} 是指短路电流在某一时刻的有效值，即以时间 t 为中心的一个周期 T 内短路全电流的方均根值，即

$$I_{kt} = \sqrt{\frac{1}{T}\int_{t-\frac{T}{2}}^{t+\frac{T}{2}} i_k^2\,dt} = \sqrt{\frac{1}{T}\int_{t-\frac{T}{2}}^{t+\frac{T}{2}} (i_{pt} + i_{npt})^2\,dt} \tag{3-5}$$

式中，i_{pt} 为周期分量在时刻 t 的瞬时值；i_{npt} 为非周期分量在时刻 t 的瞬时值。

由于非周期分量是随时间而衰减的，为了简化计算，通常取 t 时刻的瞬时值 i_{npt} 作为一个周期内的有效值，考虑非正弦电流有效值的计算公式可得

$$I_{kt} = \sqrt{I_{pt}^2 + i_{npt}^2}$$

5. 短路冲击电流与冲击电流有效值

（1）短路冲击电流

短路电流最大可能的瞬时值，称为短路冲击电流（Shock Volution），用 i_{sh} 表示。在电源

电压及短路点不变的情况下，要使短路全电流达到最大值，必须具备以下三个条件：

1）短路前为空载，即 $I_m = 0$，这时 $i_{np(0)} = -I_{pm}\sin(\alpha - \varphi_{kl})$。

2）假设短路回路的感抗 X_{kl} 比电阻 R_{kl} 大得多，即短路阻抗角 $\varphi_{kl} \approx 90°$。

3）短路发生于某相电压瞬时值过零时，即当 $t = 0$ 时，初相角 $\alpha = 0$。这时，从式（3-4）得

$$i_k = I_{pm}\sin\left(\omega t - \frac{\pi}{2}\right) + I_{pm}e^{-\frac{t}{\tau}}$$

从图 3-3 可以看出，经过 0.01s 后，短路电流的幅值达到最大，此值即为短路冲击电流 i_{sh}，其大小为

$$i_{sh} = I_{pm} + I_{pm}e^{-\frac{0.01}{\tau}} = I_{pm}\left(1 + e^{-\frac{0.01}{\tau}}\right) = k_{sh}I_{pm} = \sqrt{2}k_{sh}I_p \tag{3-6}$$

式中，k_{sh} 称为冲击系数，$k_{sh} = 1 + e^{-\frac{0.01}{\tau}}$；$I_p$ 是短路电流周期分量的有效值。

冲击系数表示冲击电流与短路电流周期分量幅值的倍数，其值取决于短路回路时间常数 τ 的大小，因一般线路为感性电路，故 $0 \leq \tau \leq \infty$，而冲击系数 $1 \leq k_{sh} \leq 2$。

通常，在高压供电系统中，因电抗较大，故 $\tau \approx 0.05\,s$，$k_{sh} = 1.8$，则短路电流冲击值为

$$i_{sh} = \sqrt{2}k_{sh}I_p = 2.55I_p = 2.55I''$$

在低压供电系统中，因电阻较大，故 $\tau \approx 0.008\,s$，$k_{sh} = 1.3$，则短路电流冲击值为

$$i_{sh} = \sqrt{2}k_{sh}I_p = 1.84I_p = 1.84I''$$

（2）冲击电流有效值

如果短路是在最不利的条件下发生，在第一个周期内的短路电流有效值最大，称为短路全电流的最大有效值，简称冲击电流的有效值，用 I_{sh} 表示。此时，非周期分量的有效值为 $t = 0.01\,s$ 的瞬时值，则

$$I_{np(t=0.01)} = I_{pm}e^{-\frac{0.01}{\tau}} = \sqrt{2}I_p e^{-\frac{0.01}{\tau}}$$

对于无限大容量的电源，周期分量不衰减，$I_{pt} = I_{pm}/\sqrt{2} = I_p$。由此得到冲击电流的有效值为

$$I_{sh} = \sqrt{I_p^2 + \left(\sqrt{2}I_p e^{-\frac{0.01}{\tau}}\right)^2} = I_p\sqrt{1 + 2(k_{sh} - 1)^2}$$

在高压供电系统中，当 $k_{sh} = 1.8$ 时，$I_{sh} = 1.51I''$。

在低压供电系统中，当 $k_{sh} = 1.3$ 时，$I_{sh} = 1.09I''$。

计算短路冲击电流与冲击电流有效值的目的主要是用于校验电气设备及载流导体的动稳定性。

6. 短路稳态电流 I_∞

短路稳态电流是指短路电路非周期分量衰减完毕以后的短路全电流，其有效值用 I_∞ 表示。在无限大容量电源系统中 $I_\infty = I_p$。

因此，无限大容量电源供电系统发生三相短路时，短路电流的周期分量有效值保持不变。在短路电流计算中，通常用 I_k 表示周期分量的有效值，简称短路电流，即

$$I'' = I_p = I_\infty = I_k$$

为了表明短路的类别，凡是三相短路电流，可在相应的三相短路电流符号右上角加注（3），例如，三相短路稳态电流写作 $I_\infty^{(3)}$。同样地，两相短路应加注（2），写作 $I_\infty^{(2)}$；两相接地短路加注（1，1），写作 $I_\infty^{(1,1)}$；单相短路加注（1），写作 $I_\infty^{(1)}$。在不引起混淆时，三相短

路电流各量也可不加注（3）。

7. 短路容量 S_k

在短路计算和电气设备选择时，常遇到短路容量的概念。三相短路容量意味着电气设备既要承受正常情况下额定电压的作用，又要具备开断短路电流的能力，其定义为短路点所在级的线路平均额定电压 U_{av} 与短路电流周期分量的有效值 I_p 所构成的三相视在功率，即

$$S_k = \sqrt{3}\, U_{av} I_p \tag{3-7}$$

计算短路容量的目的是在选择开关设备时，用来校验其分断能力。

3.2.4 有限大容量电源供电系统短路电流暂态过程分析

当电源容量较小时，或者短路点距电源较近时，其短路电流的非周期分量与无限大容量系统一样是衰减的，同时它的周期分量也是衰减的。这是因为对电源来说，相当于在发电机的端头处短路，由于短路回路突然减小，使同步发电机的定子电流激增，产生很强的电枢反应磁通 Φ''_{ad}，因短路回路几乎呈纯电感性，短路电流周期分量滞后发电机电动势近 $90°$，故其方向与转子绕组产生的主磁通 Φ_0 相反，产生强去磁作用，使发电机气隙中的合成磁场削弱，端电压下降。但是，根据磁链不能突变原则，在突然短路的瞬间，转子上的励磁绕组和阻尼绕组都将产生感应电动势，从而产生感应电流 i_{jc} 和 i_{zn}，它们分别产生与电枢反应磁通相反的附加磁通 Φ_{jc} 和 Φ_{zn}，以维持定子与转子绕组间的磁链不变。故在短路瞬间，发电机端电压不会突变。然而励磁绕组和阻尼绕组中的感应电流由于没有外来电源的维持，且回路中又存在电阻，它们都要随时间按指数规律衰减，由它们产生的磁通 Φ_{jc} 和 Φ_{zn} 也随之衰减；电枢反应的去磁作用相对增强，发电机气隙合成磁场减弱，使发电机的端电压降低，从而引起短路电流周期分量的衰减。当发电机的端电压降到某一规定值时，强制励磁装置自动投入，发电机的端电压逐渐恢复，短路电流的周期分量的幅值逐渐增加，最终趋于稳定。有自动电压调整器的发电机短路电流变化曲线如图 3-4 所示。

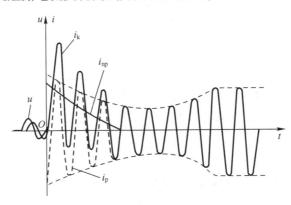

图 3-4　有自动电压调整器的发电机短路电流变化曲线

一般称阻尼绕组感应电流 i_{zn} 的衰减过程为次暂态过程；在 i_{zn} 衰减完后，励磁绕组的感应电流 i_{jc} 继续衰减的过程称为暂态过程，i_{jc} 衰减完后，短路便进入稳定状态。

阻尼绕组感应电流衰减得较快，其速度取决于阻尼绕组的等效电感和电阻的比值，该比值称为次暂态时间常数 T''_d。对于水轮发电机，$T''_d = (0.02 \sim 0.06)\,\text{s}$；对于汽轮发电机，$T''_d =$

$(0.03\sim0.11)\mathrm{s}$。

励磁绕组感应电流衰减得较慢，因为其等效电感较大，其时间常数称为暂态时间常数 T'_{d}。对于水轮发电机，$T'_{\mathrm{d}}=(0.8\sim3)\mathrm{s}$；汽轮发电机，$T'_{\mathrm{d}}=(0.4\sim1.6)\mathrm{s}$。

同无限大容量系统的情况一样，若短路前负荷电流为零，短路瞬间恰好发生在发电机电动势过零点，则产生的短路电流周期分量起始值最大。通常称这个最大起始值为次暂态电流，其有效值用 I'' 表示。在次暂态过程中，发电机的电动势称为次暂态电势 E''，其定子的等效电抗称为次暂态电抗 X''_{d}，这是短路计算中发电机的两个重要参数。

3.3 无限大容量电源供电系统三相短路电流计算

由上述分析可知，短路电流是由周期分量和非周期分量所组成的。非周期分量的计算，主要取决于它的初始值 $i_{\mathrm{np}(0)}$ 及短路回路的时间常数 τ，$i_{\mathrm{np}(0)}$ 的最大可能数值等于周期分量的幅值。

周期分量的大小可由电源电压及短路回路的等值阻抗按欧姆定律计算。对于无限大容量的供电系统，发生三相短路时电源电压可认为不变，周期分量的幅值及有效值也不变。

短路电流的计算方法分为两种，即欧姆法（又称有名单位制法）和标幺值法（又称相对单位制法）。欧姆法属于最基本的短路电流计算方法，但标幺值法在工程设计中应用广泛。

3.3.1 欧姆法短路电流计算

在供电系统中，当 k 点发生三相短路时，其短路电流周期分量的有效值可由欧姆定律直接求得，即

$$I_{\mathrm{k}}^{(3)}=\frac{U_{\mathrm{av}}}{\sqrt{3}\sqrt{R_{\mathrm{kl}}^2+X_{\mathrm{kl}}^2}}=\frac{U_{\mathrm{av}}}{\sqrt{3}\,|Z_{\mathrm{kl}}|} \tag{3-8}$$

式中，U_{av} 为短路点所在线路的平均电压，各级标准电压等级的平均电压值见表 3-2；R_{kl}、X_{kl}、Z_{kl} 分别为短路回路的总等值电阻、电抗和阻抗，它们均已归算到短路点所在的电压等级。

表 3-2　标准电压等级的平均电压 （单位：kV）

标准电压	0.127	0.22	0.38	3	6	10	35	110
平均电压	0.133	0.23	0.40	3.15	6.3	10.5	37	115

在高压供电系统中，一般情况下 $X_{\mathrm{kl}}\geqslant 3R_{\mathrm{kl}}$，短路回路的电阻 R_{kl} 可以忽略，用 X_{kl} 代替 Z_{kl} 所引起的误差不超过 15%，则式（3-8）可变为

$$I_{\mathrm{k}}^{(3)}=\frac{U_{\mathrm{av}}}{\sqrt{3}\,X_{\mathrm{kl}}} \tag{3-9}$$

当 k 点发生两相短路时，短路电流的周期分量 $I_{\mathrm{k}}^{(2)}$ 为

$$I_{\mathrm{k}}^{(2)}=\frac{U_{\mathrm{av}}}{2X_{\mathrm{kl}}} \tag{3-10}$$

由式（3-9）和式（3-10）可得

$$I_{\mathrm{k}}^{(2)}=\frac{\sqrt{3}}{2}I_{\mathrm{k}}^{(3)} \tag{3-11}$$

计算短路电流问题的关键是如何求出短路回路中各元件的阻抗。下面介绍供电系统中常

用元件阻抗的计算方法。

1. 系统（电源）电抗 X_s

无限大容量系统的内部电抗分为两种情况：一种是当不知道系统（电源）的短路容量时认为系统电抗为零；另一种情况是如果知道系统（电源）母线上的短路容量 S_k 及平均电压 U_{av} 时，则系统电抗可由下式求得：

$$X_s = \frac{U_{av}}{\sqrt{3}\,I_k^{(3)}} = \frac{U_{av}^2}{\sqrt{3}\,I_k^{(3)}\,U_{av}} = \frac{U_{av}^2}{S_k} \tag{3-12}$$

2. 变压器电抗 X_T

由变压器的短路电压百分数 $\Delta u_k\%$ 的定义可知：

$$\Delta u_k\% = \frac{\sqrt{3}\,I_{NT}Z_T}{U_{NT}} = Z_T \frac{S_{NT}}{U_{NT}^2} \tag{3-13}$$

式中，Z_T 为变压器等效阻抗（Ω）；S_{NT} 为变压器额定容量（$V \cdot A$）；U_{NT} 为变压器额定电压（V）；I_{NT} 为变压器额定电流（A）。

变压器的阻抗可由下式求得：

$$Z_T = \Delta u_k\% \frac{U_{NT}^2}{S_{NT}} \tag{3-14}$$

当忽略变压器的电阻时，变压器的电抗 X_T 就等于变压器的阻抗 Z_T，即

$$X_T = \Delta u_k\% \frac{U_{av}^2}{S_{NT}} \tag{3-15}$$

式中，U_{av} 为短路点的平均电压（V）。

在式（3-15）中将变压器的额定电压代换为短路点所在的线路平均电压 U_{av}，是因为变压器的阻抗应归算到短路点所在处，以便计算短路电流。当考虑变压器的电阻 R_T 时，可根据变压器的铜耗 ΔP_{NT} 求得

$$R_T = \Delta P_{NT} \frac{U_{NT}^2}{S_{NT}^2} \tag{3-16}$$

再由式（3-14）可计算出变压器的阻抗 Z_T，从而变压器的电抗可由下式求出：

$$X_T = \sqrt{Z_T^2 - R_T^2} \tag{3-17}$$

3. 电抗器的电抗 X_L

电抗器是用来限制短路电流的电感线圈，只有当短路电流过大造成开关设备选择困难或不经济时，才在线路中串接电抗器。电抗器的电抗值是以其额定值的百分数形式给出，其值可由下式求出：

$$X_L = X_L\% \frac{U_{NL}}{\sqrt{3}\,I_{NL}} \tag{3-18}$$

式中，$X_L\%$ 为电抗器的百分电抗值；U_{NL} 为电抗器的额定电压（V）；I_{NL} 为电抗器的额定电流（A）。

有时电抗器的额定电压与安装地点的线路平均电压相差很大，例如，额定电压为 10 kV 的电抗器，可用在 6 kV 的线路上。因此，计算时一般不用线路的平均电压代换它的额定电压。

4. 线路电抗 X_1

线路电抗取决于导线间的几何均距、线径及材料,根据导线参数及几何均距可从手册中查得单位长度的电抗值 X_0,由下式求出线路电抗 X_1:

$$X_1 = X_0 l \tag{3-19}$$

式中,l 为导线长度(km);X_0 为线路单位长度电抗(Ω/km)。

单位长度电抗也可由下式计算:

$$X_0 = 0.1445 \lg \frac{2D}{d} + 0.0157 \tag{3-20}$$

式中,d 为导线直径(mm);D 为各导体间的几何均距(mm)。三相导线间的几何均距可按下式计算:

$$D = \sqrt[3]{D_{12} D_{23} D_{31}} \tag{3-21}$$

式中,D_{12}、D_{23}、D_{31} 分别为各相导线间的距离(mm)。

在工程计算中,X_0 常按表 3-3 取其电抗平均值。

表 3-3　电力线路每相的单位长度电抗平均值　　　　　　　　　　(单位:Ω/km)

线路结构	线路电压		
	35 kV 及以上	6~10 kV	220 V/380 V
架空线路	0.40	0.35	0.32
电缆线路	0.12	0.08	0.066

在低压供电系统中,常采用电缆线路,因其电阻较大,所以在计算低压电网短路电流时,电阻不能忽略,线路每相电阻值可用下式计算:

$$R_1 = \frac{l}{\gamma A} \tag{3-22}$$

式中,l 为线路长度(m);A 为导线截面积(mm²);γ 为电导率[m/(Ω·mm²)]。

当已知线路单位长度电阻值时,线路每相电阻也可由下式求得:

$$R_1 = R_0 l \tag{3-23}$$

式中,R_0 为单位长度电阻值(Ω/km);l 为线路长度(km)。

在计算低压供电系统中的最小两相短路电流时,需考虑电缆在短路前因负荷电流而使温度升高造成电导率下降以及因多股绞线使电阻增大等因素。此时电缆的电阻应按最高工作温度下的电导率计算,其值见表 3-4。

表 3-4　电缆的电导率　　　　　　　　　　[单位:m/(Ω·mm²)]

电缆名称	电导率 γ		
	20℃	65℃	80℃
铜芯软电缆	53	42.5	
铜芯铠装电缆		48.6	44.3
铝芯铠装电缆	32	28.8	

在短路回路中若有变压器存在,应将不同电压等级下的各元件阻抗都归算到同一电压等级下(短路点所在电压等级),才能绘出等效电路,计算出总阻抗。阻抗归算公式如下:

$$Z' = Z \left(\frac{U_{av2}}{U_{av1}} \right)^2 \qquad (3-24)$$

式中，Z' 为归算到电压等级 U_{av2} 下的阻抗；Z 为对应于电压等级 U_{av1} 下的阻抗。

【例3-1】某供电系统如图3-5所示，A是电源母线，通过两路架空线 l_1 向设有两台主变压器 T 的工矿企业变电所 35 kV 母线 B 供电。10 kV 侧母线 C 通过串有电抗器 L 的两条电缆 l_2 向车间变电所 D 供电。整个系统并联运行，有关参数如下：电源 $S_k = 560 \text{MV} \cdot \text{A}$；线路 $l_1 = 20 \text{ km}$，$X_{01} = 0.4 \, \Omega/\text{km}$；变压器 $S_{NT} = 2 \times 5600 \text{ kV} \cdot \text{A}$，$U_{N1}/U_{N2} = 35 \text{ kV}/6.6 \text{ kV}$，$u_k\% = 7.5\%$；电抗器 $U_{NL} = 6 \text{ kV}$，$I_{NL} = 200 \text{ A}$，$X_L\% = 3\%$；线路 $l_2 = 0.5 \text{ km}$，$X_{02} = 0.08 \, \Omega/\text{km}$。

试求：k_1、k_2、k_3 点的短路参数。

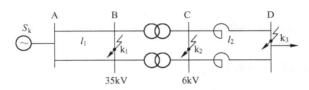

图 3-5 某供电系统图

解：（1）计算供电系统中各元件电抗

1）电源电抗

$$X_s = \frac{U_{av1}^2}{S_k} = \frac{37^2}{560} \, \Omega = 2.44 \, \Omega$$

2）架空线 l_1 的电抗

$$X_{l1} = X_{01} l_1 = 0.4 \times 20 \, \Omega = 8 \, \Omega$$

3）变压器电抗

$$X_T = u_k\% \frac{U_{av1}^2}{S_{NT}} = 7.5\% \times \frac{37^2}{5.6} \, \Omega = 18.3 \, \Omega$$

4）电抗器电抗

$$X_L = X_L\% \frac{U_{NL}}{\sqrt{3} I_{NL}} = 3\% \times \frac{6000}{\sqrt{3} \times 200} \, \Omega = 0.52 \, \Omega$$

5）电缆 l_2 电抗

$$X_{l2} = X_{02} l_2 = 0.08 \times 0.5 \, \Omega = 0.04 \, \Omega$$

变压器及电缆电阻在高压供电系统的短路计算中均忽略不计。

（2）绘制各点短路的等效电路图

各点短路的等效电路图如图3-6所示，图上标出各元件的序号（分子）和电抗值（分母）。

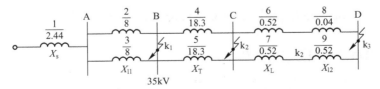

图 3-6 例 3-1 的短路等效电路图（欧姆法）

（3）计算各短路点的总电抗

k_1 点短路

$$X_{k1} = X_s + \frac{X_{l1}}{2} = \left(2.44 + \frac{8}{2}\right) \Omega = 6.44 \, \Omega$$

k_2 点短路

$$X_{k2} = \left(X_{k1} + \frac{X_T}{2}\right) \times \left(\frac{6.3}{37}\right)^2 = \left(6.44 + \frac{18.3}{2}\right) \times \left(\frac{6.3}{37}\right)^2 \Omega = 0.452 \, \Omega$$

k_3 点短路

$$X_{k3} = X_{k2} + \frac{X_L + X_{l2}}{2} = 0.732 \, \Omega$$

（4）计算各短路点的短路参数

k_1 点短路：

1）三相短路电流周期分量有效值

$$I_{k1}^{(3)} = \frac{U_{av1}}{\sqrt{3} X_{k1}} = \frac{37}{\sqrt{3} \times 6.44} \, kA = 3.32 \, kA$$

2）三相短路次暂态电流和稳态电流

$$I''^{(3)} = I_\infty^{(3)} = I_{k1}^{(3)} = 3.32 \, kA$$

3）三相短路冲击电流及第一个周期短路全电流有效值

$$i_{sh1} = 2.55 I'' = 2.55 \times 3.32 \, kA = 8.46 \, kA$$
$$I_{sh1} = 1.51 I'' = 1.51 \times 3.32 \, kA = 5.01 \, kA$$

4）三相短路容量

$$S_{k1} = \sqrt{3} U_{av1} I_{k1}^{(3)} = \sqrt{3} \times 37 \times 3.32 \, MV \cdot A = 213 \, MV \cdot A$$

k_2 点短路：

1）三相短路电流周期分量有效值

$$I_{k2}^{(3)} = \frac{U_{av2}}{\sqrt{3} X_{k2}} = \frac{6.3}{\sqrt{3} \times 0.452} \, kA = 8.05 \, kA$$

2）三相短路次暂态电流和稳态电流

$$I''^{(3)} = I_\infty^{(3)} = I_{k2}^{(3)} = 8.05 \, kA$$

3）三相短路冲击电流及第一个周期短路全电流有效值

$$i_{sh2} = 2.55 I'' = 2.55 \times 8.05 \, kA = 20.5 \, kA$$
$$I_{sh2} = 1.51 I'' = 1.51 \times 8.05 \, kA = 12.16 \, kA$$

4）三相短路容量

$$S_{k2} = \sqrt{3} U_{av2} I_{k2}^{(3)} = \sqrt{3} \times 6.3 \times 8.05 \, MV \cdot A = 87.8 \, MV \cdot A$$

k_3 点短路：

1）三相短路电流周期分量有效值

$$I_{k3}^{(3)} = \frac{U_{av2}}{\sqrt{3} X_{k3}} = \frac{6.3}{\sqrt{3} \times 0.732} \, kA = 4.97 \, kA$$

2）三相短路次暂态电流和稳态电流

$$I''^{(3)} = I_\infty^{(3)} = I_{k3}^{(3)} = 4.97 \text{ kA}$$

3) 三相短路冲击电流及第一个周期短路全电流有效值

$$i_{sh3} = 2.55 I_{k3}^{(3)} = 2.55 \times 4.97 \text{ kA} = 12.67 \text{ kA}$$

$$I_{sh3} = 1.51 I'' = 1.51 \times 4.97 \text{ kA} = 7.50 \text{ kA}$$

4) 三相短路容量

$$S_{k3} = \sqrt{3} U_{av} I_{k3}^{(3)} = \sqrt{3} \times 6.3 \times 4.97 \text{ MV} \cdot \text{A} = 54.2 \text{ MV} \cdot \text{A}$$

在工程设计说明书中，往往只列短路计算表，见表 3-5。

表 3-5　例 3-1 的短路计算表

短路计算点	三相短路电流/kA					三相短路容量/MV·A
	$I_k^{(3)}$	$I''^{(3)}$	$I_\infty^{(3)}$	i_{sh}	I_{sh}	S_k
k_1	3.32	3.32	3.32	8.46	5.01	213
k_2	8.05	8.05	8.05	20.5	12.16	87.8
k_3	4.97	4.97	4.97	12.67	7.50	54.2

3.3.2　标幺值法短路电流计算

1. 标幺值

标幺值计算法就是相对值计算法，它与有名值计算法相比具有公式简明、数字简单、不同电压等级下的各元件阻抗值不用归算等优点，故在电力系统工程计算中得到广泛应用。

任一物理量的标幺值（Per-unit）A_d^*，为该物理量的实际值 A 与所选的基准值（Datum Value）A_d 的比值，即

$$A_d^* = \frac{A}{A_d} \tag{3-25}$$

在短路计算中所遇到的电气量有功率（容量）、电压、电流和电抗 4 个量。在用标幺值表示这些参数时，首先要选择基准值。如果选定基准容量为 S_d、基准电压为 U_d、基准电流为 I_d、基准电抗为 X_d，则实际值 S、U、I、X 的标幺值可由下式表示：

$$\left.\begin{array}{l} S_d^* = \dfrac{S}{S_d} \\[2mm] U_d^* = \dfrac{U}{U_d} \\[2mm] I_d^* = \dfrac{I}{I_d} \\[2mm] X_d^* = \dfrac{X}{X_d} \end{array}\right\} \tag{3-26}$$

式中，S_d^*、U_d^*、I_d^* 和 X_d^* 分别为容量、电压、电流和电抗相对于其基准值下的标幺值。要特别注意用标幺值表示的物理量是没有单位的。在三相供电系统中，上述 4 个物理量之间存在如下关系：

$$
\left. \begin{array}{l} S = \sqrt{3}\,UI \\ U = \sqrt{3}\,IX \end{array} \right\} \tag{3-27}
$$

同样，该4个物理量的基准值之间也存在这种关系，即

$$
\left. \begin{array}{l} S_\mathrm{d} = \sqrt{3}\,U_\mathrm{d}I_\mathrm{d} \\ U_\mathrm{d} = \sqrt{3}\,I_\mathrm{d}X_\mathrm{d} \end{array} \right\} \tag{3-28}
$$

或者

$$
\left. \begin{array}{l} I_\mathrm{d} = \dfrac{S_\mathrm{d}}{\sqrt{3}\,U_\mathrm{d}} \\[2ex] X_\mathrm{d} = \dfrac{U_\mathrm{d}}{\sqrt{3}\,I_\mathrm{d}} = \dfrac{U_\mathrm{d}^2}{S_\mathrm{d}} \end{array} \right\} \tag{3-29}
$$

根据上述公式可知，给定4个基准值中的任意2个，则其他2个基准值也就确定了。因此，在用标幺值计算短路电流时，通常是选择基准容量 S_d 和基准电压 U_d。原则上它们是可以任意选定的，但为了便于计算，基准电压 U_d 分别选为线路各级平均电压 U_av；基准容量通常选为 100 MV·A 或 1000 MV·A，有时也取某电厂装机总容量作为基准容量。

通常发电机、变压器、电抗器等设备的电抗，在产品目录中均以其额定值为基准的标幺值或百分值形式给出（百分值也是相对值的一种），称为额定标幺值，表示为

$$
X_\mathrm{N}^* = X\frac{\sqrt{3}\,I_\mathrm{N}}{U_\mathrm{N}} = X\frac{S_\mathrm{N}}{U_\mathrm{N}^2} \tag{3-30}
$$

在用标幺值进行短路电流计算时，必须把额定标幺值换算为选定基准值下的标幺值（基准标幺值），换算公式如下：

$$
X^* = X_\mathrm{N}^*\frac{U_\mathrm{N}I_\mathrm{d}}{I_\mathrm{N}U_\mathrm{d}} = X_\mathrm{N}^*\frac{S_\mathrm{d}U_\mathrm{N}^2}{S_\mathrm{N}U_\mathrm{d}^2}
$$

在近似计算时，通常取 $U_\mathrm{d} = U_\mathrm{N} = U_\mathrm{av}$，则有

$$
X^* = X_\mathrm{N}^*\frac{I_\mathrm{d}}{I_\mathrm{N}} = X_\mathrm{N}^*\frac{S_\mathrm{d}}{S_\mathrm{N}} \tag{3-31}
$$

2. 各元件标幺值的计算

（1）系统（电源）电抗

若已知发电机的次暂态电抗，X_G'' 就是以发电机额定值为基准的标幺电抗，又已知发电机的额定容量为 S_NG，则换算到基准值下的标幺值 X_G^* 为

$$
X_\mathrm{G}^* = X_\mathrm{G}''\frac{S_\mathrm{d}}{S_\mathrm{NG}} \tag{3-32}
$$

若已知的是系统母线的短路容量 S_k，则系统电抗的基准标幺值 X_s^* 为

$$
X_\mathrm{s}^* = \frac{X_\mathrm{s}}{X_\mathrm{d}} = \frac{U_\mathrm{av}^2/S_\mathrm{k}}{U_\mathrm{av}^2/S_\mathrm{d}} = \frac{S_\mathrm{d}}{S_\mathrm{k}} \tag{3-33}
$$

（2）变压器电抗

已知变压器的电压百分值为 $u_\mathrm{k}\%$，由其定义可知：

$$
u_\mathrm{k}\% = Z_\mathrm{T}\frac{\sqrt{3}\,I_\mathrm{NT}}{U_\mathrm{NT}} \times 100\% = \frac{Z_\mathrm{T}}{Z_\mathrm{NT}} \times 100\%
$$

在忽略变压器的电阻时上式变为

$$u_k\% = X_T \frac{\sqrt{3} I_{NT}}{U_{NT}} \times 100\% = \frac{X_T}{X_{NT}} \times 100\% = X_{NT}^* \times 100\% \qquad (3-34)$$

式中，X_{NT}^* 为变压器的额定标幺电抗。

式（3-34）是变压器额定标幺值与百分值之间的关系。由式（3-31）得变压器的电抗基准标幺值为

$$X_T^* = X_{NT}^* \frac{S_d}{S_{NT}} = u_k\% \frac{S_d}{S_{NT}} \qquad (3-35)$$

以上换算是对双绕组变压器而言，对于三绕组变压器，给出的短路电压百分值是 $u_{k1-2}\%$、$u_{k2-3}\%$、$u_{k3-1}\%$，注脚数字 1、2、3 代表三个绕组，其等值电路如图 3-7 所示。

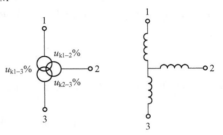

这里 $u_{k1-2}\%$ 是在绕组 3 开路条件下，在 1 和 2 绕组间做短路试验测得的短路电压百分值，即

$$u_{k1-2}\% = X_1 \frac{\sqrt{3} I_{NT}}{U_{NT}} \times 100\% + X_2 \frac{\sqrt{3} I_{NT}}{U_{NT}} \times 100\% = u_{k1}\% + u_{k2}\%$$

$$(3-36)$$

图 3-7　三绕组变压器等值电路图

同样可得

$$u_{k2-3}\% = u_{k2}\% + u_{k3}\%$$
$$u_{k3-1}\% = u_{k3}\% + u_{k1}\% \qquad (3-37)$$

由式（3-36）和式（3-37）可得各绕组的短路电压百分值为

$$\left.\begin{array}{l} u_{k1}\% = \dfrac{1}{2}(u_{k1-2}\% + u_{k3-1}\% - u_{k2-3}\%) \\[2mm] u_{k2}\% = \dfrac{1}{2}(u_{k1-2}\% + u_{k2-3}\% - u_{k3-1}\%) \\[2mm] u_{k3}\% = \dfrac{1}{2}(u_{k3-1}\% + u_{k2-3}\% - u_{k1-2}\%) \end{array}\right\} \qquad (3-38)$$

各绕组的基准标幺电抗可按式（3-35）求得。

（3）电抗器电抗

当已知电抗器的额定百分电抗 $X_L\%$、额定电压 U_{NL} 及额定电流 I_{NL} 时电抗器的基准标幺电抗可由下式求得：

$$X_L^* = X_L\% \frac{U_{NL} I_d}{I_{NL} U_d} \qquad (3-39)$$

（4）输电线路电抗

当已知输电线路的长度 l、每公里电抗 X_0、线路所在区段的平均电压 U_{av} 时，即可求出线路基准标幺电抗：

$$X_l^* = X_0 l \frac{S_d}{U_d^2} \qquad (3-40)$$

3. 变压器耦合电路的标幺值计算

在短路电流的有名值计算方法中，当短路回路中有变压器时，不同电压等级下的各元件电抗必须归算到短路点所在的同一电压下。下面讨论在用标幺值计算短路电流时，如何处理这一问题。

有一供电系统如图 3-8 所示，系统中有 3 段不同电压等级线路。

图 3-8　不同电压等级的供电系统

假设短路发生在第三区段的 k 点，选本系统的基准容量为 S_d，基准电压 U_d 为第 3 区段的平均电压 U_{av3}，即 $U_d = U_{av3}$，则第 1 区段的线路电抗 X_{l1} 归算至短路点的电抗 X'_{l1} 为

$$X'_{l1} = X_{l1} \left(\frac{U_{av2}}{U_{av1}} \right)^2 \left(\frac{U_{av3}}{U_{av2}} \right)^2 = X_{l1} \left(\frac{U_{av3}}{U_{av1}} \right)^2 \qquad (3-41)$$

相对于基准容量 S_d 及基准电压 U_d 的电抗标幺值为

$$X_{l1}^* = X'_{l1} \frac{S_d}{U_d^2} = X_{l1} \left(\frac{U_{av3}}{U_{av1}} \right)^2 \frac{S_d}{U_d^2} = X_{l1} \frac{S_d}{U_{av1}^2} = X_0 l_1 \frac{S_d}{U_{av1}^2} \qquad (3-42)$$

同样，第 2 区段的线路电抗 X_{l2} 归算至短路点的电抗标幺值为

$$X_{l2}^* = X_{l2} \frac{S_d}{U_{av2}^2} = X_0 l_2 \frac{S_d}{U_{av2}^2} \qquad (3-43)$$

由式（3-42）和式（3-43）可以看出，把不同电压等级下的元件参数归算至同一基准值下的标幺值，计算时取各线段的基准容量相同，基准电压分别选本线段的平均电压，则按公式可直接算得各元件的基准标幺值，不需进行电压归算。

4. 短路电流计算

计算出短路回路中各元件的电抗标幺值后，就可根据系统中各元件的连接关系绘出它的等效电路图，然后根据它们的串、并联关系，计算出短路回路的总电抗标幺值 X_Σ^*，最后根据欧姆定律的标幺值形式，计算出短路电流周期分量标幺值 I_k^*，即

$$I_k^* = \frac{U^*}{X_\Sigma^*} \qquad (3-44)$$

式中，U^* 为短路点电压的标幺值，在取 $U_d = U_{av}$ 时，$U^* = 1$。故

$$I_k^* = \frac{1}{X_\Sigma^*} \qquad (3-45)$$

短路电流周期分量的实际值，可由标幺值定义按下式计算：

$$I_k = I_k^* I_d \qquad (3-46)$$

【例 3-2】仍用例 3-1 的供电系统，使用标幺值法计算短路参数。

解：（1）计算各元件参数标幺值

取基准值 $S_d = 100\ \text{MV} \cdot \text{A}$，$U_{d1} = 37\ \text{kV}$，$U_{d2} = 6.3\ \text{kV}$，则

$$I_{d1} = \frac{S_d}{\sqrt{3}\ U_{d1}} = \frac{100}{\sqrt{3} \times 37}\ \text{kA} = 1.56\ \text{kA}$$

$$I_{d2} = \frac{S_d}{\sqrt{3}\,U_{d2}} = \frac{100}{\sqrt{3}\times 6.3}\,\text{kA} = 9.16\,\text{kA}$$

电源电抗

$$X_s^* = \frac{S_d}{S_k} = \frac{100}{560} = 0.179$$

架空线 l_1 电抗

$$X_{l1}^* = X_0 l_1 \frac{S_d}{U_{d1}^2} = 0.4\times 20\times \frac{100}{37^2} = 0.584$$

变压器电抗

$$X_T^* = u_k\% \frac{S_d}{S_{NT}} = 0.075\times \frac{100}{5.6} = 1.34$$

电抗器电抗

$$X_L^* = X_L\% \frac{U_{NL} I_{d2}}{I_{NL} U_{d2}} = 0.03\times \frac{6\times 9.16}{0.2\times 6.3} = 1.31$$

电缆电抗

$$X_{l2}^* = X_0 l_2 \frac{S_d}{U_{d2}^2} = 0.08\times 0.5\times \frac{100}{6.3^2} = 0.101$$

等效电路如图 3-9 所示，图中元件所标的分数的分子表示元件编号，分母表示元件标幺电抗值。

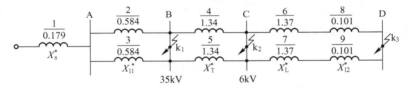

图 3-9　例 3-2 的短路等效电路图（标幺值法）

（2）k_1 点短路

1）总电抗标幺值

$$X_{\Sigma 1}^* = X_s^* + \frac{X_{l1}^*}{2} = 0.179 + \frac{0.584}{2} = 0.471$$

2）三相短路电流周期分量有效值

$$I_{k1}^* = \frac{1}{X_{\Sigma 1}^*} = \frac{1}{0.471} = 2.12$$

$$I_{k1}^{(3)} = I_{k1}^* I_{d1} = 2.12\times 1.56\,\text{kA} = 3.31\,\text{kA}$$

3）其他三相短路电流

$$I''^{(3)} = I_\infty^{(3)} = I_{k1}^{(3)} = 3.31\,\text{kA}$$

$$i_{sh1} = 2.55 I'' = 2.55\times 3.31\,\text{kA} = 8.44\,\text{kA}$$

$$I_{sh1} = 1.51 I'' = 1.51\times 3.31\,\text{kA} = 5.03\,\text{kA}$$

4）三相短路容量

$$S_{k1} = \sqrt{3}\,U_{av1} I_{k1}^{(3)} = \sqrt{3}\times 37\times 3.32\,\text{MV}\cdot\text{A} = 213\,\text{MV}\cdot\text{A}$$

（3）k_2 点短路

1）总电抗标幺值

$$X_{k2}^* = X_s^* + \frac{X_{l1}^*}{2} + \frac{X_T^*}{2} = 0.179 + \frac{0.584}{2} + \frac{1.34}{2} = 1.141$$

2）三相短路电流周期分量有效值

$$I_{k2}^* = \frac{1}{X_{k2}^*} = \frac{1}{1.141} = 0.876$$

$$I_{k2}^{(3)} = I_{k2}^* I_{d2} = 0.876 \times 9.16\,kA = 8.02\,kA$$

3）其他三相短路电流

$$I''^{(3)} = I_\infty^{(3)} = I_{k2}^{(3)} = 8.02\,kA$$

$$i_{sh2} = 2.55 I_{k2}^{(3)} = 2.55 \times 8.02\,kA = 20.5\,kA$$

$$I_{sh2} = 1.52 I_{k1}^{(3)} = 1.52 \times 8.02\,kA = 12.2\,kA$$

4）三相短路容量

$$S_{k2} = \sqrt{3}\, U_{av2} I_{k2}^{(3)} = \sqrt{3} \times 6.3 \times 8.02\,MV\cdot A = 87.51\,MV\cdot A$$

或

$$S_{k2} = I_{k2}^* S_d = 0.876 \times 100\,MV\cdot A = 87.6\,MV\cdot A$$

（4）k_3 点短路

1）总电抗标幺值

$$X_{k3}^* = X_s^* + \frac{X_{l1}^*}{2} + \frac{X_T^*}{2} + \frac{X_L^* + X_{l2}^*}{2} = 0.179 + \frac{0.584}{2} + \frac{1.34}{2} + \frac{1.31 + 0.101}{2} = 1.8465$$

2）三相短路电流周期分量有效值

$$I_{k3}^* = \frac{1}{X_{k3}^*} = \frac{1}{1.8465} = 0.542$$

$$I_{k3}^{(3)} = I_{k3}^* I_{d3} = 0.542 \times 9.16\,kA = 4.96\,kA$$

3）其他三相短路电流

$$I''^{(3)} = I_\infty^{(3)} = I_{k2}^{(3)} = 4.96$$

$$i_{sh3} = 2.55 I_{k3}^{(3)} = 2.55 \times 4.96\,kA = 12.65\,kA$$

$$I_{sh3} = 1.52 I_{k3}^{(3)} = 1.52 \times 4.96\,kA = 7.54\,kA$$

4）三相短路容量

$$S_{k3} = \sqrt{3}\, U_{av2} I_{k3}^{(3)} = \sqrt{3} \times 6.3 \times 4.96\,MV\cdot A = 54.12\,MV\cdot A$$

或

$$S_{k3} = I_{k3}^* S_d = 0.542 \times 100\,MV\cdot A = 54.2\,MV\cdot A$$

由此可知，采用标幺值法计算与采用欧姆法计算的结果完全相同。

3.4 两相和单相短路电流的计算

3.4.1 两相短路计算

实际中除了需要计算三相短路电流，还需要计算不对称短路电流，用于继电保护灵敏的校验。不对称短路电流计算一般要采用对称分量法，这里介绍无限大功率电源供电系统两相短路电流和单相短路电流的实用计算方法。

图 3-10 所示无限大功率电源供电系统发生两相短路时，其短路电流可由下式求得：

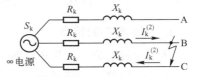

图 3-10　无限大功率电源供电
系统发生两相短路

$$I_k^{(2)} = \frac{U_{av}}{2Z_k} = \frac{U_d}{2Z_k} \qquad (3-47)$$

式中，U_{av} 为短路点的平均额定电压；U_d 为短路点所在电压等级的基准电压；Z_k 为短路回路一相总阻抗。

将式（3-47）和式（3-8）三相短路电流计算公式相比，可得两相短路电流与三相短路电流的关系，并同样适用于冲击短路电流，即

$$I_k^{(2)} = \frac{\sqrt{3}}{2} I_k^{(3)} \qquad (3-48)$$

$$i_{sh}^{(2)} = \frac{\sqrt{3}}{2} i_{sh}^{(3)} \qquad (3-49)$$

$$I_{sh}^{(2)} = \frac{\sqrt{3}}{2} I_{sh}^{(3)} \qquad (3-50)$$

因此，无限大功率电源供电系统短路时，两相短路电流较三相短路电流小，计算三相短路电流就可求得两相短路电流。

3.4.2　单相短路计算

在工程计算中，大接地电流系统或三相四线制系统发生单相短路时，单相短路电流可用下式进行计算：

$$I_k^{(1)} = \frac{U_{av}}{\sqrt{3} Z_{\varphi-0}} = \frac{U_d}{\sqrt{3} Z_{\varphi-0}} \qquad (3-51)$$

$$Z_{\varphi-0} = \sqrt{(R_\varphi + R_0)^2 + (X_\varphi + X_0)^2} \qquad (3-52)$$

式中，U_{av} 为短路点所在电压等级的平均额定电压；U_d 为短路点所在电压等级的基准电压；$Z_{\varphi-0}$ 为单相短路回路相线与大地或中线的阻抗；R_φ、X_φ 分别为单相短路回路的相电阻和相电抗；R_0、X_0 分别为变压器中性点与大地或中性回路的电阻和电抗。

在无限大功率电源供电系统中或远离发电机处短路时，单相短路电流较三相短路电流小。

对于有限功率电源供电系统短路电流的计算，由于作为系统电源的发电机，其端电压在整个短路过程中是变化的。因此，短路电流中不仅非周期分量，而且周期分量的幅值也随时间变化，从而有限功率电源供电系统短路电流的计算就变得很复杂。

3.5　短路电流的效应和稳定度校验

供配电系统发生短路时，短路电流非常大。如此大的短路电流通过导体或电气设备，一方面会产生很大的电动力，即电动力效应；另一方面会产生很高的温度，即热效应。电气设

备和导体应能承受这两种效应的作用，满足动、热稳定的要求。

3.5.1 短路电流的热效应和热稳定度

1. 短路发热的特点

导体通过电流，产生电能损耗，转换成热能，使导体温度上升。

正常运行时，导体通过负荷电流，产生热能使导体温度升高，同时向导体周围介质散失。当导体内产生的热量等于向周围介质散失的热量时，导体就维持在一定的温度值。当线路发生短路时，由于线路继电保护装置很快动作，迅速切除故障，所以短路电流流过导体的时间不长，通常不超过 2~3 s，因此在短路过程中，可近似认为很大的短路电流在很短时间内产生的热量全部用来使导体温度升高，不向周围介质散热，即短路发热是一个绝热过程。

图 3-11 表示短路前后导体的温度变化情况。导体在短路前正常负荷时的温度为 θ_L。假设在 t_1 时发生短路，导体温度按指数规律迅速升高，而在 t_2 时线路保护装置将短路故障切除，这时导体温度已经达到 θ_k。短路切除后，导体不再产生热量，而只按指数规律向周围介质散热，直到导体温度等于周围介质 θ_0 为止。

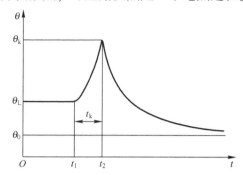

图 3-11　短路前后导体的温度变化

按照导体的允许发热条件，导体在正常负荷时和短路时的最高允许温度见表3-6。如果导体和电器在短路时的发热温度不超过最高允许温度，则认为导体和电器是满足短路热稳定度（Short-circuit Thermal Stability）的要求的。

表 3-6　导体在正常和短路时的最高允许温度及热稳定系数

导体种类及材料			最高允许温度/℃		热稳定系数 C /A·$\sqrt{s}$·mm^{-2}
			正常 θ_L	短路 θ_k	
母线	铜		70	300	171
	铜（接触面有锡层时）		85	200	164
	铝		70	200	97
油浸纸绝缘电缆	铜芯	1~3 kV	80	250	148
		6 kV	65	220	145
		10 kV	60	220	148
	铝芯	1~3 kV	80	200	84
		6 kV	65	200	90
		10 kV	60	200	92
橡皮绝缘导线和电缆		铜芯	65	150	112
		铝芯	65	150	74
聚氯乙烯绝缘导线和电缆		铜芯	65	130	100
		铝芯	65	130	65

导体种类及材料		最高允许温度/℃		热稳定系数 C /$A \cdot \sqrt{s} \cdot mm^{-2}$
		正常 θ_L	短路 θ_k	
交联乙烯聚绝缘导线和电缆	铜芯	80	250	140
	铝芯	80	250	84
有中间接头的电缆 (不包括聚氯乙烯绝缘电缆)	铜芯	—	150	—
	铝芯	—	150	—

2. 短路热平衡方程

如前所述，由于短路发热量大，时间短，其热量来不及散入周围介质中，因此可以认为全部热量都用来升高导体温度。由于导体温度变化很大，此时导体的电阻率和比热容不能再视为常数，应为温度的函数，其热平衡方程为

$$\int_{t_1}^{t_2} I_{kt}^2 R_\theta dt = \int_{\theta_L}^{\theta_k} mc_\theta d\theta \tag{3-53}$$

式中，I_{kt} 为短路全电流；R_θ 为温度为 θ 时导体的电阻（Ω），$R_\theta = \rho_0(1+\alpha\theta)\dfrac{l}{s}$；$C_\theta$ 为温度为 θ 时导体比热容[J/（kg·℃）]，$C_\theta = C_0(1+\beta\theta)$；$m$ 为导体的质量（kg），$m = \rho_m sl$。其中，α 为电阻率 ρ_0 时温度系数（1/℃），C_0 为 0℃ 时导体比热容[J/（kg·℃）]，β 为比热容 C_0 时温度系数（1/℃），l 为导体长度（m），s 为导体截面积（m^2）。

将 R_θ、C_θ、m 的表达式代入式（3-53），可得

$$\int_{t_1}^{t_2} I_{kt}^2 \rho_0(1+\alpha\theta)\frac{l}{s}dt = \int_{\theta_L}^{\theta_k} \rho_m sl c_0(1+\beta\theta)d\theta \tag{3-54}$$

整理式（3-54）可得

$$\frac{1}{s^2}\int_{t_1}^{t_2} I_{kt}^2 dt = \frac{c_0\rho_m}{\rho_0}\int_{\theta_L}^{\theta_k}\left(\frac{1+\beta\theta}{1+\alpha\theta}\right)d\theta \tag{3-55}$$

等式左边，令 $\int_{t_1}^{t_2} I_{kt}^2 dt = Q_k$，称为短路电流的热效应，后面介绍其求解方法。

等式右边积分得

$$\frac{c_0\rho_m}{\rho_0}\int_{\theta_L}^{\theta_k}\left(\frac{1+\beta\theta}{1+\alpha\theta}\right)d\theta$$

$$= \frac{c_0\rho_m}{\rho_0}\left[\frac{\alpha-\beta}{\alpha^2}\ln(1+\alpha\theta_k)+\frac{\beta}{\alpha}\theta_k\right] - \frac{c_0\rho_m}{\rho_0}\left[\frac{\alpha-\beta}{\alpha^2}\ln(1+\alpha\theta_L)+\frac{\beta}{\alpha}\theta_L\right]$$

令 $A_k = \dfrac{c_0\rho_m}{\rho_0}\left[\dfrac{\alpha-\beta}{\alpha^2}\ln(1+\alpha\theta_k)+\dfrac{\beta}{\alpha}\theta_k\right]$，称为短路发热系数。

$A_L = \dfrac{c_0\rho_m}{\rho_0}\left[\dfrac{\alpha-\beta}{\alpha^2}\ln(1+\alpha\theta_k)+\dfrac{\beta}{\alpha}\theta_k\right]$，称为正常发热系数。

对某导体材料，A 值仅是温度的函数，即 $A=f(\theta)$。

如果采用上式直接计算 A 值，相当复杂，而且涉及一些难以准确确定的系数，包括导体的电阻率，因此计算结果往往与实际出入很大。在工程设计中，通常是利用图 3-12 所示

$A = f(\theta)$ 曲线来确定短路发热温度 θ_k，横坐标表示导体发热系数 $A(\mathrm{A}^2 \cdot \mathrm{s} \cdot \mathrm{mm}^{-4})$，纵坐标表示导体的温度 θ（℃）。

3. 短路产生的热量

短路全电流的幅值和有效值都随时间变化，这就使热平衡方程的计算十分困难和复杂。因此，一般采用一个恒定的短路稳态电流 I_∞ 来等效计算实际短路电流所产生的热量。

由于通过导体的短路电流实际上不是 I_∞，因此假定一个时间，在此时间内，导体通过 I_∞ 所产生的热量，恰好与实际短路电流 I_{kt} 在实际短路时间 t_k 内所产生的热量相等。这一假定的时间称为短路发热的假想时间（Imaginary Time），也称热效时间，用 t_{ima} 表示，如图 3-13 所示。

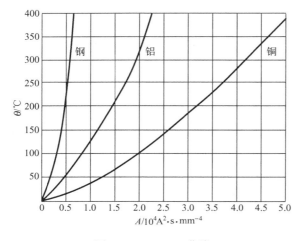

图 3-12　$A = f(\theta)$ 曲线

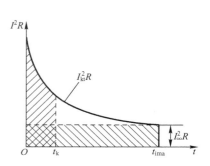

图 3-13　短路发热假想时间

短路发热假想时间可由下式近似地计算：

$$t_{ima} = t_k + 0.05 \left(\frac{I''}{I_\infty} \right)^2 (\mathrm{s}) \tag{3-56}$$

在无限大电源容量系统中发生短路时，由于 $I'' = I_\infty$，因此

$$t_{ima} = t_k + 0.05\mathrm{s} \tag{3-57}$$

当 $t_k > 1\,\mathrm{s}$ 时，可认为 $t_{ima} = t_k$。

上述短路时间 t_k 为短路保护装置实际最长的动作时间 t_{op} 与断路器（开关）的断路时间 t_{oc} 之和，即

$$t_k = t_{op} + t_{oc} \tag{3-58}$$

对于一般高压断路器（如油断路器），可取 $t_{op} = 0.2\,\mathrm{s}$；对于高速断路器（如真空断路器和 SF_6 断路器），可取 $t_{op} = 0.1 \sim 0.15\,\mathrm{s}$。

因此，实际短路电流通过导体在短路时间内产生的热量为

$$Q_k = \int_{t_1}^{t_2} I_{kt}^2 \mathrm{d}t = I_\infty^2 R t_{ima} \tag{3-59}$$

4. 导体短路发热温度

如上所述，为使导体短路发热温度计算简便，工程上一般利用导体发热系数 A 与导体温度 θ 的关系曲线 $A = f(\theta)$ 来确定短路发热温度 θ_k。

由 θ_L 求 θ_k 的步骤如下（参看图 3-14）：

1）由导体正常运行时的初始温度 θ_L 从 $A=f(\theta)$ 曲线查出导体正常发热系数 A_L。

2）计算导体发热系数 A_k：

$$A_k = A_L + \frac{I_\infty^2}{s^2} t_{ima} \qquad (3\text{-}60)$$

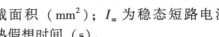

图 3-14 由 θ_L 求 θ_k 的步骤

式中，s 为导体的截面积（mm^2）；I_∞ 为稳态短路电流（A）；t_{ima} 为短路发热假想时间（s）。

3）由 A_k 从 $A=f(\theta)$ 曲线查出短路发热温度 θ_k。

5. 短路热稳定度的校验条件

（1）一般电器的热稳定度校验条件

$$I_t^2 t \geq I_\infty^{(3)2} t_{ima} \qquad (3\text{-}61)$$

式中，I_t 为电器的热稳定电流；t 为电器的热稳定试验时间。

以上的 I_t 和 t 可由有关手册或产品样本查得。

（2）母线及绝缘导线和电缆等导体的热稳定度校验条件

$$\theta_{k.max} \geq \theta_k \qquad (3\text{-}62)$$

式中，$\theta_{k.max}$ 为导体在短路时的最高温度，见表 3-6。

如前所述，要确定导体的 θ_k 比较麻烦，因此也可根据短路热稳定度的要求来确定其最小截面积。由式（3-60）可得满足热稳定要求的最小允许截面积（mm^2）为

$$S_{min} = I_\infty^{(3)} \sqrt{\frac{t_{ima}}{A_k - A_L}} = I_\infty^{(3)} \frac{\sqrt{t_{ima}}}{C} \qquad (3\text{-}63)$$

式中，$I_\infty^{(3)}$ 为三相短路稳态电流（A）；C 为导体的热稳定系数（$A \cdot \sqrt{s} \cdot mm^{-2}$），可由表 3-6 查得。

将计算出的最小热稳定截面积与所选用的导体截面积比较，当所选标准截面积 $S_b \geq S_{min}$ 时，热稳定性合格，否则应重新选择截面积。

3.5.2 短路电流的电动力效应

供电系统在短路时，由于短路电流特别是短路冲击电流很大，因此相邻载流导体之间将产生强大的电动力，可能使电气设备和载流部分遭受严重的破坏。因此，电气设备必须具有足够的机械强度，以承受短路时最大电动力的作用，避免遭受严重的机械性损坏。通常把电气设备承受短路电流的电动效应而不至于造成机械性损坏的能力，称为电气设备具有足够的电动稳定度（Electro-dynamic Stability）。

1. 两平行载流导体间的电动力

对于两平行载流导体，通过电流分别为 i_1 和 i_2 时，如图 3-15 所示，其相互间的电动力可

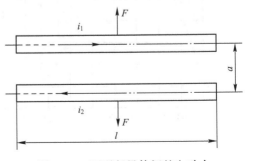

图 3-15 两平行导体间的电动力

由毕-萨定律计算:

$$F = 2i_1 i_2 \frac{l}{a} \times 10^{-7} (\text{N}) \qquad (3-64)$$

式中, i_1、i_2 分别为两导体中的电流瞬时值(A); l 为平行导体的长度(m); a 为两平行导体中心距(m)。

式(3-64)是在导体的尺寸与线间距离 a 相比很小且导体很长时才正确。对于矩形截面的导体(如母线)相互距离较近时,其作用力仍可用式(3-64)计算,但需乘以形状系数 k_s 加以修正,即

$$F = 2k_s i_1 i_2 \frac{l}{a} \times 10^{-7} (\text{N}) \qquad (3-65)$$

式中, k_s 为导体形状系数,对于矩形导体可查图 3-16 中的曲线求得。

图 3-16 中形状系数曲线是以 $\frac{a-b}{h+b}$ 为横坐标,表示线间距离与导体半周长之比。曲线的参变量 m 是宽与高之比,即 $m = \frac{b}{h}$。

2. 三相平行导体间的电动力

在三相系统中,当三相导体在同一平面平行布置时,受力最大的是中间相。设有三相交流电通过导体,如图 3-17 所示。取 B 相为参考相,三相电流为

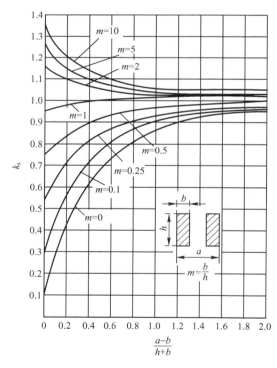

图 3-16　矩形导体形状系数

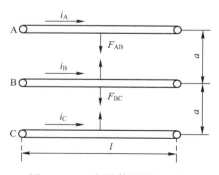

图 3-17　三相导体间的电动力

$$i_A = I_m \sin(\omega t + 120°)$$
$$i_B = I_m \sin \omega t \qquad\qquad (3-66)$$
$$i_C = I_m \sin(\omega t - 120°)$$

则 B 相导体所受的力为

$$
\begin{aligned}
F_B &= F_{BA} - F_{BC} \\
&= 2k_s \frac{l}{a}(i_B i_A - i_B i_C) \times 10^{-7} \\
&= 2k_s \frac{l}{a}i_B(i_A - i_C) \times 10^{-7} \\
&= \sqrt{3}\,k_s \frac{l}{a}I_m^2 \sin 2\omega t \times 10^{-7}\,(\text{N})
\end{aligned}
$$

当 $2\omega t = \pm 90°$ 时，得 B 相受力的最大值为

$$F_{B.\max} = \sqrt{3}\,k_s I_m^2 \frac{l}{a} \times 10^{-7}\,(\text{N})$$

当发生三相短路故障时，短路电流冲击值通过导体，中间相所受电动力的最大值为

$$F_{B.\max}^{(3)} = \sqrt{3}\,k_s i_{sh}^{(3)\,2} \frac{l}{a} \times 10^{-7}\,(\text{N}) \qquad\qquad (3-67)$$

式中，$i_{sh}^{(3)}$ 为三相短路电流冲击值（kA）。

又因为两相短路时的冲击电流为

$$i_{sh}^{(2)} = \frac{\sqrt{3}}{2}i_{sh}^{(3)} \qquad\qquad (3-68)$$

所以发生两相短路时，最大电动力为

$$F_{B.\max}^{(2)} = \sqrt{3}\,k_s i_{sh}^{(2)\,2} \frac{l}{a} \times 10^{-7} = 1.5k_s i_{sh}^{(3)\,2} \frac{l}{a} \times 10^{-7}\,(\text{N}) \qquad (3-69)$$

3. 短路动稳定度的校验条件

（1）一般电器的动稳定度校验条件

由上述可知，对于成套电气设备，因其长度 l、导线间的中心距 a、形状系数 k_s 均为定值，故此力只与电流大小有关。因此，电气设备的动稳定性常用设备动稳定电流（即极限允许通过电流）来表示。当电气设备的动稳定电流峰值 $i_{\max}$（或最大值）大于 $i_{sh}^{(3)}$ 时，或动稳定电流有效值 $I_{\max}$ 大于 $I_{sh}^{(3)}$ 时，设备的机械强度就能承受冲击电流的电动力，即电气设备的动稳定性合格；否则不合格，应按动稳定性要求进行重选。即

$$i_{\max} \geqslant i_{sh}^{(3)} \qquad\qquad (3-70)$$

或

$$I_{\max} \geqslant I_{sh}^{(3)} \qquad\qquad (3-71)$$

式中，$i_{\max}$、$I_{\max}$ 分别为电器的动稳定电流峰值和有效值，可由有关手册或产品样本查得。

（2）绝缘子的动稳定度校验条件

按下列公式校验：

$$F_{al} \geqslant F_C^{(3)} \qquad\qquad (3-72)$$

式中，F_{al} 为绝缘子的最大允许载荷，可由有关手册或产品样本查得；如果手册或产品样本

给出的是绝缘子的抗弯破坏载荷值，则可将抗弯破坏载荷值乘以 0.6 即为 F_{al} 值；$F_C^{(3)}$ 为三相短路时作用于绝缘子上的计算力，如果母线在绝缘子上为平放（见图 3-18 a），$F_C^{(3)}$ 按式（3-67）计算，即 $F_C^{(3)} = F_{B.max}^{(3)}$；如果母线在绝缘子上为竖放（见图 3-18 b），则 $F_C^{(3)} = 1.4 F_{B.max}^{(3)}$。

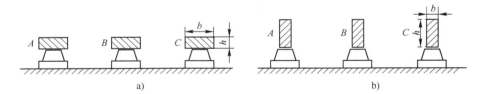

图 3-18　水平放置的母线

a）平放　b）竖放

（3）硬母线的动稳定度校验条件

按下列公式校验：

$$\sigma_{al} \geqslant \sigma_C^{(3)} \tag{3-73}$$

式中，σ_{al} 为母线材料的最大允许应力（Pa）；硬铜母线（TMY 型），$\sigma_{al} = 140\,MPa$；硬铝母线（LMY 型），$\sigma_{al} = 70\,MPa$。$\sigma_C^{(3)}$ 为母线通过 $i_{sh}^{(3)}$ 时所受到的最大计算应力。

上述最大计算应力按下式计算：

$$\sigma_C^{(3)} = \frac{M}{W} \tag{3-74}$$

式中，M 为母线通过 $i_{sh}^{(3)}$ 时所受到的弯曲力矩；当母线档数为 1~2 时，$M = F_{B.max}^{(3)} l/8$；当母线档数大于 2 时，$M = F_{B.max}^{(3)} l/10$；这里的 $F_{B.max}^{(3)}$ 按式（3-67）计算，l 为母线的档距。W 为母线的截面系数；当母线水平放置时（见图 3-18），$W = b^2 h/6$；这里 b 为母线截面的水平宽度，h 为母线截面的垂直宽度。

（4）电缆的动稳定度校验

电缆的机械强度很好，其动稳定性由厂家保证，因此无须校验其短路动稳定性。

本章小结

本章简述了供配电系统短路的原因、危害、短路种类及短路计算的目的；分析了无限大容量系统发生三相短路时的暂态过程；重点介绍了两种计算三相短路电流的方法——欧姆法和标幺值法；同时讲述了两相和单相短路电流计算的方法；最后讨论了短路电流的热效应和电动力效应及动、热稳定性校验。

1）短路的种类有三相短路、两相短路、单相接地短路和两相接地短路四种。三相短路属于对称短路，其他短路属于不对称短路。一般三相短路电流最大，造成的危害也最严重。

2）无限大容量系统发生三相短路时，短路电流由周期分量和非周期分量组成。短路电流周期分量在短路过程中保持不变，从而 $I'' = I_p = I_\infty = I_k$，使短路计算十分简便。在热、动稳定性校验时，短路稳态电流、短路冲击电流是校验电气设备的依据。

3）采用标幺值法计算三相短路电流，避免了欧姆法中多级电压系统中的阻抗变换，其计算方便，结果清晰，在工程中得到广泛应用。

4）两相短路电流近似看成是三相短路电流的 0.866 倍，单相短路电流为相电压除以短路回路总阻抗。两相短路电流计算的目的主要是校验保护的灵敏度，单相短路电流计算的目的主要是为接地设计等。

5）当供电系统发生短路时，巨大的短路电流将产生强烈的电动力效应和热效应，可能使电气设备遭受严重破坏。因此，必须对电气设备和载流导体进行动稳定和热稳定校验。热稳定校验中，短路发热计算复杂，通常采用稳态短路电流和短路假想时间计算短路发热，利用 $A=f(\theta)$ 关系曲线确定短路发热温度，以此作为校验短路热稳定的依据或计算短路热稳定最小截面；动稳定校验中，三相短路电流产生的电动力最大，并出现在三相系统的中间相（B 相），以此作为校验短路动稳定的依据。

习题与思考题

3-1　什么叫短路？短路的类型有哪些？造成短路故障的原因有哪些？短路有哪些危害？短路电流计算的目的是什么？

3-2　什么叫无限大容量电力系统？无限大与有限电源容量系统有何区别？对于短路暂态过程有何不同？

3-3　解释和说明下列术语的物理含义：短路电流的周期分量 i_p，非周期分量 i_{np}，短路全电流，短路冲击电流 i_{sh}，短路冲击电流有效值 I_{sh}，短路次暂态电流 I''，短路稳态电流 I_∞，短路容量 S_k。

3-4　试说明采用欧姆法和标幺值法计算短路电流各有什么特点？这两种方法各适用于什么场合？

3-5　在无限大容量供电系统中，两相短路电流和三相短路电流有什么关系？

3-6　什么是短路电流的热效应？为什么要用稳态短路电流 I_∞ 和假想时间 t_{ima} 来计算？

3-7　什么是短路电流的电动力效应？它应该采用哪一个短路电流来计算？

3-8　在短路点附近有大容量交流电动机运行时，电动机对短路电流计算有何影响？

3-9　对一般电器，其短路动稳定度和热稳定度校验的条件各是什么？对母线其短路动稳定度和热稳定度校验的条件是什么？

3-10　某一地区变电所通过一条长 6 km 的 10 kV 电缆线路供电给某厂一个装有两台并列运行的 S9-800 型变压器的变电所。地区变电所出口断路器的断流容量为 400 MV·A，试用欧姆法求该厂变电所 10 kV 高压母线上和 380 低压母线上的短路电流 $I_k^{(3)}$、$I''^{(3)}$、$I_\infty^{(3)}$、$i_{sh}^{(3)}$、$I_{sh}^{(3)}$ 和短路容量 $S_k^{(3)}$，并列出短路计算表。

3-11　试用标幺值法重做题 3-10。

第4章 供配电一次系统

4.1 供配电一次系统概述

4.1.1 一次设备及其分类

变电所一次设备是接受和分配电能的设备，主要包括：

1）变换设备，如变压器、电流互感器、电压互感器等。

2）控制设备，如断路器、隔离开关等。

3）保护设备，如熔断器、避雷器等。

4）补偿设备，如并联电容器。

5）成套设备，如高压开关柜、低压开关柜等。

变电所一次设备的文字符号和图形符号见表4-1。

表4-1 变电所一次设备文字符号和图形符号

序号	名称	文字符号	图形符号	序号	名称	文字符号	图形符号	序号	名称	文字符号	图形符号
1	高、低压断路器	QF		4	高、低压熔断器	FU		7	变压器	T	
2	高压隔离开关	QS		5	避雷器	F		8	电流互感器	TA	
3	高压负荷开关	QL		6	低压刀开关	QK		9	电压互感器	TV	

4.1.2 电气设备运行中的电弧问题与灭弧方法

电弧是电气设备运行中出现的一种强烈的电游离现象，光亮很强，温度很高。电弧的产生对供电系统的安全运行有很大影响。首先，电弧延长了电路开断的时间。在开关分断短路电流时，开关触头上的电弧就延长了短路电流通过电路的时间，使短路电流危害的时间延长，这可能对电路设备造成更大的损坏。同时，电弧的高温可能烧损开关的触头，烧毁电气设备及导线电缆，还可能引起电路弧光短路，甚至引起火灾和爆炸事故。此外，强烈的弧光可能损伤人的视力，严重的可致人眼失明。因此，开关设备在结构设计上要保证操作时电弧能迅速地熄灭。为此，在讲述高低压开关设备之前，有必要先简介电弧产生与熄灭的原理和灭弧的方法。

1. 电弧的产生

（1）电弧产生的根本原因

开关触头分断电流时产生电弧的根本原因在于触头本身及触头周围的介质中含有大量可被游离的电子。在分断的触头之间存在着足够大的外施电压的条件下，这些电子有可能被强烈电游离而产生电弧。

（2）产生电弧的游离方式

1）热电发射。触头分断电流时，其阴极表面由于大电流逐渐收缩集中而出现炽热的光斑，温度很高，使触头表面分子的中外层电子吸收足够的热能而发射到触头间隙中，形成自由电子。

2）高电场发射。触头分断之初，电场强度很大。触头表面电子可能被强拉出来，进入触头的间隙介质中，也形成自由电子。

3）碰撞游离。触头间隙存在足够大的电场强度时，其中的自由电子向阳极高速移动，碰撞到中性质点，就可能使中性质点中的电子游离出来，从而使中性质点变成带电的正离子和自由电子。这些被碰撞游离出来的带电质点在电场力的作用下，继续参加碰撞游离，结果使触头间介质中的离子数越来越多，形成"雪崩"现象。当离子浓度足够大时，介质击穿产生电弧。

4）高温游离。电弧温度很高，达 3000~4000℃，弧心可高达 10000℃。在如此高温下，电弧中的中性质点可游离为正离子和自由电子，进一步加强电弧中的游离。触头越分开，电弧越大，高温游离也越显著。

上述各种游离的综合作用，使触头在分断电流时产生电弧并得以维持。

2. 电弧的熄灭

（1）熄灭电弧的条件

要使电弧熄灭，必须使触头间电弧中的去游离率大于游离率。

（2）熄灭电弧的去游离方式

1）正负带电质点的"复合"。复合就是正负带电质点重新结合为中性质点。这与电弧中的电场强度、温度及电弧截面等因素有关。电弧中的电场强度越弱，电弧温度越低，电弧截面越小，则其中带电质点的复合越强。复合与电弧接触的介质性质也有关系。电弧接触的介质为固体，较活泼的电子先使介质表面带负电，带负电的介质表面吸引电弧中的正离子而造成强烈的复合。

2）正负带电质点的"扩散"。扩散就是电弧中的带电质点向周围介质中扩散，从而使电弧区域的带电质点减少。扩散的原因，一是由于电弧与周围介质的温度差，二是由于电弧与周围介质的离子浓度差。扩散也与电弧截面有关。电弧截面越小，离子扩散也越强。

上述带电质点的复合和扩散，都使电弧中间的离子数减少，即去游离增强，从而有助于电弧的熄灭。

（3）交流电弧的熄灭特点

交流电流每半个周期要经过零值一次，电流过零时，电弧暂时熄灭。电弧熄灭瞬间，弧隙温度骤降，高温游离中止，去游离（主要为复合）大大增强，弧隙虽然仍处于游离状态，但阴极附近空间立刻获得很高的绝缘强度。随后弧隙电场强度又可能使之击穿，电弧复燃。但由于触头的迅速断开，电场强度的迅速降低，一般交流电弧经过若干周期的熄灭、复燃、熄灭的反复，最终完全熄灭。因此交流电弧的熄灭，可利用交流电流过零时电弧要暂时熄灭这一特性。有较完善灭弧结构的高压断路器，熄灭交流电弧一般也只需几个周期，而真空断路器的灭弧，一般只需半个周期。

（4）常用的灭弧方法

1）速拉灭弧法。迅速拉长电弧，可使弧隙的电场强度骤降，离子的复合迅速增强，从而加速电弧的熄灭。这种灭弧方法是开关电器中普遍采用的最基本的一种灭弧法。高压开关中装设强有力的断路弹簧，目的就在于加快触头的分断速度，迅速拉长电弧。

2）冷却灭弧法。降低电弧的温度，可使电弧中的热游离减弱，正负离子的复合增强，有助于电弧加速熄灭。这种灭弧方法在开关电器中也应用普遍，同样是一种基本的灭弧方法。

3）吹弧灭弧法。利用外力（如气流、油流或电磁力）来吹动电弧，使电弧加速冷却，同时拉长电弧，降低电弧中的电场强度，使离子的复合和扩散增强，从而加速电弧的熄灭。

按吹弧的方向分，有横吹和纵吹两种，如图4-1所示。按外力的性质分，有气吹、油吹、电动力吹和磁力吹等方式。低压刀开关迅速拉开其刀闸时，不仅迅速拉长了电弧，而且其电流回路产生的电动力作用于电弧，使之加速拉长，如图4-2所示。有的开关装有专门的磁吹线圈来吹动电弧，如图4-3所示；也有的开关利用铁磁物质如钢片来吸弧，如图4-4所示，这相当于反向吹弧。

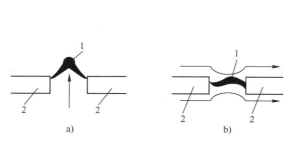

图4-1　吹弧方式

a）横吹　b）纵吹

1—电弧　2—触头

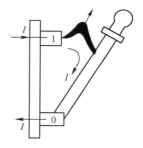

图4-2　电动力吹弧（刀开关断开时）

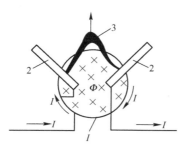

图4-3　磁力吹弧

1—磁吹线圈　2—灭弧触头　3—电弧

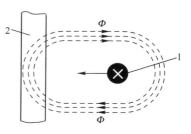

图4-4　铁磁吸弧

1—电弧　2—钢片

4）长弧切短灭弧法。由于电弧的电压降主要降落在阴极和阳极上，其中阴极电压降又比阳极电压降大得多，而弧柱（电弧的中间部分）的电压降是很小的。因此如果利用金属栅片（通常采用钢栅片）将长弧切割成若干段短弧，则电弧上的电压降将近似地增大若干倍。当外施电压小于电弧上的电压降时，电弧就不能维持而迅速熄灭。图4-5所示钢灭弧栅（又称去离子栅），当电弧在其电流回路本身产生的电动力及铁磁吸力的共同作用下进入钢灭弧栅内，就被切割为若干短电弧，使电弧电压降大大增加，同时钢片对电弧还有冷却降温作用，从而加速电弧的熄灭。

5）粗弧分细灭弧法。将粗大的电弧分成若干平行的细小的电弧，使电弧与周围介质的接触面增大，改善电弧的散热条件，降低电弧的温度，使电弧中离子的复合和扩散都得到增强，从而使电弧迅速熄灭。

6）狭沟灭弧法。使电弧在固体介质所形成的狭沟中燃烧。由于电弧的冷却条件改善，使电弧的去游离增强，同时介质表面的复合也比较强烈，从而使电弧迅速熄灭。有的熔断器的熔管内充填石英砂，就是利用狭沟灭弧原理。有一种用耐弧的陶瓷绝缘材料制成的灭弧栅，如图4-6所示，也同样利用了这种狭沟灭弧原理。

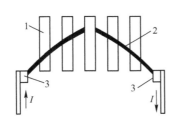

图4-5 钢灭弧栅对电弧的作用
1—钢栅片 2—电弧 3—触头

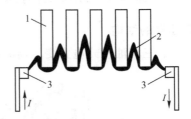

图4-6 绝缘灭弧栅对电弧的作用
1—绝缘栅片 2—电弧 3—触头

7）真空灭弧法。真空具有较高的绝缘强度。如果将开关触头装在真空容器内，则在电流过零时就能立即熄灭电弧而不致复燃。真空断路器就是利用真空灭弧法的原理制造的。

8）六氟化硫（SF_6）灭弧法。SF_6气体具有优良的绝缘性能和灭弧性能，其绝缘强度约为空气的3倍，其绝缘强度恢复速度约为空气的100倍。六氟化硫断路器就是利用SF_6作绝缘和灭弧介质的，从而获得较高的断开容量和灭弧速度。

在现代的电气开关设备中，常常根据具体情况综合利用上列灭弧法来达到迅速灭弧的目的。

4.2 电力变压器及其选择

4.2.1 电力变压器及其分类

电力变压器是变电所中最关键的设备，它由铁心和绕组两个部分组成，利用互感原理，来升高或降低电源电压。所以，按功能可分为升压变压器和降压变压器，工厂变电所的电力变压器均为降压变压器。

电力变压器按相数分，有单相和三相两种。工厂变配电所一般采用三相双绕组电力变压器。

电力变压器按冷却介质分，有干式和油浸式两大类，一般采用油浸式。油浸式变压器按其冷却方式分，又有油浸自冷式、油浸风冷式以及强迫油循环风冷或水冷式等。一般工厂变电所采用的中小型变压器多为油浸自冷式。

电力变压器按其绕组导体材质分，有铜绕组和铝绕组两种。目前推广应用的三相油浸式铝绕组电力变压器，主要为 SLJ 系列低损耗变压器，而推广应用的三相油浸式铜绕组电力变压器，主要为 S11 系列低损耗变压器。

电力变压器按用途分，有普通变压器和特种变压器。

电力变压器按调压方式分为有载调压变压器和无载调压变压器。当电力系统供电电压偏低或电压波动严重而用电设备对电压质量又要求较高时，可选用 SZL7 或 SZ9 等系列有载调压低损耗变压器。上述各系列变压器均采用国际通用的 R10 容量系列，即容量按 $R10 = 1.26$（$\sqrt[10]{10}$）的倍数增加，容量有 $100\,\mathrm{kV\cdot A}$、$125\,\mathrm{kV\cdot A}$、$160\,\mathrm{kV\cdot A}$、$200\,\mathrm{kV\cdot A}$、$250\,\mathrm{kV\cdot A}$、$315\,\mathrm{kV\cdot A}$、$400\,\mathrm{kV\cdot A}$、$500\,\mathrm{kV\cdot A}$、$630\,\mathrm{kV\cdot A}$、$800\,\mathrm{kV\cdot A}$ 和 $1000\,\mathrm{kV\cdot A}$ 等。

4.2.2 电力变压器的结构和联结组标号

1. 电力变压器的结构

图 4-7 是普通三相油浸式电力变压器的结构图。

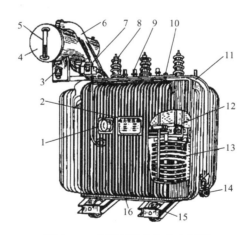

图 4-7 三相油浸式电力变压器

1—信号温度计 2—铭牌 3—吸湿器 4—储油柜 5—油位指示器（油标） 6—防爆管
7—气体继电器 8—高压出线套管和接线端子 9—低压出线套管和接线端子 10—分接开关
11—油箱及散热油管 12—铁心 13—绕组及绝缘 14—放油阀 15—小车 16—接地端子

2. 电力变压器的联结组标号

（1）常用配电变压器的联结组标号

变压器 Yyn0 联结组的接线和示意图如图 4-8 所示。

（2）防雷变压器的联结组标号

防雷变压器通常采用 Yzn11 联结组，如图 4-9a 所示，其正常时的电压相量图如图 4-9b 所示。

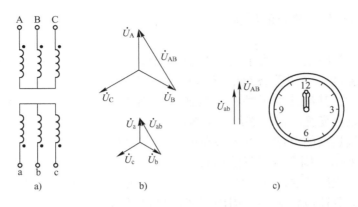

图 4-8 变压器 Yyn0 联结组

a）一、二次绕组接线　b）一、二次电压相量　c）时钟示意图

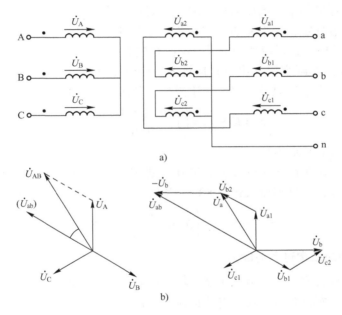

图 4-9 变压器 Yzn11 联结的防雷变压器

a）一、二次绕组接线　b）一、二次电压相量

4.2.3 电力变压器的容量和过负荷能力

1. 电力变压器的额定容量与实际容量

电力变压器的额定容量（铭牌容量），是指在规定的环境温度（20℃）条件下，室外安装时，在规定使用年限（一般规定 20 年）内所能连续输出的最大视在功率（kV·A）。

如果仅从变压器安全运行条件（长期运行不被烧毁）考虑，其输电能力（容量）必大于额定运行条件下的容量，即具有正常过负荷的能力。但如果长期按照最大正常过负荷运行，会大大缩短变压器的使用寿命，显然这样是很不经济的。所以，电力变压器的额定容量是经过经济、技术比较后确定的最佳选择。因此，额定容量不是最大容量，而是最经济的容量。

变压器的使用年限主要取决于变压器绕组绝缘的老化速度，而绝缘老化速度又取决于绕组最热点的温度，变压器绕组的导体和铁心可以长期经受较高的温度而不致损坏。但绕组长期受热时，其绝缘的弹性和机械强度要逐渐减弱，这就是绝缘的老化现象，绝缘老化严重时，就会变脆，出现裂纹，甚至脱落。试验表明：在规定的环境温度条件下，如果变压器绕组最热点的温度一直维持在+95℃，则变压器可连续运行 20 年；如果其绕组温度升高到+120℃，则变压器只能运行 2.2 年，这说明绕组温度对变压器的使用寿命有极大的影响。而绕组的温度又与绕组流过负荷电流的大小有直接的关系，即在散热条件不变的前提下，负荷电流大小、周围环境温度高低直接影响着变压器的使用寿命。电力变压器长期运行的环境温度越低、负荷电流越小，变压器的使用寿命越长；反之，寿命越短。

由于现场使用环境的平均温度与标准的温度规定有差异，使得变压器的实际容量与额定容量并不相等。一般规定，如果变压器安装地点的年平均气温 $\theta_{0 \cdot AV} = 20℃$ 时，则年平均气温每升高 1℃，变压器的容量应相应减小 1%；对应着每低 1℃，变压器的容量应相应增加 1%。因此，变压器的实际容量（出力）应计入一个温度校正系数 K_θ。

对室外变压器，由于通风条件好，易于散热，其实际容量为

$$S_T = K_\theta S_{N \cdot T} = \left(1 - \frac{\theta_{0 \cdot av} - 20}{100}\right) S_{N \cdot T} \tag{4-1}$$

式中，$S_{N \cdot T}$ 为变压器的额定容量。

对室内变压器，由于散热条件较差，变压器进风口和出风口间有 15℃ 的温差，处在室内的变压器环境温度比户外温度大约高 8℃，因此其容量要减小 8%。即

$$S_T = K_\theta S_{N \cdot T} = \left(0.92 - \frac{\theta_{0 \cdot av} - 20}{100}\right) S_{N \cdot T} \tag{4-2}$$

2. 电力变压器的正常过负荷能力

变压器的正常过负荷能力是指变压器在较短的时间内能输出的最大容量。变压器的负荷总是在不断地变化，而且有时昼夜、季节负荷的变化还很大，如果按最大负荷选择变压器容量，就可能造成变压器在大部分时间内在低于变压器额定容量下运行。在不影响变压器的绝缘和使用寿命的情况下，变压器完全可以过负荷使用，对油浸式电力变压器，其允许的正常过负荷主要包括以下两部分：

（1）昼夜负荷不平衡而允许的变压器的过负荷

根据典型的日负荷曲线填充系数（日负荷率）β 和最大负荷持续时间 t，查图 4-10 所示油浸式变压器正常过负荷倍数曲线，即可得变压器的允许过负荷倍数 $K_{OL(1)}$。

（2）季节性负荷差异而允许的变压器的过负荷

如果在夏季平均日负荷曲线中的最大负荷 S_m 低于变压器的额定容量 $S_{N \cdot T}$，则每低 1%，可在冬季过负荷 1%，但是最大不得超过 $15\% S_{N \cdot T}$，即称为 "1%规则"。

可以综合考虑上述二者的影响，但是对于户外变压器而言，不得超过额定容量的 30%，户内变压器不得超过额定容量的 20%。干式变压器一般不考虑正常过负荷问题。

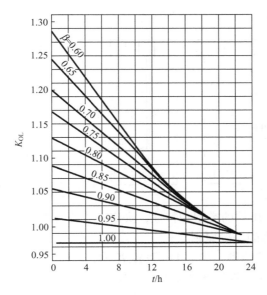

图 4-10　油浸式变压器正常过负荷倍数曲线

3. 电力变压器的事故过负荷能力

当供电系统发生故障时，为了保证对重要用户的连续供电，变压器在较短时间内过负荷运行，称为变压器的事故过负荷能力。

变压器一般是在欠负荷的情况下运行，短时间的过负荷不会引起绝缘的明显损坏，而且变压器事故过负荷运行的概率又比较少，但这种事故过负荷运行的时间不得超过表 4-2 所规定的时间。

表 4-2　电力变压器事故过负荷允许值

油浸自冷式变压器	过负荷百分值/%	30	45	60	75	100	200
	过负荷时间/min	120	80	45	20	10	1.5
干式变压器	过负荷百分值/%	10	20	30	40	50	60
	过负荷时间/min	75	60	45	32	16	5

4.2.4　变电所变压器的选择

1. 变压器型号的选择

（1）变压器符号

变压器文字符号为 T，双绕组、三绕组变压器的图形符号如图 4-11 所示。

图 4-11　双绕组、三绕组变压器图形符号

（2）变压器型号表示

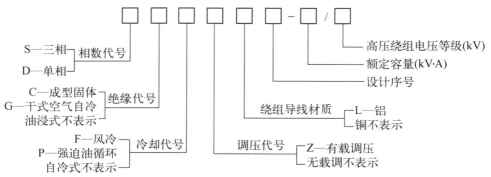

直接从型号上分析变压器的类型和特性，决定是否符合现场的需要。

（3）变压器类型选择的一般原则

1）尽量选择低损耗节能型，如 S11 系列或者 S13 系列。

2）在多尘或者具有腐蚀性气体严重影响变压器安全的场合，选择密闭型变压器或者防腐蚀型变压器。

3）供电系统中没有特殊要求和民用建筑独立变电所常采用三相油浸自冷式电力变压器。

4）对于高层建筑、地下建筑、发电厂和化工等单位对消防要求较高的场所，宜采用干式变压器。

5）对于电网电压波动比较大的场合，为改善电能质量，应采用有载调压电力变压器。

2. 变压器台数及容量的选择

将变电所分成两类进行讨论，即总降压变电所（与电源直接联系，将 35 kV 转换到 10 kV/6 kV）和广义车间变电所（直接面向用电设备的变电所，包括车间变电所、独立变电所、杆上变电所及高层建筑变电所等）。

（1）总降压变电所主变压器台数和容量的确定

总降压变电所主变压器台数和容量的确定主要考虑供电条件、负荷性质、用电容量、运行方式等因素。

1）选择变配电所主变压器台数时，应遵循以下原则：

① 供电的可靠性必须得到保证。对供电给大量一、二级负荷的变电所，应选用两台主变压器，以便当一台变压器故障检修时，另一台能够承担对一、二级负荷的供电；对只有少量二级负荷而无一级负荷的变电所，如果低压侧有与其他变电所相连的联络线作为备用电源，则也可只选用一台变压器。

② 应能提高变压器运行的经济性。对于季节性负荷或昼夜负荷变动较大而宜于采用经济运行方式（例如两台并列运行的变压器可在低负荷时切除一台）的变电所，无论负荷性质如何，均可选用两台变压器。

③ 应能简单实用。除以上情况外，一般供三级负荷的变电所可只采用一台变压器，负荷较大时也可选择两台主变。台数过多，不仅使变电所主接线复杂，增加投资，而且使运行管理麻烦。

④ 满足发展的要求。充分考虑负荷的增长情况，短期内（一般考虑 5 年）没有增长的

可能性时，应考虑采用多台小容量变压器，以备发展时增加台数，而不应一次性使用大容量的变压器，增加投资和运行费用。

2）主变压器容量的确定应遵循以下原则：

① 只装一台主变时，变压器的额定容量满足所有计算负荷的需要。即

$$S_{\rm N.T} \geqslant S_{\rm C} \tag{4-3}$$

② 装有两台主变压器的变电所，每台变压器的额定容量应满足在单独运行时，能保证对大约 60%~70% 的计算负荷供电；每台单独运行时，能保证对全部一、二级负荷供电。即

$$S_{\rm N.T} \geqslant (0.6\!\sim\!0.7)S_{\rm C} \tag{4-4}$$

或

$$S_{\rm N.T} \geqslant S_{\rm C(\,I+II)} \tag{4-5}$$

（2）车间变电所变压器台数和容量的确定

考虑因素与总降压变电所基本相同，即在保证电能质量的前提下，应该尽量减少投资、运行费用和有色金属的消耗。

1）车间变电所变压器台数选择原则如下：

① 带一、二级负荷。一、二级负荷较多时，装设两台及两台以上的变压器；只有少量的一、二级负荷，且可以从附近的车间变电所获取低压备用电源时，可以采用一台变压器。

② 带三级负荷。负荷较小时，采用一台变压器；负荷较大时，采用两台及两台以上变压器；季节性负荷或昼夜变化较大的负荷，一般采用两台变压器。

③ 负荷不大的车间。按照与其他变电所的距离，以及本身负荷的大小，决定是否单独设立变压器。

④ 特殊情况按下述原则选择：

● 单相负荷较重，使得三相负荷的不平衡超过 25% 时，宜设立单相变压器。

● 动力和照明一般共用一台变压器，若此会影响照明质量及灯泡寿命，可以专门装设照明变压器。

● 如果有较大的冲击负荷，且严重影响电能质量时，应该装设专门的变压器对冲击负荷供电。

2）车间变电所变压器容量的选择原则如下：

车间变电所变压器的单台容量，一般不宜大于 1000 kV·A（或 1250 kV·A）。这一方面是受以往低压开关电器断流能力和短路稳定度要求的限制；另一方面也是考虑到可以使变压器更接近于车间负荷中心，以减少低压配电线路的电能损耗、电压损耗和有色金属消耗量。现在我国已能生产一些断流能力更大和短路稳定度更好的新型低压开关电器，如 DW15、ME 等型低压断路器及其他电器，因此如车间负荷容量较大、负荷集中且运行合理时，也可以选用单台容量为 1250（或 1600）~2000 kV·A 的配电变压器，这样可减少主变压器台数及高压开关电器和电缆等。

对装设在二层以上的电力变压器，应考虑其垂直与水平运输对通道及楼板荷载的影响。如果采用干式变压器时，其容量不宜大于 630 kV·A。

对居住小区变电所内的油浸式变压器，其单台容量不宜大于 630 kV·A。这是因为油浸

式变压器容量大于 630 kV·A 时，按规定应装设气体保护，而这些变压器电源侧的断路器往往不在变压器附近，因此气体保护很难实施，而且如果变压器容量增大，供电半径相应增大，往往造成供配电线路末端的电压偏低，给居民生活带来不便，如荧光灯启燃困难、电冰箱不能起动等。

4.2.5 电力变压器并列运行的条件

在变配电所选用两台或多台变压器并列运行时，必须满足下列三个基本条件：

（1）电压比相同

所有并列运行变压器的额定一次电压和二次电压必须对应相等，也就是并列运行变压器的电压比应该相同，允许差值不得超过±5%。如果并列变压器的电压比不同，则并列变压器二次绕组的回路内将出现环流，即二次电压高的绕组将向二次电压低的绕组供给电流，引起电能损耗，严重时可能导致绕组过热或烧毁。

（2）阻抗电压（即短路电压）相等

由于并列运行变压器的负荷是按其阻抗电压值成反比分配的，所以其阻抗电压必须相等，且允许差值不得超过±10%。如果阻抗电压差值过大，可能会使阻抗电压小的变压器发生过负荷现象。

（3）联结组标号相同

并列运行变压器的一次电压和二次电压的相序及相位都应分别对应相同，否则不能并列运行。假设两台变压器的变电所，一台变压器为 Yyn0 联结，另一台变压器为 Dyn11 联结，则两台变压器并列运行时，其对应的二次侧将出现 30° 的相位差，从而在两台变压器的二次绕组间产生电位差 ΔU。这一 ΔU 将在二次侧产生一个很大的环流，有可能使变压器绕组烧毁。

此外，并列运行的变压器容量最好相同或相近。并列运行变压器的最大容量与最小容量之比一般规定不能超过 3∶1。并列运行变压器容量相差太悬殊时，不仅运行很不方便，而且在变压器特性略有差异时，变压器间的环流往往相当显著，很容易造成容量小的变压器过负荷。

4.3 互感器

互感器是一种特殊变压器，用于一次回路和二次回路之间的联络，属于一次设备。互感器可分为电流互感器（Current Transformer, CT, 文字符号为 TA, 又称为仪用变流器）和电压互感器（Voltage Transformer, 或 Potential Transformer, PT, 文字符号为 TV, 又称为仪用变压器）。

互感器的功能主要是：

1）用来使仪表、继电器等二次设备与主电路绝缘。这既可避免主电路的高电压直接引入仪表、继电器等二次设备，又可防止仪表、继电器等二次设备的故障影响主电路，提高一、二次电路的安全性和可靠性，并有利于人身安全。

2）用来扩大仪表、继电器等二次设备的应用范围。例如用一只 5 A 的电流表，通过不同电流比的电流互感器就可测量任意大的电流。同样，用一只 100 V 的电压表，通过不同电压比的电压互感器就可测量任意高的电压。而且由于采用了互感器，可使二次仪表、继电器等设备的规格统一，有利于设备的批量生产。

4.3.1 电流互感器

1. 电流互感器结构原理及特点

电流互感器的基本结构原理图如图 4-12 所示，其结构特点如下：

1）一次绕组匝数很少，有的电流互感器（例如母线式）还没有一次绕组，利用穿过其铁心的一次电路（如母线）作为一次绕组（相当于匝数为 1），而且一次绕组导体相当粗。工作时，一次绕组串接在被测的一次电路中，一次绕组呈现匝数少、低阻抗的特点，使得电流互感器的串入不影响一次电流或者影响很小。

2）二次绕组匝数很多，导体较细，阻抗大。工作时，二次绕组与仪表、继电器等的电流线圈串联，形成一个闭合回路。由于串联的仪表以及继电器的电流线圈阻抗很小，因此电流互感器工作时其二次回路接近于短路状态。二次绕组的额定电流一般为 5 A。

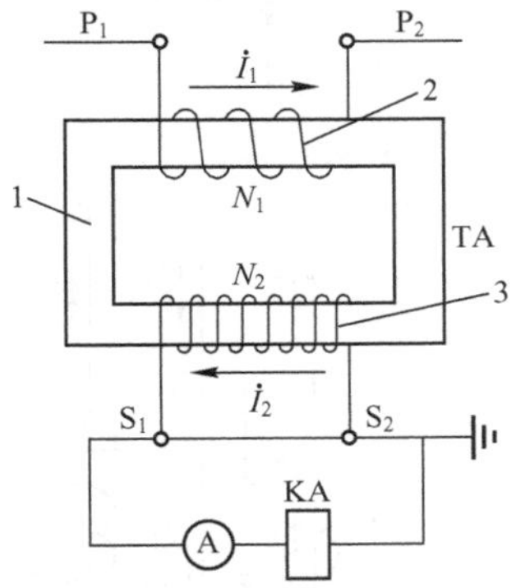

图 4-12　电流互感器原理接线图
1—铁心　2——次绕组　3—二次绕组

电流互感器的一次电流 I_1 与其二次电流 I_2 之间有下列关系：

$$K_i = \frac{I_{1n}}{I_{2n}} \approx \frac{I_1}{I_2} \approx K_n = \frac{N_2}{N_1} \tag{4-6}$$

式中，N_1、N_2 为电流互感器一、二次绕组匝数；K_i 为电流互感器的电流比，一般表示为其一、二次的额定电流之比。

2. 电流互感器的常见接线方案

图 4-13a 所示为一相式接线，只测量一相电流，常用在三相对称负荷的电路中测量电流，或在继电保护中作为过负荷保护接线。

图 4-13b 所示为两相 V 形接线，也称两相式不完全 Y 形接线。电流互感器和测量仪表均为不完全星形接线，不论电路对称与否，流过公共导线上的电流都等于装设电流互感器的两相（图中 A、C 相）电流的相量和，恰为未装互感器一相（图中 B 相）电流的负值，如图 4-14 所示。这种接线应用于不论负荷平衡与否的三相三线制系统中，供测量三个相电流之用，也可用来接三相功率表或电度表。这种接线特别广泛地应用于继电保护装置中，称为两相两继电器接线。

图 4-13c 所示为两相电流差接线。其二次侧公共导线上的电流为相电流的 $\sqrt{3}$ 倍，如图 4-15所示。这种接线也广泛地应用于继电保护装置中，称为两相一继电器接线。

图 4-13d 所示为三相 Y 形接线。电流互感器和测量仪表均为星形接线，广泛应用于 380 V/220 V 的三相四线制系统中，用于测量三相负荷电流、监视各相负荷的不对称情况或用于继电保护中。

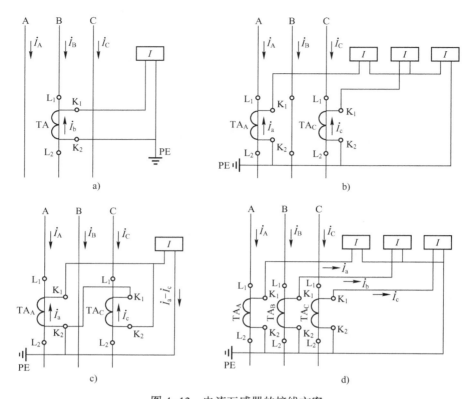

图 4-13 电流互感器的接线方案

a) 一相式接线 b) 两相 V 形接线 c) 两相电流差接线 d) 三相星形接线

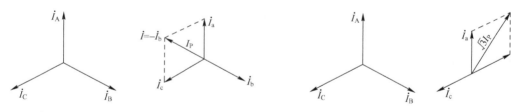

图 4-14 两相 V 形接线的电流互感器
一、二次电流相量图

图 4-15 两相电流差接线的电流互感器
一、二次电流相量图

3. 电流互感器的主要参数

（1）额定电压

额定电压指一次绕组主绝缘能长期承受的工作电压等级。

（2）额定电流

电流互感器的额定一次电流有 5 A、10 A、15 A、20 A、30 A、40 A、50 A、75 A、100 A、150 A、200 A、300 A、400 A、500 A、750 A、1000 A、1500 A、2000 A 等多个等级；二次额定电流一般为 5 A。

（3）准确度等级

准确度等级指电流互感器在额定运行条件下变流误差的百分数，它分为 0.2、0.5、1、3、10 五个等级。

电流互感器除电流误差外，二次电流与一次电流之间还存在相位差，称为角误差。

电流互感器的误差与通过的电流和所接的负载大小有关。当通过的电流小于额定值或电阻值大于规定值时，误差会增加。因此，电流互感器的准确度等级应根据要求合理选择：通常 0.2 级用于实验室精密测量；0.5 级用于计费电度测量；而内部核算和工程估算用电度表及一般工程测量，可用 1 级电流互感器；继电保护用电流互感器采用 1 级或 3 级，差动保护则用准确度为 B 级铁心的电流互感器。各种准确度等级的电流互感器的误差范围见表 4-3。

表 4-3 电流互感器的准确度等级和误差范围

准确度等级	一次电流为额定电流的百分数（%）	误差极限		二次负荷变化范围
		电流误差（±%）	角误差（±分）	
0.2	10	0.5	20	(0.25~1) S_{2N}
	20	0.35	15	
	100~120	0.2	10	
0.5	10	1	60	
	20	0.75	45	
	100~120	0.5	30	
1	10	2	120	
	20	0.5	90	
	100~120	1	60	
3	50~120	3.0	不规定	(0.5~1) S_{2N}
10	50~120	10		
B	100	3	不规定	S_{2N}
	100n	−10		

注：1. B 指保护用电流互感器。

2. n 为额定的 10% 倍数。

（4）额定二次负荷 S_{2N}

额定二次负荷 S_{2N} 指电流互感器在额定二次电流 I_{2N} 和额定二次阻抗 Z_{2N} 下运行时，二次绕组输出的容量（$S_{2N} = Z_{2N} I_{2N}^2$）。由于电流互感器的二次电流为标准值（5A），故其容量也常用额定二次阻抗 Z_{2N} 来表示。

因电流互感器的误差和二次负荷阻抗有关，故同一台电流互感器使用在不同准确度等级时，会有不同的额定二次负荷（见表 4-3）。

4. 电流互感器的类型和型号

电流互感器的类型很多，按安装地点可分为户内式和户外式；按安装方式可分为穿墙式、支持式和套管式；按绝缘介质可分为干式、浇注式和油浸式；按一次绕组的匝数可分为单匝式和多匝式；按用途可分为测量用和保护用两大类。

图 4-16 为户内 500 V 的 LMZJ1-0.5 型电流互感器的外形图。它本身没有一次绕组，母线从中孔穿过，母线就是其一次绕组（1 匝）。

图 4-17 为户内 10 kV 的 LQJ-10 型电流互感器的外形图。它的一次绕组绕在两个铁心上，每个铁心都各有一个二次绕组，分别为 0.5 级和 3 级，0.5 级接测量仪表，3 级接继电保护。该型电流互感器的主要优点是体积小、重量轻、电气绝缘性能好，主要用于 10 kV 及以下配电装置。

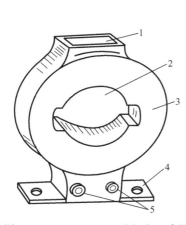

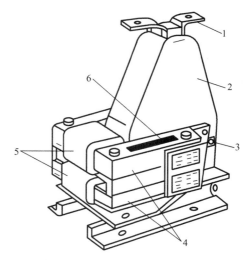

图 4-16　LMZJ1-0.5 型电流互感器
1—铭牌　2—一次母线穿孔
3—铁心，外绕二次绕组，环氧树脂浇注
4—安装板（底座）　5—二次接线端子

图 4-17　LQJ-10 型电流互感器
1——次接线端子　2——次绕组，环氧树脂浇注
3—二次接线端子　4—铁心（两个）　5—二次绕组（两个）
6—警告牌（上写"二次侧不得开路"等字样）

电流互感器全型号的表示和含义如下：

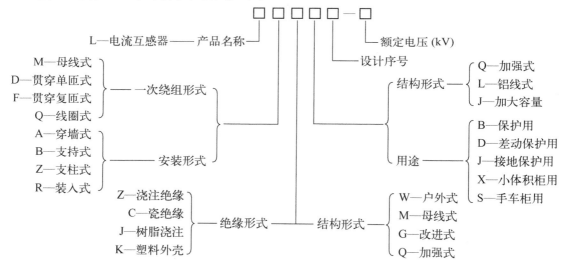

5. 电流互感器的选择和校验

电流互感器应按装设地点的条件及额定电压、一次电流、二次电流（一般为 5A）、准确度级等条件进行选择，并校验其短路动稳定度和热稳定度。

必须注意：电流互感器的准确度等级与二次负荷容量有关。互感器二次负荷 S_2 不得大于其准确度等级所限定的额定二次负荷 S_{2N}，即互感器满足准确度等级要求的条件为

$$S_{2N} \geqslant S_2 \tag{4-7}$$

电流互感器的二次负荷 S_2 由二次回路的阻抗 $|Z_2|$ 来决定，而 $|Z_2|$ 应包括二次回路中所有串联的仪表、继电器电流线圈的阻抗 $\sum|Z_i|$、连接导线的阻抗 $|Z_{WL}|$ 和所有接头的接

触电阻 R_{XC} 等。由于 $\sum |Z_i|$ 和 $|Z_{\mathrm{WL}}|$ 中的感抗远比其电阻小，因此可认为

$$|Z_2| \approx \sum |Z_i| + |Z_{\mathrm{WL}}| + R_{\mathrm{XC}} \tag{4-8}$$

式中，$|Z_i|$ 可由仪表、继电器的产品样本查得；$|Z_{\mathrm{WL}}| \approx R_{\mathrm{WL}} = l/(\gamma A)$，这里 γ 是导线的电导率，铜线 $\gamma = 53\,\mathrm{m}/(\Omega \cdot \mathrm{mm}^2)$，铝线 $\gamma = 32\,\mathrm{m}/(\Omega \cdot \mathrm{mm}^2)$，$A$ 是导线截面积 (mm^2)，l 是对应于连接导线的计算长度（m）。假设从互感器至仪表、继电器的单向长度为 l_1，则互感器为 Y 型联结时，$l = l_1$；为 V 型联结时，$l = \sqrt{3}\,l_1$；为一相式联结时，$l = 2l_1$。式中的 R_{XC} 很难准确测定，而且是可变的，一般近似地取为 $0.1\,\Omega$。

电流互感器的二次负荷 S_2 按下式计算：

$$S_2 = I_{2\mathrm{N}}^2 |Z_2| \approx I_{2\mathrm{N}}^2 (\sum |Z_i| + R_{\mathrm{WL}} + R_{\mathrm{XC}}) \tag{4-9}$$

或

$$S_2 \approx \sum S_i + I_{2\mathrm{N}}^2 (R_{\mathrm{WL}} + R_{\mathrm{XC}}) \tag{4-10}$$

假设电流互感器不满足式（4-7）的要求，则应改选较大电流比或较大容量 $S_{2\mathrm{N}}$ 的互感器，或者加大二次接线的截面。电流互感器二次接线一般采用铜芯线，截面积不小于 $2.5\,\mathrm{mm}^2$。

对电流互感器而言，通常给出动稳定倍数 $K_{\mathrm{es}} = i_{\max}/(\sqrt{2}\,I_{1\mathrm{N}})$，因此其动稳定度校验条件为

$$K_{\mathrm{es}} \times \sqrt{2}\,I_{1\mathrm{N}} \geqslant i_{\mathrm{sh}}^{(3)} \tag{4-11}$$

热稳定倍数 $K_t = I_t/I_{1\mathrm{N}}$，因此其热稳定度校验条件为

$$(K_t I_{1\mathrm{N}})^2 t \geqslant I_{\infty}^{(3)2} t_{\mathrm{ima}} \tag{4-12}$$

一般电流互感器的热稳定试验时间 $t = 1\mathrm{s}$，因此热稳定度校验条件改为

$$K_t I_{1\mathrm{N}} \geqslant I_{\infty}^{(3)} \sqrt{t_{\mathrm{ima}}} \tag{4-13}$$

6. 电流互感器使用注意事项

1) 电流互感器的二次绕组在工作时决不允许开路。这是因为，由电流互感器磁通势平衡方程式可知，铁心励磁安匝 $I_0 N_1 = I_1 N_1 + I_2 N_2$ 在正常工作情况下并不大，一旦二次绕组开路，$Z_2 = \infty$，$I_2 = 0$，则 $I_0 N_1 = I_1 N_1$，一次绕组电流 I_1 仍为负载电流，一次安匝 N_1 将全部用于励磁，它比正常运行的励磁安匝大许多倍，此时铁心将处于高度饱和状态。铁心的饱和，一方面导致铁心损耗加剧、过热而损坏互感器绝缘；另一方面导致磁通波形畸变为平顶波。由于二次绕组感应的电动势与磁通的变化率 $\mathrm{d}\Phi/\mathrm{d}t$ 成正比，因此在磁通过零时，将感应出很高的尖顶波电动势，其峰值可达几千伏甚至上万伏，这将危及工作人员、二次回路及设备的安全，此外铁心中的剩磁还会影响互感器的准确度。因此，为防止电流互感器在运行和试验中开路，规定电流互感器二次侧不准装设熔断器，如需拆除二次设备时，必须先用导线或短路压板将二次回路短接。

2) 电流互感器的二次绕组及外壳均应可靠接地。这是为了防止电流互感器的一次、二次绕组绝缘击穿时，一次侧的高电压窜入二次侧，危及人身和设备的安全。

3) 电流互感器在连接时，一定要注意其端子的极性。按规定，电流互感器的一次绕组端子标以 L_1、L_2，二次绕组端子标以 K_1、K_2。L_1 与 K_1 互为"同名端"，L_2 与 K_2 也互为"同名端"。在安装和使用电流互感器时，一定要注意极性，否则二次侧所接仪表、继电器中流过的电流就不是预想的电流，影响正确测量，甚至引起事故发生。

4.3.2 电压互感器

1. 电压互感器结构原理及特点

电压互感器的基本结构原理图如图 4-18 所示，其结构特点如下：

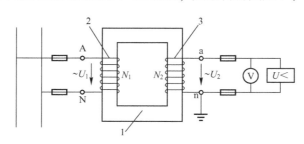

图 4-18　电压互感器的基本结构和接线

1—铁心　2——次绕组　3—二次绕组

1）一次绕组并联于线路上，其匝数很多，阻抗很大，对被测电路没有影响，或者影响非常小。

2）二次绕组匝数较少，阻抗小，但所并联接入的测量仪表和继电器的电压线圈具有较大的阻抗，因而电压互感器在正常情况下接近于空载状态运行。二次侧额定电压为 100 V。

电压互感器一、二次绕组额定电压之比称为电压互感器的额定电压比 K_u，即

$$K_u = \frac{U_{1N}}{U_{2N}} \approx \frac{N_1}{N_2} \tag{4-14}$$

式中，N_1、N_2 分别为电压互感器一次和二次绕组的匝数；U_{1N}、U_{2N} 分别为一次和二次电压的额定值。

2. 电压互感器的接线方案

图 4-19a 所示为一只单相电压互感器的接线，用于测量某一线电压或向失压脱扣器提供信号。

图 4-19b 所示为两只单相电压互感器的 V/V 接线，用于测量任一线电压，但不能测量相电压，且输出容量只有电压互感器两台容量和的 86%。

图 4-19c 所示为三只单相电压互感器的 Y_0/Y_0 联结，供电给要求线电压的仪表、继电器，并供电给接相电压的绝缘监察电压表。但绝缘监察电压表不能接入按相电压选择的电压表，这是因为小电流接地的电力系统在发生单相接地时，另外两完好相的对地电压要升高到线电压（$\sqrt{3}$ 倍相电压），可能造成电压表烧坏。

图 4-19d 所示为三只单相三绕组电压互感器或一只三相五芯柱三绕组电压互感器的 $Y_0/Y_0/\triangle$ 联结，每台单相电压互感器均有两个二次绕组，主二次绕组接成星形联结，辅助二次绕组接成开口三角形。由于一次绕组星形联结的中性点接地，因此主二次绕组不仅可以测量线电压，而且能测量相电压；辅助二次绕组能测量零序电压，可接入交流电网绝缘监视仪表或继电器。

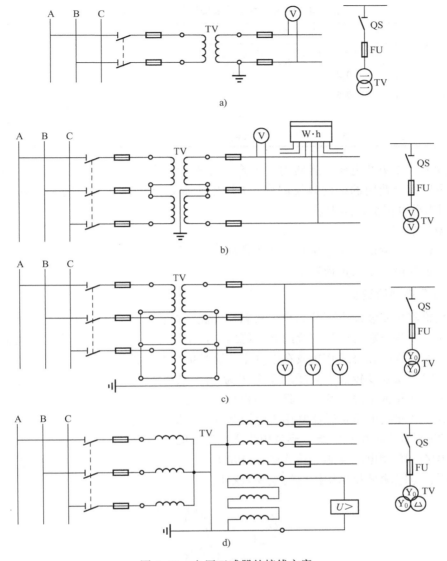

图 4-19　电压互感器的接线方案

a) 一个单相电压互感器　b) 两个单相电压互感器接成 V/V 形　c) 三个单相电压互感器接成 Y_0/Y_0 形
d) 三个单相三绕组电压互感器或一个三相五芯柱三绕组电压互感器接成 $Y_0/Y_0/\angle$（开口三角）形

3. 电压互感器的主要参数

（1）额定电压

额定电压指一次绕组主绝缘能长期承受的工作电压等级。电压互感器的一次额定电压等级与电网的额定电压等级相同，二次额定电压一般为 100 V。

（2）准确度等级

准确度等级指在规定的一次电压和二次负荷变化范围内，负荷功率因数为额定值时，变压误差的最大值，分为 0.2、0.5、1、3 四个等级。电压互感器也存在电压误差和角误差，其准确度等级与对应的误差见表 4-4。

表 4-4　电压互感器的准确度等级及误差范围

准确度等级	最 大 误 差		备　　注
	电压误差（±%）	角误差（±分）	
0.2	0.2	10	电压互感器误差应在负荷从额定值的 25% 变动到 100%，一次电压从额定值的 0.9 变动到 1.1 和 cosφ =0.8 时，不超过对应于准确度等级的值
0.5	0.5	20	
1	1	40	
3	3	无规定	

准确度为 0.2 级的电压互感器用于实验室的精密测量；0.5 级用于变压器、线路和厂用电线路以及所有计费用的电度表接线中；1 级用于盘式指示仪表或只用来估算电能的电度表；3 级用于继电保护回路中。

（3）额定容量

额定容量指在额定一次电压和二次负荷功率因数下，电压互感器在其最高准确度等级工作所允许通过的最大二次负荷容量。

4. 电压互感器的类型

电压互感器按安装地点可分为户内式和户外式。按相数可分为单相式、三相三芯柱和三相五芯柱式。按绕组数可分为双绕组和三绕组。按绝缘可分为干式、浇注式和油浸式等。干式电压互感器的铁心和绕组直接放在空气中，这种电压互感器结构简单、质量小、无燃烧和爆炸危险，但绝缘强度较低，只适用于电压为 3 kV 及以下的户内配电装置；浇注绝缘式电压互感器采用环氧树脂浇注绝缘，具有体积小、性能好等优点，适用于电压为 3~35 kV 的户内配电装置；油浸式电压互感器常用于电压为 35 kV 及以上的户外配电装置。

图 4-20 所示为单相三绕组、环氧树脂浇注绝缘的户内用 JDZJ-10 型电压互感器的外形图。三只 JDZJ-10 型电压互感器接成图 4-19d 所示的 $Y_0/Y_0/\triangle$ 联结，可供小电流接地电力系统作电压、电能测量及单相接地的绝缘监察用。

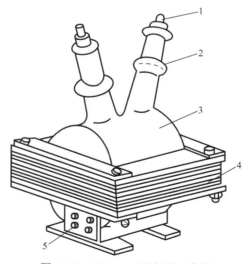

图 4-20　JDZJ-10 型电压互感器

1——一次接线端子　2—高压绝缘导管　3——、二次绕组，环氧树脂浇注　4—铁心　5—二次接线端子

5. 电压互感器使用注意事项

1）电压互感器在运行时，二次侧不能短路。电压互感器二次绕组本身的匝数较少、阻抗小，运行中一旦二次侧发生短路，剧增的短路电流将使绕组严重过热而烧毁。因此，电压互感器的二次侧要装设熔断器。

2）电压互感器二次绕组的一端及外壳均应可靠接地。这是为了防止电压互感器的一、二次绕组绝缘击穿时，一次侧的高电压窜入二次侧，危及人身和设备的安全。

3）电压互感器在连接时，应注意一、二次绕组接线端子的极性。按规定，单相电压互感器的一次绕组端子标以 A、N，二次绕组端子标以 a、n。A 与 a 及 N 与 n 互为"同名端"。三相电压互感器按照相序，一次绕组端子分别标以 A、B、C、N，二次绕组端子则对应地标以 a、b、c、n。这里 A 与 a、B 与 b、C 与 c 及 N 与 n 分别为"同名端"，其中 N 与 n 分别为一、二次三相绕组的中性点。在安装和使用电压互感器时，一定要注意极性，否则可能引起事故发生。

4）电压互感器的套管应清洁，没有碎裂或闪络痕迹，内部无异常声响。油浸式电压互感器的油位指示应正常，没有渗漏油现象。

4.4 高压一次设备

4.4.1 高压熔断器

熔断器（Fuse，文字符号为 FU），是一种在电路电流超过规定值并经一定时间后，使其熔体（Fuse-Element，文字符号为 FE）熔化而分断电流、断开电路的保护电器。熔断器的功能主要是对电路和设备进行短路保护，有的熔断器还具有过负荷保护的功能。

工厂供电系统中，室内广泛采用 RN1、RN2 等型高压管式熔断器，室外则广泛采用 RW4-10、RW10-10（F）等型高压跌开式熔断器和 RW10-35 等型高压限流熔断器。

高压熔断器全型号的表示和含义如下：

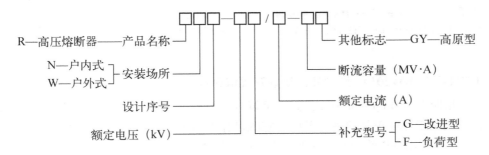

1. RN1 型和 RN2 型户内高压管式熔断器

RN1 型和 RN2 型的结构基本相同，都是瓷质熔管内充石英砂填料的密闭管式熔断器，其外形结构如图 4-21 所示。

RN1 型主要用作高压电路和设备的短路保护，并能起过负荷保护的作用，熔体要通过主电路的大电流，因此其结构尺寸较大，额定电流可达 100 A。而 RN2 型只用作高压电压互感器一次侧的短路保护。电压互感器二次侧全部连接阻抗很大的电压线圈，使它接近于空载工作，一次电流很小，因此 RN2 型的结构尺寸较小，其熔体额定电流一般为 0.5 A。

RN1 型和 RN2 型熔断器熔管的内部结构如图 4-22 所示。熔断器的熔体上焊有小锡球，过负荷时锡球受热首先熔化，包围铜熔丝，铜锡分子相互渗透而形成熔点较铜低的铜锡合金，使铜熔丝能在较低的温度下熔断，这就是所谓"冶金效应"。它使熔断器能在不太大的过负荷电流和较小的短路电流下动作，提高了保护灵敏度。该熔断器采用多根熔丝并联，熔断时产生多根并行的细小电弧，利用粗弧分细灭弧法加速电弧的熄灭。该熔断器熔管内充填石英砂，熔丝熔断时产生的电弧完全在石英砂内燃烧，其灭弧能力很强，能在短路后不到半个周期即短路电流未达冲击值 i_{sh} 之前即能完全熄灭电弧，切断短路电流，从而使熔断器本身及其所保护的电气设备不必考虑短路冲击电流的影响，因此这种熔断器属于"限流"熔断器。

当短路电流或过负荷电流通过熔断器的熔体时，工作熔体熔断后，指示熔体相继熔断，其红色的熔断指示器弹出，如图 4-22 中 7 所示。

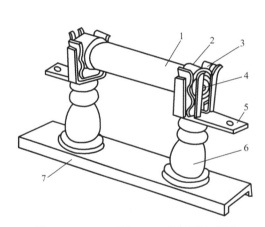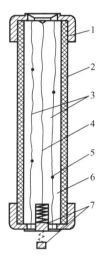

图 4-21　RN1 型和 RN2 型高压熔断器
1—瓷熔管　2—金属管帽　3—弹性触座　4—熔断
指示器　5—接线端子　6—支柱瓷瓶　7—底座

图 4-22　RN1 和 RN2 型熔断器的熔管剖面示意图
1—管帽　2—瓷管　3—工作熔体　4—指示熔体
5—锡球　6—石英砂填料　7—熔断指示器（虚线
表示熔断指示器在熔体熔断时弹出）

2. RW4 型和 RW10(F) 型户外高压跌开式熔断器

跌开式熔断器（Drop-out Fuse，其文字符号一般型用 FD，负荷型用 FDL），又称跌落式熔断器，广泛用于环境正常的室外场所。它既可作 6~10 kV 线路和设备的短路保护，又可在一定条件下，直接用高压绝缘操作棒来操作熔管的分合，兼起高压隔离开关的作用。一般的跌开式熔断器如 RW4-10(G) 型等，只能无负荷操作，或通断小容量的空载变压器和空载线路等，其操作要求与后面即将介绍的高压隔离开关相同。而负荷型跌开式熔断器如 RW10-10(F) 型，则能带负荷操作，其操作要求则与后面将要介绍的高压负荷开关相同。

图 4-23 是 RW4-10(G) 型跌开式熔断器的基本结构。正常运行时，其熔管上端的动触头借熔丝张力拉紧后，利用绝缘操作棒将此动触头推入上静触头内锁紧，同时下动触头与下静触头也相互压紧，从而使电路接通。当线路上发生短路时，短路电流使熔丝熔断，形成电

弧。熔管（消弧管）内壁由于电弧烧灼而分解出大量气体，使管内压力剧增，并沿管道形成强烈的气流纵向吹弧，使电弧迅速熄灭。熔管的上动触头因熔丝熔断后失去张力而下翻，使锁紧机构释放熔管，在触头弹力及熔管自重的作用下，回转跌开，造成明显可见的断开间隙。

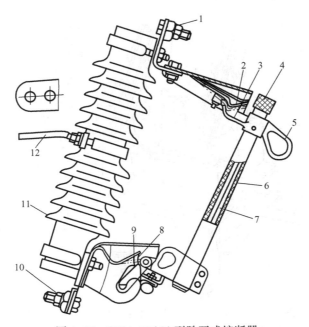

图 4-23　RW4-10(G)型跌开式熔断器

1—上接线端子　2—上静触头　3—上动触头　4—管帽（带薄膜）　5—操作环　6—熔管（外层为酚醛纸管或环氧玻璃布管，内套纤维质消弧管）　7—铜熔丝　8—下动触头　9—下静触头　10—下接线端子　11—绝缘瓷瓶　12—固定安装板

　　这种熔断器采用逐级排气结构，熔体上端封闭，可防雨水。当短路电流较小时，电弧所产生的高压气体因压力不足，只能向下排气（下端开口），此为单端排气。当短路电流较大时，管内气体压力较大，使上端封闭薄膜冲开形成两端排气，同时还有助于防止分断大短路电流时熔炉管爆裂的可能性。

　　RW10-10(F)负荷型跌开式熔断器是在一般跌开式熔断器的上静触头上面加装一个简单的灭弧室，能够带负荷操作，因而既能实现短路保护，又能带负荷操作，且能起隔离开关的作用，故应用较广。

　　跌开式熔断器依靠电弧燃烧使消弧管内壁分解产生的气体来熄灭电弧，其灭弧能力都不强，灭弧速度不快，不能在短路电流达到冲击值之前熄灭电弧，因此这种跌开式熔断器属于"非限流"熔断器。

4.4.2　高压隔离开关

　　高压隔离开关（High-voltage Disconnector，文字符号为QS）的功能主要是隔离高压电源，保证其他设备和线路的安全检修。其结构特点是断开后有明显可见的断开间隙，且断开间隙的绝缘及相间绝缘都是足够可靠的，能充分保障人身和设备的安全。但是隔离开关没有专门的灭弧装置，不允许带负荷操作。然而可用来通断一定的小电流，如励磁电流（空载电流）不超过 2 A 的空载变压器、电容电流（空载电流）不超过 5 A 的空载线路以及电压互感器和避雷器电路等。

　　高压隔离开关按安装地点，分户内式和户外式两大类。图 4-24 是 GN8-10/600 型户内高压隔离开关的外形结构图。图 4-25 是 GW2-35 型户外高压隔离开关的外形结构图。

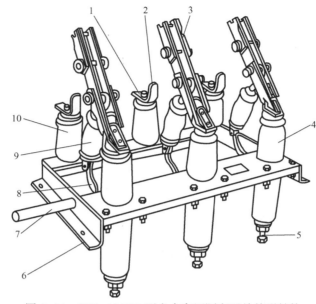

图 4-24　GN8-10/600 型户内高压隔离开关外形结构
1—上接线端子　2—静触头　3—闸刀　4—绝缘套管　5—下接线端子
6—框架　7—转轴　8—拐臂　9—升降瓷瓶　10—支柱瓷瓶

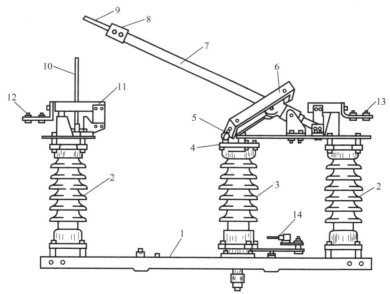

图 4-25　GW2-35 型户外高压隔离开关外形结构
1—角钢架　2—支柱瓷瓶　3—旋转瓷瓶　4—曲柄　5—轴套　6—传动框架　7—管形闸刀
8—工作触头　9、10—灭弧角条　11—插座　12、13—接线端子　14—曲柄传动机构高压隔离开关全型号的表示和含义如下：

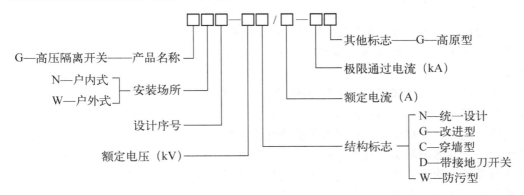

户内式高压隔离开关通常采用 CS6 型手动操动机构进行操作，而户外式高压隔离开关则大多采用高压绝缘操作棒手工操作，也有的通过手动杠杆传动机构操作。图 4-26 是 CS6 型手动操动机构与 GN8 型隔离开关配合的一种安装方式。

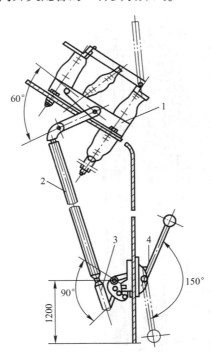

图 4-26　CS6 型手动操动机构与 GN8 型隔离开关配合的一种安装方式
1—GN8 型隔离开关　2—传动连杆（</>20 mm 焊接钢管）　3—调节杆　4—CS6 型手动操动机构

4.4.3　高压负荷开关

高压负荷开关（High-voltage Load Switch，文字符号为 QL），具有简单的灭弧装置，因而能通断一定的负荷电流和过负荷电流。但是它不能断开短路电流，所以它一般与高压熔断器串联使用，借助熔断器来进行短路保护。负荷开关断开后，与隔离开关一样，也具有明显可见的断开间隙，因此它也具有隔离高压电源、保证安全检修的功能。

高压负荷开关的类型较多，这里着重介绍一种应用最多的户内压气式高压负荷开关。

图4-27是FN3-10RT型户内压气式高压负荷开关的外形结构图。由图可以看出，上半部为负荷开关本身，外形与高压隔离开关类似，实际上它就是在隔离开关基础上加一个简单的灭弧装置。

负荷开关上端的绝缘子是一个简单的灭弧室，其内部结构如图4-28所示。该绝缘子不仅起支柱绝缘子的作用，而且内部是一个气缸，装有由操动机构主轴传动的活塞，其作用类似打气筒。绝缘子上部装有绝缘喷嘴和弧静触头。当负荷开关分闸时，在闸刀一端的弧动触头与绝缘子上的弧静触头之间产生电弧。由于分闸时主轴转动而带动活塞，压缩气缸内的空气而从喷嘴往外吹弧，使电弧迅速熄灭。当然分闸时还有电弧迅速拉长及电流回路本身的电磁吹弧作用，加强了灭弧。但总的来说，负荷开关的断流灭弧能力是有限的，只能分断一定的负荷电流和过负荷电流，因此负荷开关不能配以短路保护装置来自动跳闸，但可以装设热脱扣器用于过负荷保护。

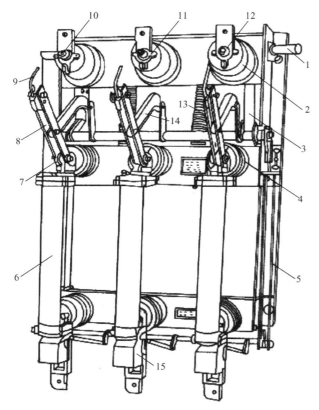

图4-27 FN3-10RT型高压负荷开关

1—主轴 2—上绝缘子兼气缸 3—连杆 4—下绝缘子
5—框架 6—RN1型高压熔断器 7—下触座 8—闸刀
9—弧动触头 10—绝缘喷嘴（内有弧静触头） 11—主静触头
12—上触座 13—断路弹簧 14—绝缘拉杆 15—热脱扣器

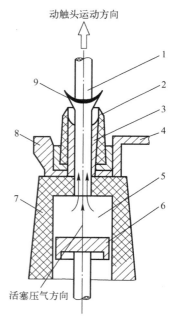

图4-28 FN3-10型高压负荷开关的
压气式灭弧装置工作示意图

1—弧动触头 2—绝缘喷嘴 3—弧静触头
4—接线端子 5—气缸 6—活塞 7—上绝缘子
8—主静触头 9—电弧

高压负荷开关全型号的表示和含义如下：

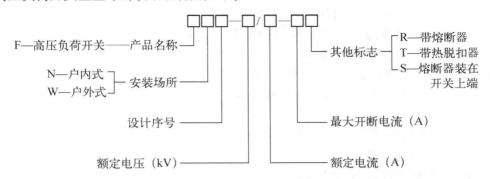

上述负荷开关一般配用 CS2 等型手动操动机构进行操作。图 4-29 是 CS2 型手动操动机构的外形及其与 FN3 型负荷开关配合的一种安装方式。

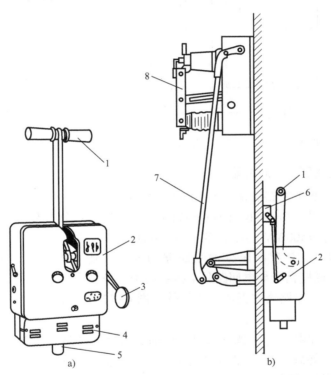

图 4-29　CS2 型手动操动机构的外形及其与 FN3 型负荷开关配合的一种安装方式
a）CS2 型外形结构　b）与负荷开关配合安装
1—操作手柄　2—操动机构外壳　3—分闸指示牌（掉牌）　4—脱扣器盒
5—分闸铁心　6—辅助开关（联动触头）　7—传动连杆　8—负荷开关

4.4.4　高压断路器

高压断路器（High-voltage Circuit-breaker，文字符号为 QF）的功能是，不仅能通断正常负荷电流，而且能接通和承受一定时间的短路电流，并能在保护装置作用下自动跳闸，切除短路故障。

高压断路器按其采用的灭弧介质来分，有油断路器、真空断路器、六氟化硫（SF_6）断路器及压缩空气断路器等。其中油断路器按其油量多少和油的功能，又分为多油和少油两大类。多油断路器的油量多，其油一方面作为灭弧介质，另一方面又作为相对地（外壳）甚至相与相之间的绝缘介质。少油断路器的油量很少（一般只有几千克），其油只作为灭弧介质，其外壳通常是带电的。过去，35 kV及以下的户内配电装置中大多采用少油断路器。而现在大多采用真空断路器，也有的采用六氟化硫断路器，压缩空气断路器一直应用很少。

下面分别介绍我国以往广泛应用的SN10-10型户内少油断路器及现在应用日益广泛的真空断路器和六氟化硫断路器。

高压断路器全型号的表示和含义如下：

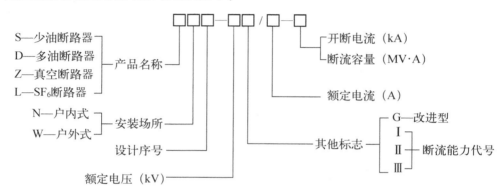

1. SN10-10型高压少油断路器

SN10-10型高压少油断路器是我国20世纪80年代统一设计、推广应用的一种新型少油断路器，按其断流容量（Capacity of Open Circuit，符号S_{oc}）分，有I、D、E型，I型S_{oc} = 300 MV·A，D型S_{oc} = 500 MV·A，E型S_{oc} = 750 MV·A。

图4-30是SN10-10型高压少油断路器的外形，其一相油箱内部结构的剖面图如图4-31所示。这种断路器的导电回路是上接线端子—静触头—导电杆（动触头）—中间滚动触头—下接线端子。断路器的灭弧主要依赖于图4-32所示的灭弧室。图4-33是灭弧室灭弧工作示意图。

断路器分闸时，导电杆（动触头）向下运动。当导电杆离开静触头时，产生电弧，使油分解，形成气泡，导致静触头周围的油压骤增，迫使逆止阀（钢珠）上升堵住中心孔。这时电弧在近乎封闭的空间内燃烧，从而使灭弧室内的油压迅速增大。当导电杆继续向下运动，相继打开一、二、三道灭弧沟及下面的油囊时，油气流强烈地横吹和纵吹电弧。同时由于导电杆向下运动，在灭弧室内形成附加油流射向电弧。由于油气流的横吹与纵吹以及机械运动引起的油吹的综合作用，使电弧迅速熄灭。而且这种断路器分闸时，导电杆向下运动，其端部总与下面的新鲜冷油接触，进一步改善了灭弧条件，因此该断路器具有较大的断流容量。

该断路器油箱上部设有油气分离室，其作用是使灭弧过程中产生的油气混合物旋转分离，气体从油箱顶部的排气孔排出，而油滴则附着内壁流回灭弧室。

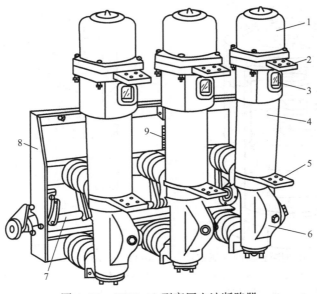

图 4-30　SN10-10 型高压少油断路器

1—铝帽　2—上接线端子　3—油标　4—绝缘筒　5—下接线端子　6—基座　7—主轴　8—框架　9—断路弹簧

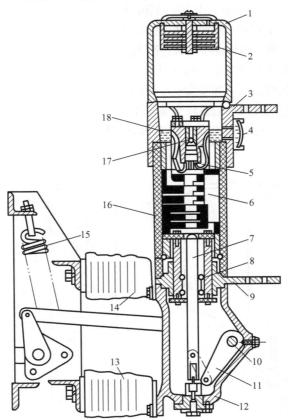

图 4-31　SN10-10 型高压少油断路器一相油箱内部结构

1—铝帽　2—油气分离器　3—上接线端子　4—油标　5—插座式静触头　6—灭弧室　7—动触头（导电杆）
8—中间滚动触头　9—下接线端子　10—转轴　11—拐臂　12—基座　13—下支柱瓷瓶　14—上支柱瓷瓶
15—断路弹簧　16—绝缘筒　17—逆止阀　18—绝缘油

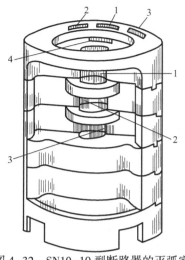

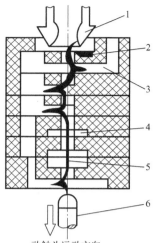

图 4-32　SN10-10 型断路器的灭弧室

1—第一道灭弧沟　2—第二道灭弧沟
3—第三道灭弧沟　4—吸弧铁片

图 4-33　SN10-10 型断路器灭弧室工作示意图

1—静弧触头　2—吸弧铁片　3—横吹灭弧沟
4—纵吸油囊　5—电弧　6—动触头

　　SN10-10 型少油断路器可配用 CS2 等型手动操动机构、CD10 等型电磁操动机构或 CT7 等型弹簧（储能）操动机构。手动操动机构能手动和远距离分闸，但只能手动合闸，其结构简单，且为交流操作，因此相当经济实用；然而由于其操作速度所限，其操作的断路器断开的短路容量不宜大于 $100 \mathrm{MV \cdot A}$。电磁操动机构能手动和远距离操作断路器的分、合闸，但需直流操作，且要求合闸功率大。弹簧操动机构也能手动和远距离操作断路器的分、合闸，且其操作电源交、直流均可，但结构较复杂，价格较高。如需实现自动合闸或自动重合闸，则必须采用电磁操动机构或弹簧操动机构。由于采用交流操作电源较为简单经济，因此弹簧操动机构的应用越来越广。

　　图 4-34 是 CD10 型电磁操动机构的外形图和剖面图，图 4-35 是其分、合闸传动原理示意图。

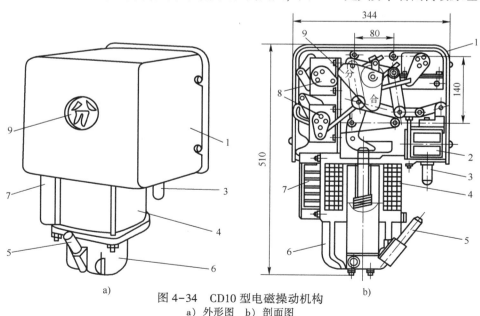

图 4-34　CD10 型电磁操动机构

a）外形图　b）剖面图

1—外壳　2—跳闸线圈　3—手动分闸铁心　4—合闸线圈　5—手动合闸操动手柄
6—缓冲底座　7—接线端子排　8—辅助开关　9—分合指示器

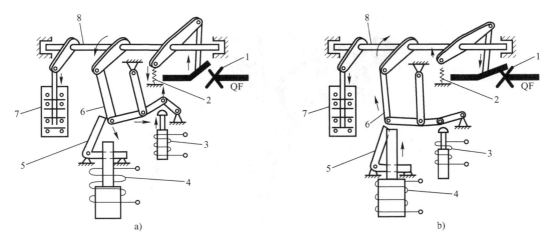

图 4-35 CD10 型电磁操动机构传动原理示意图

a) 跳闸时 b) 合闸时

1—高压断路器 2—断路弹簧 3—跳闸线圈（带铁心） 4—合闸线圈（带铁心）

5—L 形搭钩 6—连杆 7—辅助开关 8—操动机构主轴

图 4-36 是 CT7 型弹簧操动机构的外形尺寸图，图 4-37 是其操动传动机构内部结构示意图。

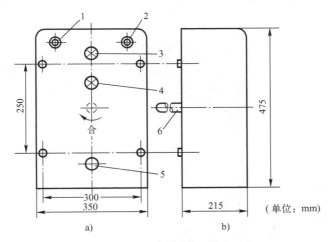

图 4-36 CT7 型弹簧操动机构外形尺寸图

1—合闸按钮 2—分闸按钮 3—储能指示灯 4—分合闸指示灯 5—手动储能转轴 6—输出轴

2. 高压真空断路器

高压真空断路器是一种利用"真空"（气压为 $10^{-2} \sim 10^{-6}$ Pa）灭弧的断路器，其触头装在真空灭弧室内。由于真空中不存在气体游离的问题，所以该断路器的触头断开时很难发生电弧。但是在感性电路中，灭弧速度过快，瞬间切断电流 i 将使 $\mathrm{d}i/\mathrm{d}t$ 极大，从而使电路出现过电压，这对供电系统是很不利的。因此，该"真空"不能是绝对的真空。如此，能在触头断开时因高电场发射和热电发射而产生一点"真空电弧"，并能在电流第一次过零时熄灭。这样，燃弧时间既短（至多半个周期），又不致产生很高的过电压。

图 4-38 是 ZN12-12 型户内式真空断路器的结构图，其真空灭弧室的结构如图 4-39 所

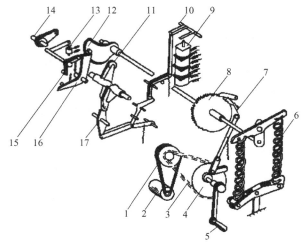

图 4-37　CT7 型弹簧操动机构内部结构示意图

1—传动带　2—储能电动机　3—传动链　4—偏心轮　5—操作手柄

6—合闸弹簧　7—棘爪　8—棘轮　9—脱扣器　10—连杆　11—拐臂　12—偏心凸轮

13—合闸电磁铁　14—输出轴　15—掣子　16—杠杆　17—连杆

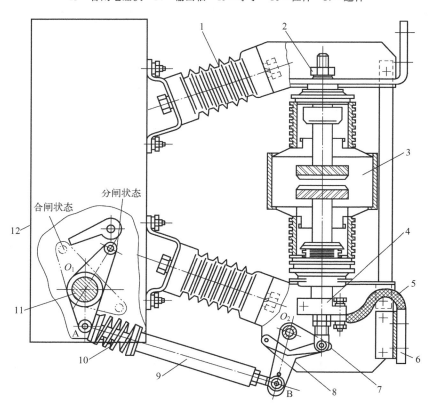

图 4-38　ZN12-12 型真空断路器结构图

1—绝缘子　2—上出线端子　3—真空灭弧室　4—出线导电夹　5—出线软连接　6—下出线端子

7—万向杆端轴承　8—转向杠杆　9—绝缘拉杆　10—触头压力弹簧　11—主轴　12—操动机构箱

（注：虚线为合闸位置，实线为分闸位置。）

示。真空灭弧室的中部有一对圆盘状的触头。在触头刚分离时，由于电子发射而产生一点真空电弧。当电路电流过零时，电弧熄灭，触头间隙又恢复原有的真空度和绝缘强度。

真空断路器具有体积小、动作快、寿命长、安全可靠和便于维护检修等优点，但价格较贵。过去主要应用于频繁操作和安全要求较高的场所，而现在已开始取代少油断路器而广泛应用在 35 kV 及以下的高压配电装置中。

真空断路器配用 CD10 等型电磁操动机构或 CT7 等型弹簧操动机构。

3. 高压六氟化硫断路器

六氟化硫（SF_6）断路器是一种利用 SF_6 气体作灭弧和绝缘介质的断路器。

SF_6 是一种无色、无味、无毒且不易燃的惰性气体。在 150℃ 以下时，其化学性能相当稳定。但 SF_6 在电弧高温（几千度）作用下要分解出氟（F_2），氟有较强的腐蚀性和毒性，且能与触头的金属蒸气化合为一种具有绝缘性能的白色粉末状的氟化物。因此这种断路器的触头一般都设计成具有自动净化的作用。然而由于上述的分解和化合作用所产生的活性杂质，大

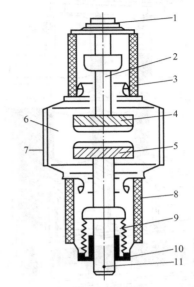

图 4-39　真空断路器的真空灭弧室

1—导电盘　2—导电杆　3—陶瓷外壳　4—静触头
5—动触头　6—真空室　7—屏蔽罩　8—陶瓷外壳
9—金属波纹管　10—导向管　11—触头磨损指示标记

部分能在电弧熄灭后几微秒的极短时间内自动还原，而且残余杂质可用特殊的吸附剂（如活性氧化铝）清除，因此对人身和设备都不会有什么危害。SF_6 不含碳元素（C），这对于灭弧和绝缘介质来说，是极为优越的特性。前面所述油断路器是用油作灭弧和绝缘介质的，而油在电弧高温作用下要分解出碳（C），使油中的含碳量增高，从而降低了油的绝缘和灭弧性能。因此油断路器在运行中要经常注意监视油色，适时分析油样，必要时要更换新油。而 SF_6 断路器就无这些麻烦。SF_6 又不含氧元素（O），因此它不存在触头氧化的问题。所以 SF_6 断路器较之空气断路器，其触头的磨损较少，使用寿命增长。SF_6 除具有上述优良的物理化学性能外，还具有优良的绝缘性能，在 300 kPa 下，其绝缘强度与一般绝缘油的绝缘强度大体相当。特别优越的是 SF_6 在电流过零时，电弧暂时熄灭后，具有迅速恢复绝缘强度的能力，从而使电弧难以复燃而很快熄灭。

SF_6 断路器的结构，按其灭弧方式分，有双压式和单压式两类。双压式具有两个气压系统，压力低的作为绝缘，压力高的作为灭弧。单压式只有一个气压系统，灭弧时，SF_6 的气流靠压气活塞产生。单压式的结构简单，LN1 和 LN2 型断路器均为单压式。

图 4-40 是 LN2-10 型户内式 SF_6 断路器的外形结构图，其灭弧室结构和工作示意图如图 4-41 所示。

静触头和灭弧室中的压气活塞是相对固定不动的。分闸时，装有动触头和绝缘喷嘴的气缸由断路器操动机构通过连杆带动，离开静触头，造成气缸与活塞的相对运动，压缩 SF_6 气体，使之通过喷嘴吹弧，从而使电弧迅速熄灭。

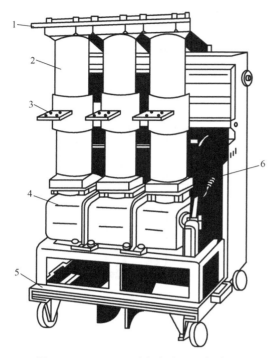

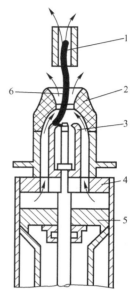

图 4-40 LN2-10 型户内式 SF$_6$ 断路器

1—上接线端子 2—绝缘筒（内有气缸和触头）
3—下接线端子 4—操动机构箱
5—小车 6—断路弹簧

图 4-41 SF$_6$ 断路器灭弧室结构
和工作示意图

1—静触头 2—绝缘喷嘴 3—动触头
4—气缸（连同动触头由操动机构传动）
5—压气活塞（固定） 6—电弧

SF$_6$ 断路器与油断路器比较，具有断流能力大、灭弧速度快、绝缘性能好和检修周期长等优点，适于频繁操作，且无易燃易爆危险的场所，特别是用作全封闭式组合电器；但其缺点是，要求制造加工的精度很高，对其密封性能要求更严，因此价格较贵。

SF$_6$ 断路器与真空断路器一样，需配用 CD10 等型电磁操动机构或 CT7 等型弹簧操动机构。

附表 1 列出了部分常用高压断路器的主要技术数据，供参考。

4.4.5 高压开关柜

高压开关柜（High-voltage Switchgear）是按一定的线路方案将有关一、二次设备组装在一起而制成的一种高压成套配电装置，在电力系统中作为控制和保护高压设备和线路之用，其中安装有高压开关设备、保护电器、监测仪表和母线、绝缘子等。

高压开关柜有固定式和手车式（移开式）两大类型。

在一般中小型工厂中普遍采用较为经济的固定式高压开关柜。我国以往大量生产和广泛应用的固定式高压开关柜主要为 GG-1A（F）型。这种防误型开关柜装设了防止电气误操作和保障人身安全的闭锁装置，即所谓"五防"——①防止误分、误合断路器；②防止带负荷误拉、误合隔离开关；③防止带电误挂接地线；④防止带接地线或在接地开关闭合时误合隔离开关或断路器；⑤防止人员误入带电间隔。图 4-42 是 GG-1A(F)-07S 型固定式高压开关柜的结构图，其中断路器为 SN10-10 型。

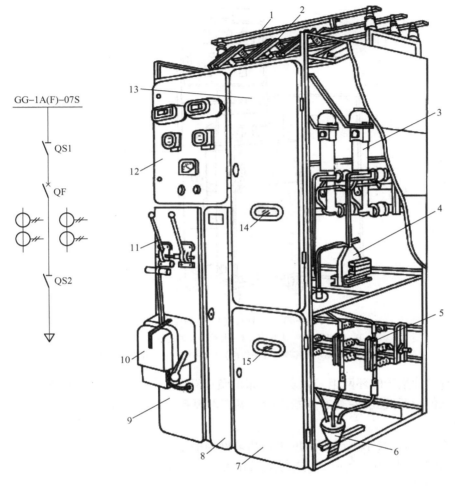

图 4-42　GG-1A(F)-07S 型高压开关柜（断路器柜）
1—母线　2—母线侧隔离开关（QS1，GN8-10 型）　3—少油断路器（QF，SN10-10 型）
4—电流互感器（TA，LQJ-10 型）　5—线路侧隔离开关（QS2，GN6-10 型）
6—电缆头　7—下检修门　8—端子箱门　9—操作板　10—断路器的手动操动机构（CS2 型）
11—隔离开关的操动机构手柄　12—继电器屏　13—上检修门　14、15—观察窗口

手车式高压开关柜的特点是，高压断路器等主要电气设备是装在可以拉出和推入开关柜的手车上的。高压断路器等设备出现故障需要检修时，可随时将其手车拉出，然后推入同类备用小车，即可恢复供电。因此采用手车式开关柜，较之采用固定式开关柜，具有检修安全方便、供电可靠性高的优点，但其价格较贵。图 4-43 是 GCD-10(F)型手车式高压开关柜的结构图。

20 世纪 80 年代以来，我国设计生产了一些符合 IEC 标准的新型高压开关柜，例如

KGND-10（F）等型固定式金属铠装开关柜、XGN 型箱式固定式开关柜、KYNQ-10（F）等型移开式金属铠装开关柜、JYNO-10（F）等型移开式金属封闭间隔型开关柜和 HXGN 等型环网柜等。其中环网柜适用于 10 kV 环形电网中，在城市电网中得到了广泛应用。

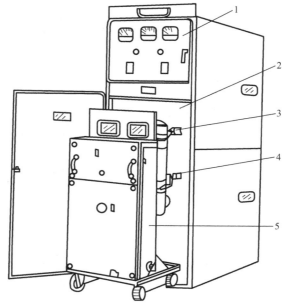

图 4-43　GCD-10(F)型高压开关柜
1—仪表屏　2—手车室　3—上触头（兼起隔离开关作用）
4—下触头（兼起隔离开关作用）　5—SN10-10 型断路器手车

现在新设计生产的环网柜，大多将原来的负荷开关、隔离开关、接地开关的功能，合并为一个"三位置开关"，它兼有通断负荷、隔离电源和接地三种功能，这样可缩小环网柜占用的空间。

图 4-44 是引进技术生产的 SM6 型高压环网柜的结构图。其中三位置开关被密封在一个充满 SF_6 气体的壳体内，利用 SF_6 进行绝缘和灭弧。三位置开关的接线、外形和触头的三种位置如图 4-45 所示。

老系列的高压开关柜全型号的表示和含义如下：

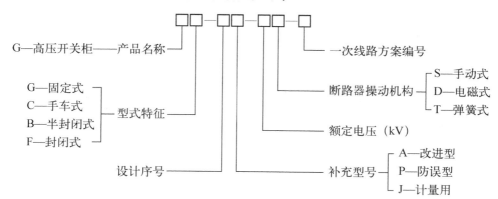

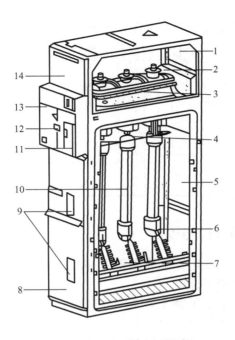

图 4-44　SM6 型高压环网柜

1—母线间隔　2—母线连接垫片　3—三位置开关间隔　4—熔断器熔断联跳开关装置
5—电缆连接与熔断器间隔　6—电缆连接间隔　7—下接地开关　8—面板
9—熔断器和下接地开关观察窗　10—高压熔断器　11—熔断器熔断指示器
12—带电指示器　13—操动机构间隔　14—控制、保护和测量间隔

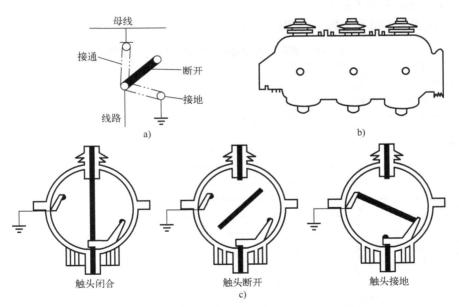

图 4-45　三位置开关的接线、外形和触头位置图

a) 接线示意　b) 结构外形　c) 触头位置

新系列的高压开关柜全型号的表示和含义如下：

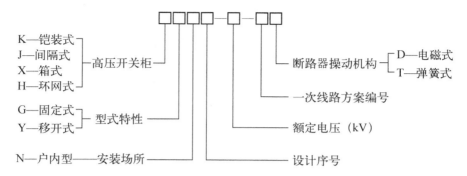

4.4.6 高压一次设备的选择与校验

高压一次设备必须满足一次电路正常条件下和短路故障条件下工作的要求，工作安全可靠，运行维护方便，投资经济合理。

电气设备按在正常条件下工作进行选择，就是要考虑电气装置的环境条件和电气要求。环境条件是指电气装置所处的位置（室内或室外）、环境温度、海拔高度以及有无防尘、防腐、防火、防爆等要求。电气要求是指电气装置对设备的电压、电流、频率（一般为 50 Hz）等的要求；对一些断流电器如开关、熔断器等，应考虑其断流能力。

电气设备要满足在短路故障条件下工作的要求，还必须按最大可能的短路故障时的动稳定度和热稳定度进行校验。但对熔断器及装有熔断器保护的电压互感器，不必进行短路动稳定度和热稳定度的校验。对电力电缆，由于其机械强度足够，所以也不必进行短路动稳定度的校验，但须进行短路热稳定度的校验。

高压一次设备的选择校验项目和条件见表 4-5。

表 4-5　高压一次设备的选择校验项目和条件

电气设备名称	电压/kV	电流/A	断流能力/(kA 或 MV·A)	短路电流校验	
				动稳定度	热稳定度
高压熔断器	√	√	√	—	—
高压隔离开关	√	√	—	√	√
高压负荷开关	√	√	√	√	√
高压断路器	√	√	√	√	√
电流互感器	√	√	—	√	√
电压互感器	√	—	—	—	—
高压电容器	√	—	—	—	—
母线	—	√	—	√	√
电缆	√	√	—	—	√
支柱绝缘子	√	—	—	√	—
套管绝缘子	√	√	—	√	√
选择校验的条件	设备的额定电压应不小于装置地点的额定电压或最高电压（若设备额定电压按最高工作电压表示）	设备的额定电流应不小于通过设备的计算电流	设备的最大开断电流（或功率）应不小于它可能开断的最大电流（或功率）	按三相短路冲击电流校验	按三相短路稳态电流和短路发热假想时间校验

注：表中"√"表示必须校验，"—"表示不必校验。

高压开关柜型式的选择：应根据使用环境条件来确定是采用户内型还是户外型；根据供电可靠性要求来确定是采用固定式还是手车式。此外，还要考虑到经济合理。

高压开关柜一次线路方案的选择：应满足变配电所一次接线的要求，并经几个方案的技术经济比较后，优选出开关柜的型式及其一次线路方案编号，同时确定其中所有一、二次设备的型号规格，主要设备应进行规定项目的选择校验。向开关电器厂订购高压开关柜时，应向厂家提供一、二次电路图纸及有关技术资料。

工厂变配电所高压开关柜上的高压母线，过去一般采用 LMY 型硬铝母线，现在也有的采用 TMY 型硬铜母线，均由施工单位根据施工设计图纸要求现场安装。

【例 4-1】试选择某 10 kV 高压配电所进线侧的 ZN12-12 型高压户内真空断路器的型号。已知该配电所 10 kV 母线短路时的总 $I_k^{(3)} = 4.5$ kA，线路的计算电流为 750 A，继电保护动作时间为 1.1 s，断路器断路时间取 0.1 s。其选择校验表见表 4-6。

表 4-6　例 4-1 所述高压断路器的选择校验表

序　号	装设地点的电气条件		ZN12-12/1250 型真空断路器		
	项目	数据	项目	数据	结论
1	U_N/U_{max}	10 kV/11.5 kV	U_N	12 kV	合格
2	I_{30}	750 A	I_N	1250 A	合格
3	$I_k^{(3)}$	4.5 kA	I_{oc}	25 kA	合格
4	$I_{sh}^{(3)}$	2.55×4.5 kA = 11.5 kA	i_{max}	63 kA	合格
5	$I_\infty^{(3)2} t_{ima}$	4.5×(1.1+0.1) = 24.3	$I_t^2 t$	25^2×4 = 2500	合格

4.5　低压一次设备

4.5.1　低压熔断器

低压熔断器的类型很多，如插入式（RC 型）、螺旋式（RL 型）、无填料密封管式（RMS）、有填料封闭管式（RT 型）以及引进技术生产的有填料管式 gF、aM 系列、高分断能力的 NT 型等。

国产低压熔断器全型号的表示和含义如下：

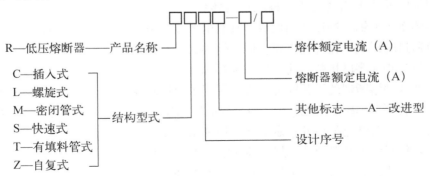

下面主要介绍低压配电系统中应用较多的密闭管式（RM10）和有填料封闭管式（RT0）两种低压熔断器，此外简介一种自复式（RZ1）熔断器。

1. RM10 型低压密闭管式熔断器

RM10 型熔断器由纤维熔管、变截面锌熔片和触头底座等部分组成，其熔管结构如图 4-46a 所示，其熔管内安装的变截面锌熔片如图 4-46b 所示。锌熔片之所以冲制成宽窄不一的变截面，目的在于改善熔断器的保护性能。短路时，短路电流首先使熔片窄部（阻值较大）加热熔断，使熔管内形成几段串联短弧，而且熔片中段熔断后跌落，迅速拉长电弧，从而使电弧迅速熄灭。而在过负荷电流通过时，由于电流加热时间较长，熔片窄部散热较好，因此往往不在窄部熔断，而在宽窄之间的斜部熔断。根据熔片熔断的部位，即可大致判断熔断器熔断的故障电流性质。

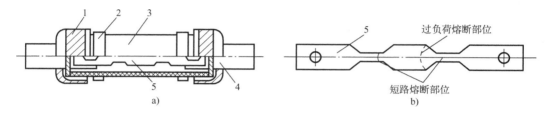

图 4-46　RM10 型低压熔断器
a）熔管　b）熔片
1—铜管帽　2—管夹　3—熔管　4—刀形触头（触刀）　5—变截面锌熔片

当其熔片熔断时，纤维管的内壁将有极少部分纤维物质因电弧烧灼而分解，产生高压气体，压迫电弧，加强电弧中离子的复合，从而削弱了电弧，改善了灭弧性能。但总的来说，这种熔断器的灭弧断流能力仍不强，不能在短路电流到达冲击值之前完全熄弧，因此这种熔断器属于非限流熔断器。

这种熔断器由于其结构简单、价廉及更换熔片方便，因此现在仍较普遍地应用在低压配电装置中。

附表 2 列出了 RM10 型低压熔断器的主要技术数据和保护特性曲线，供参考。所谓保护特性曲线（又称安秒特性曲线），是指熔断器熔体的熔断时间（单位为 s）与熔体电流（单位为 A）之间的关系曲线，通常绘在对数坐标平面上。

2. RT0 型低压有填料封闭管式熔断器

RT0 型熔断器主要由瓷熔管、栅状铜熔体和触头底座等几部分组成，如图 4-47 所示。其栅状铜熔体系由薄铜片冲压弯制而成，具有引燃栅。由于引燃栅的等电位作用，可使熔体在短路电流通过时形成多根并列电弧。同时熔体又具有变截面小孔，可使熔体在短路电流通过时又将长弧分割为多段短弧。而且所有电弧都在石英砂内燃烧，可使电弧中的正负离子强烈复合。因此这种熔断器的灭弧能力很强，属于限流熔断器。由于该熔断器的栅状熔体中段弯曲处具有"锡桥"，因此可利用其"冶金效应"来实现对较小短路电流和过负荷电流的保护。熔体熔断后，有红色的熔断指示器从一端弹出，便于运行人员检视。

RT0 型熔断器由于其保护性能好和断流能力大，因此广泛应用在低压配电装置中。但是其熔体为不可拆式，熔断后整个熔管需更换，不够经济。

附表 3 列出了 RTO 型低压熔断器的主要技术数据和保护特性曲线，供参考。

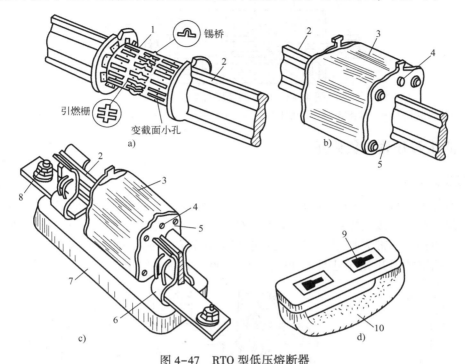

图 4-47　RTO 型低压熔断器
a) 熔体　b) 熔管　c) 熔断器　d) 绝缘操作手柄
1—栅状铜熔体　2—刀形触头（触刀）　3—瓷熔管（内装栅状铜熔体，充填石英砂）
4—熔断指示器　5—盖板　6—弹性触座　7—瓷质底座　8—接线端子　9—扣眼　10—绝缘拉手手柄

3. RZ1 型低压自复式熔断器

一般熔断器包括上述 RM 型和 RT 型熔断器，它们都有一个共同缺点，就是在熔体一旦熔断后，必须更换熔体才能恢复供电，因而使停电时间延长，给配电系统和用电负荷造成一定的停电损失。这里介绍的自复式熔断器弥补了这一缺点，既能切断短路电流，又能在故障消除后自动恢复供电，无须更换熔体。

我国设计生产的 RZ1 型低压自复式熔断器如图 4-48 所示。它采用金属钠（Na）作熔体。在常温下，钠的电阻率很小，可以顺畅地通过正常负荷电流，但在短路时，钠受热迅速汽化，其电阻率变得很大，从而可限制短路电流。在金属钠汽化限流的过程中，装在熔断器一端的活塞将压缩氩气而迅速后退，降低由于钠汽化产生的压力，以防熔管爆裂。在限流动作结束后，钠蒸气冷却，又恢复为固态钠；而活塞在被压缩的氩气作用下，迅速将金属钠推回原位，使之恢复正常工作状态。

自复式熔断器通常与低压断路器配合使用，甚至组合为一种电器。我国生产的 DZ10-100R 型低压断路器，就是 DZ10-100 型低压断路器与 RZ1-100 型自复式熔断器的组合，利用自复式熔断器来切断短路电流，而利用低压断路器来通断电路和实现过负荷保护，从而既能有效地切断短路电流，又能减轻低压断路器的工作，提高供电可靠性。不过目前它尚未得到推广应用。

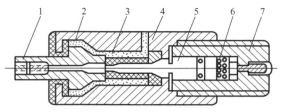

图 4-48 RZ1 型低压自复式熔断器

1—接线端子 2—云母玻璃 3—氧化铍瓷管 4—不锈钢外壳 5—钠熔体 6—氩气 7—接线端子

4.5.2 低压刀开关和负荷开关

1. 低压刀开关

低压刀开关（Low-voltage Knife-switch，文字符号为 QK）的类型很多。按其操作方式分，有单投和双投。按其极数分，有单极、双极和三极。按其灭弧结构分，有不带灭弧罩和带灭弧罩的两种。不带灭弧罩的刀开关一般只能在无负荷或小负荷下操作，作隔离开关使用。带有灭弧罩的刀开关（见图 4-49），则能通断一定的负荷电流。

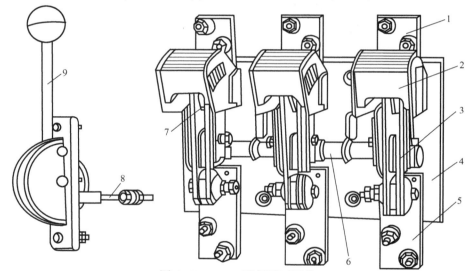

图 4-49 HD13 型低压刀开关

1—上接线端子 2—钢片灭弧罩 3—闸刀 4—底座 5—下接线端子
6—主轴 7—静触头 8—传动连杆 9—操作手柄

低压刀开关全型号的表示和含义如下：

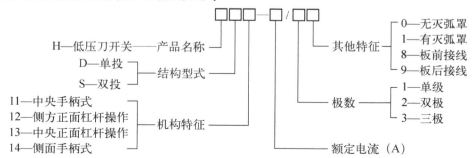

H—低压刀开关——产品名称
D—单投
S—双投 ———结构型式
11—中央手柄式
12—侧方正面杠杆操作
13—中央正面杠杆操作 ——机构特征
14—侧面手柄式
额定电流（A）
极数
1—单级
2—双极
3—三极
其他特征
0—无灭弧罩
1—有灭弧罩
8—板前接线
9—板后接线

2. 低压熔断器式刀开关

低压熔断器式刀开关又称刀熔开关（Fuse-switch，文字符号为 QKF），是一种由低压刀开关与低压熔断器组合的开关电器。最常见的 HR3 型刀熔开关，就是将 HD 型刀开关的闸刀换以 RT0 型熔断器的具有刀形触头的熔管，如图 4-50 所示。

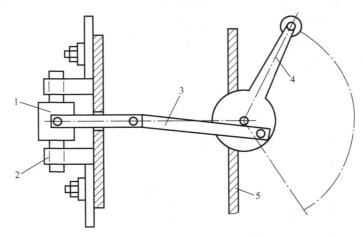

图 4-50　刀熔开关结构示意图

1—RT0 型熔断器的熔断体　2—弹性触座　3—传动连杆　4—操作手柄　5—配电屏面板

刀熔开关具有刀开关和熔断器的双重功能。采用这种组合型开关电器，可以简化配电装置结构，经济实用，因此越来越广泛地在低压配电屏上安装使用。

低压刀熔开关全型号的表示和含义如下：

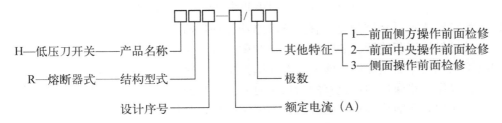

3. 低压负荷开关

低压负荷开关（Low-voltage Load Switch，文字符号为 QL），是由低压刀开关和低压熔断器串联组合而成、外装封闭式铁壳或开启式胶盖的开关电器。低压负荷开关具有带灭弧罩刀开关和熔断器的双重功能，既可带负荷操作，又能进行短路保护，但短路熔断后需更换熔体才能恢复供电。

低压负荷开关全型号的表示和含义如下：

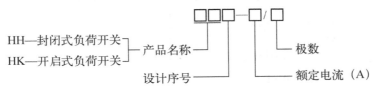

4.5.3 低压断路器

低压断路器（Low-voltage Circuit-breaker，文字符号为 QF），既能带负荷通断电路，又能在短路、过负荷和低电压（失压）下自动跳闸，其功能与高压断路器类似，其原理结构和接线如图 4-51 所示。当线路上出现短路故障时，其过电流脱扣器动作，使开关跳闸。如果出现过负荷时，其串联在一次线路的加热电阻丝加热，使双金属片弯曲，也使开关跳闸。当线路电压严重下降或失压时，其失压脱扣器动作，同样使开关跳闸。如果按下脱扣按钮（图中 6 或 7），可使开关远距离跳闸。

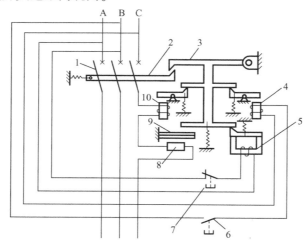

图 4-51　低压断路器的原理结构和接线

1—主触头　2—跳钩　3—锁扣　4—分励脱扣器　5—失压脱扣器　6、7—脱扣按钮
8—加热电阻丝　9—热脱扣器　10—过电流脱扣器

低压断路器按灭弧介质分类，有空气断路器和真空断路器等；按用途分类，有配电用断路器、电动机保护用断路器、照明用断路器和剩余电流保护用断路器等。

配电用低压断路器按保护性能分，有非选择型和选择型两类。非选择型断路器，一般为瞬时动作，只作短路保护用；也有的为长延时动作，只作过负荷保护。选择型断路器有两段保护、三段保护和智能化保护。两段保护为瞬时—长延时特性或短延时—长延时特性。三段保护为瞬时—短延时—长延时特性。瞬时和短延时特性适于短路保护，长延时特性适于过负荷保护。图 4-52 所示为低压断路器的上述三种保护特性曲线。而智能化保护，其脱扣器为微处理器或单片机控制，保护功能更多，选择性更好，这种断路器称为智能型断路器。

配电用低压断路器按结构形式分，有万能式和塑料外壳式两大类。

低压断路器全型号的表示和含义如下：

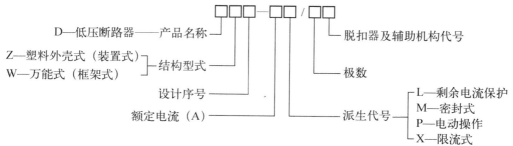

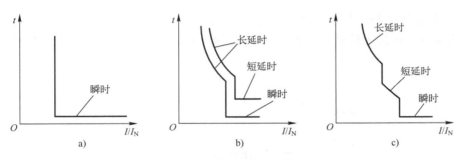

图 4-52　低压断路器的保护特性曲线

a）瞬时动作式　b）两段保护式　c）三段保护式

1. 万能式低压断路器

万能式低压断路器是敞开地装设在金属框架上的，而其保护方案和操作方式较多，装设地点也较灵活，故名"万能式"。

图 4-53 是 DW16 型万能式低压断路器的外形结构图。

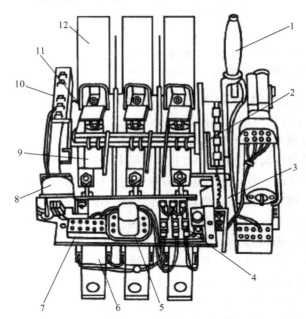

图 4-53　DW16 型万能式低压断路器

1—操作手柄（带电动操作机构）　2—自由脱扣机构　3—失压脱扣器　4—热继电器
5—接地保护用小型电流继电器　6—过负荷保护用过电流脱扣器　7—接地端子　8—分励脱扣器
9—短路保护用过电流脱扣器　10—辅助触头　11—底座　12—灭弧罩（内有主触头）

DW 型断路器的合闸操作方式较多，除手柄操作外，还有杠杆操作、电磁操作和电动机操作等。

图 4-54 是 DW 型断路器的交直流电磁合闸控制回路。当断路器利用电磁合闸线圈 YO 进行远距离合闸时，按下合闸按钮 SB，使合闸接触器 KO 通电动作，于是电磁合闸线圈（合闸电磁铁）YO 通电，使断路器 QF 合闸。但是合闸线圈 YO 是按短时大功率设计的，允

许通电时间不得超过 1 s，因此在断路器 QF 合闸后，应立即使 YO 断电。这一要求靠时间继电器 KT 来实现。在按下按钮 SB 时，不仅使接触器 KO 通电，而且同时使时间继电器 KT 通电。

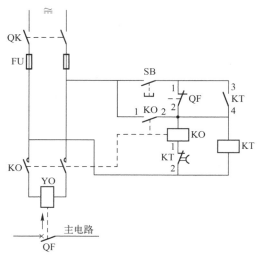

图 4-54　DW 型低压断路器的交直流电磁合闸控制回路

QF—低压断路器　SB—合闸按钮　KT—时间继电器　KO—合闸接触器　YO—电磁合闸线圈

KO 线圈通电后，其触点 KO1-2 闭合，保持 KO 线圈通电（即自锁）；而 KT 线圈通电后，其触点 KT1-2 在 KO 线圈通电时间达 1 s（QF 已合闸）时自动断开，使 KO 线圈断电，从而保证合闸线圈 YO 通电时间不致超过 1 s。

时间继电器 KT 的另一对动合触点 KT3-4 是用来"防跳"的。当按钮 SB 按下不返回或被粘住，而断路器 QF 又闭合在永久性短路故障上时，QF 的过电流脱扣器（图 4-54 上未示出）瞬时动作，使 QF 跳闸。这时断路器的连锁触头 QF1-2 返回闭合。如果没有接入时间继电器 KT 及其动断触点 KT1-2 和动合触点 KT3-4，则合闸接触器 KO 将再次通电动作，使合闸线圈 YO 再次通电，断路器 QF 再次合闸。但由于线路上还存在短路故障，因此断路器 QF 又要跳闸，而其连锁触头 QF1-2 返回时又将使断路器 QF 又一次合闸……断路器 QF 如此反复地在短路故障状态下跳闸、合闸，称为"跳动"现象，这将使断路器触头烧毁，并将危及整个供电系统，使故障扩大。为此，加装时间继电器动合触点 KT3-4，如图 4-54 所示。当断路器 QF 因短路故障自动跳闸时，其连锁触头 QF1-2 返回闭合，但由于在 SB 按下不返回时，时间继电器 KT 一直处于动作状态，其动合触点 KT3-4 一直闭合，而其动断触点 KT1-2 则一直断开，因此合闸接触器 KO 不会通电，断路器 QF 也就不可能再次合闸，从而达到了"防跳"的目的。

低压断路器的连锁触头 QF1-2 用来保证电磁合闸线圈 YO 在 QF 合闸后不致再次误通电。

目前推广应用的万能式低压断路器有 DW15、DW15X、DW16 等型及引进技术生产的 ME、AH 等型。此外还生产有智能型万能式断路器如 DW48 等型，其中 DW16 型保留了过去广泛使用的 DW10 型结构简单、使用维修方便和价廉的特点，而在保护性能方面大有改善，是取代 DW10 的新产品。

2. 塑料外壳式低压断路器及模数化小型断路器

塑料外壳式低压断路器的全部机构和导电部分都装设在一个塑料外壳内，仅在壳盖中央露出操作手柄，供手动操作之用。它通常装设在低压配电装置之中。

图 4-55 是 DZ20 型塑料外壳式低压断路器的剖面图。

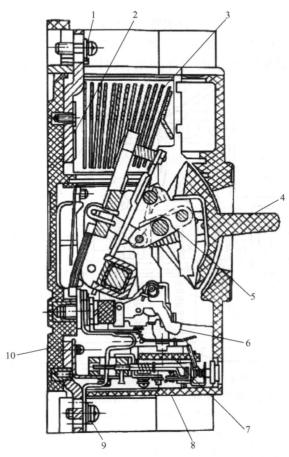

图 4-55　DZ20 型塑料外壳式低压断路器的内部结构

1—引入线接线端子　2—主触头　3—灭弧室（钢片灭弧栅）　4—操作手柄　5—跳钩
6—锁扣　7—过电流脱扣器　8—塑料外壳　9—引出线接线端子　10—塑料底座

DZ 型断路器可根据工作要求装设以下脱扣器：①电磁脱扣器，只作短路保护；②热脱扣器，只作过负荷保护；③复式脱扣器，可同时实现过负荷保护和短路保护。

目前推广应用的塑料外壳式断路器有 DZX10、DZ15、DZ20 等型及引进技术生产的 H、3VE 等型，此外还生产有智能型塑料外壳式断路器如 DZ40 等型。

塑料外壳式断路器中，有一类是 63 A 及以下的小型断路器。由于它具有模数化结构和小型（微型）尺寸，因此通常称为"模数化小型（或微型）断路器"。它现在广泛应用在低压配电系统的终端，作为各种工业和民用建筑特别是住宅中照明线路及小型动力设备、家用电器等的通断控制和过负荷、短路及剩余电流保护等之用。

模数化小型断路器具有以下优点：体积小，分断能力高，机电寿命长，具有模数化的结构尺寸和通用型卡轨式安装结构，组装灵活方便，安全性能好。

由于模数化小型断路器是应用在"家用及类似场所"，所以其产品执行的标准为GB10963—1989《家用及类似场所用断路器》，该标准是等同采用的IEC898国际电工标准。其结构适用于未受过专门训练的人员使用，其安全性能好，且不能进行维修，即损坏后必须换新。

模数化小型断路器由操作机构、热脱扣器、电磁脱扣器、触头系统和灭弧室等部件组成，所有部件都装在一塑料外壳之内，如图4-56所示。有的小型断路器还备有分励脱扣器、失压脱扣器、剩余电流脱扣器和报警触头等附件，供需要时选用，以拓展断路器的功能。

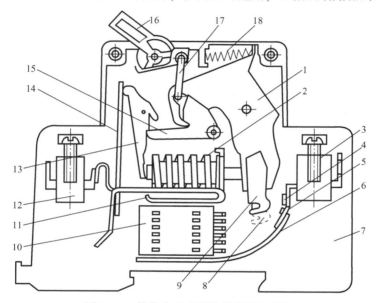

图4-56　模数化小型断路器的原理结构

1—动触头杆　2—瞬动电磁铁（电磁脱扣器）　3—接线端子　4—主静触头　5—中线静触头
6—弧角　7—塑料外壳　8—中线动触头　9—主动触头　10—灭弧栅片（灭弧室）
11—弧角　12—接线端子　13—锁扣　14—双金属片（热脱扣器）
15—脱扣钩　16—操作手柄　17—连接杆　18—断路弹簧

模数化小型断路器的外形尺寸和安装导轨的尺寸，如图4-57所示。

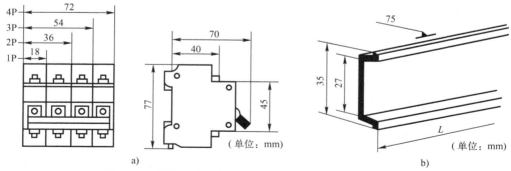

图4-57　模数化小型断路器的外形尺寸和安装导轨示意图

a）外形尺寸和安装尺寸　b）安装导轨尺寸

模数化小型断路器常用的型号有 C45N、DZ23、DZ47、M、K、S、PX200C 等系列。

3. 低压断路器的操作机构

低压断路器的操作机构一般采用四连杆机构，可自由脱扣。按操作方式分，有手动和电动两种。手动操作是利用操作手柄或杠杆操作，电动操作是利用专门的电磁线圈或控制电动机操作。

低压断路器的操作手柄有三个位置，如图 4-58 所示。

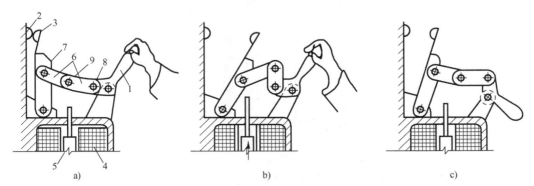

图 4-58　低压断路器的自由脱扣机构的原理说明
a）合闸位置　b）自由跳闸位置　c）准备合闸的"再扣"位置
1—操作手柄　2—静触头　3—动触头　4—脱扣器线圈　5—铁心顶杆　6—连杆　7、8、9—铰链

1）合闸位置（见图 4-58a）：手柄扳在上边，这时铰链 9 是稍低于铰链 7 与 8 的连接直线，处于"死点"位置，其跳钩被锁扣扣住，触头处于闭合状态。

2）自由跳闸位置（见图 4-58b）：当脱扣器通电动作时，其铁心顶杆向上运动，使铰链 9 移开"死点"位置，从而在断路弹簧作用下，使断路器脱扣跳闸。

3）准备合闸的"再扣"位置（见图 4-58c）在断路器自由脱扣（跳闸）后，如果要重新合闸，必须将操作手柄扳向下边，使跳钩又被锁扣扣住，从而完成"再扣"的操作，使铰链 9 又处于"死点"位置。只有这样操作，才能使断路器再次合闸。如果断路器自动跳闸后，不将手柄扳向"再扣"位置，想直接合闸是合不上的。

附表 4 列出了部分常用低压断路器的主要技术数据，供参考。

4.5.4　低压配电装置

1. 低压配电屏

低压配电屏（柜）是按一定的线路方案将有关一、二次设备组装而成的一种低压成套配电装置，在低压配电系统中作动力和照明之用。

低压配电屏的结构形式，有固定式、抽屉式和组合式三大类型。不过抽屉式和组合式价格昂贵，一般中小工厂多用固定式。我国广泛应用的固定式低压配电屏主要有 PGL、GGL、GGD 等型。PGL 型是开启式结构，采用的开关电器容量较小，而 GGL、GGD 型为封闭式结构，采用的开关电器技术更先进，断流能力更大。图 4-59 是过去应用广泛的 PGL 型低压配电屏的外形结构图。图 4-60 是现在应用广泛的 GGD 型低压配电柜的外形及安装示意图。

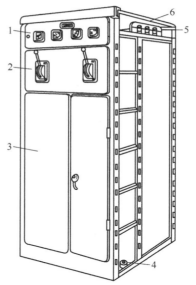

图 4-59　PGL 型低压配电屏的外形结构图

1—仪表板　2—操作板　3—检修门　4—中性母线绝缘子　5—母线绝缘框　6—母线防护罩

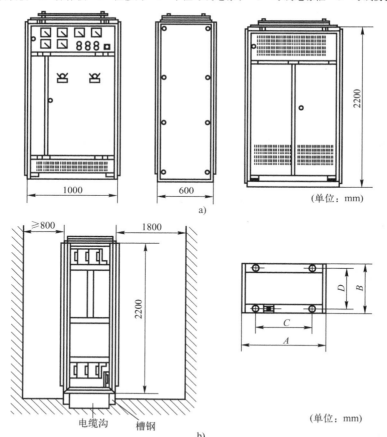

(单位：mm)

a)

电缆沟　　槽钢

(单位：mm)

b)

图 4-60　GGD 型低压配电柜的外形及安装示意图

a) GGD 型低压配电柜的外形尺寸　b) GGD 型低压配电柜安装示意图

国产低压配电屏全型号的表示和含义如下：

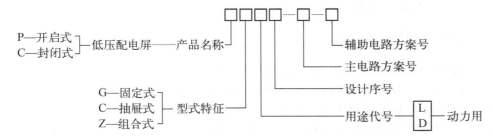

2. 低压配电箱

低压配电箱按其用途分，有动力配电箱和照明配电箱两类。动力配电箱主要用于对动力设备配电，但也可向照明设备配电。照明配电箱主要用于照明配电，但也可对一些小容量的单相动力设备和家用电器配电。

低压配电箱的类型很多。按其安装方式分，有靠墙式、挂墙（明装）式和嵌入式。靠墙式是靠墙落地安装；挂墙式是明装在墙面上；嵌入式是嵌入墙内安装。现在应用的新型配电箱，一般都采用模数化小型断路器等元件进行组合。例如 DYX（R）型多用途配电箱，可用于工业和民用建筑中作低压动力和照明配电之用，具有 XL-3、XL-10、XL-20 等型动力配电箱和 XM-4、XM-7 等型照明配电箱的功能。它有 Ⅰ、Ⅱ、Ⅲ 型。Ⅰ 型为插座箱，装有三相和单相的各种插座，其箱面布置如图 4-61a 所示。Ⅱ 型为照明配电箱，箱内装有 C45型等模数化小型断路器，其箱面布置如图 4-61b 所示。Ⅲ 型为动力照明多用配电箱，箱内安装的电气元件更多，应用范围更广，其箱面布置如图 4-61c 所示。该配电箱的电源开关采用 DZ20 型断路器或带剩余电流保护的 DZ15L 型剩余电流断路器。

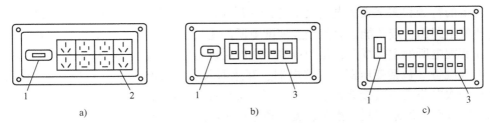

图 4-61　DYX（R）型多用途低压配电箱箱面布置示意图

a）插座箱（Ⅰ型）　b）照明配电箱（Ⅱ型）　c）动力照明配电箱（Ⅰ型）

1—电源开关（小型断路器或剩余电流断路器）　2—插座　3—小型开关（模数化小型断路器）

国产低压配电箱全型号的表示和含义如下：

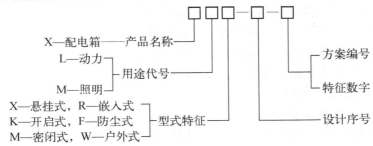

上述 DYX(R)型中的"DY"指"多用途","X"指"配电箱","R"指"嵌入式"。如果未标"R",则为"明装式"。

4.5.5 低压一次设备的选择

低压一次设备的选择与高压一次设备的选择一样,必须满足在正常条件下和短路故障条件下工作的要求,同时设备应工作安全可靠,运行维护方便,投资经济合理。

低压一次设备的选择校验项目见表 4-7。关于低压电流互感器、电压互感器、电容器及母线、电缆、绝缘子等的校验项目和选择校验的条件,与前表 4-5 相同,此略。

表 4-7 低压一次设备的选择校验项目

电气设备名称	电压/V	电流/A	断流能力/kA	短路稳定度校验	
				动稳定度	热稳定度
低压熔断器	√	√	√	—	—
低压刀开关	√	√	√	!	!
低压负荷开关	√	√	√	!	!
低压断路器	√	√	√	!	!

注:表中"√"表示必须校验,"!"表示一般可不校验,"—"表示不要校验。

4.6 变配电所的电气主接线

4.6.1 电气主接线概述

用规定的符号和文字表示电气设备的元件及其相互间连接顺序的图,称为接线图。企业变配电所的电路图,按功能可分为企业变配电所的主接线(主电路)图和二次接线图。

企业变配电所的主接线图,是企业接受电能后进行电能分配、输送的总电路。它是由各种主要电气设备(包括变压器、开关电器、互感器及连接线路等设备)按一定顺序连接而成,又称一次电路或一次接线图。一次电路中所连接的所有设备,称为一次元件或一次设备。二次接线图是用来控制、指示、测量和保护主电路及其设备运行的电路图。二次电路中的所有设备(测量仪表、保护继电器等)称为二次元件或二次设备。二次设备是通过电压、电流互感器与主电路相联系的。

主接线图是按国家规定的图形符号和文字符号绘制。用单线表示三相线路,但在个别三相设备不对称处,可局部地用三根线表示。主接线图除表示电气连接电路外,还注明了电气设备的型号、规格等有关技术数据。从主接线图上可以了解企业的供电线路和全部电气设备,也为电气设备安全管理、运行和检修、维护提供了重要依据。

电气主接线主要反映系统中电能接受、输送和分配的电路;电气主接线是整个供配电系统的骨架,决定着整个系统的总体结构,与系统的可靠性、灵活性、经济型等密切相关。选择电气主接线形式是相当重要的。

变电所主接线的要求如下:

1)安全:主接线设计符合国家的有关技术规范,充分保证人身和设备的安全。

2）可靠：满足用电单位对供电可靠性的要求。

3）灵活：适应各种不同的运行方式，操作检修方便。

4）经济：设计简单、投资少、运行管理费用低，节约用电和有色金属的消耗量。

母线理论上是等电位点，实际上是汇流排，完成电能的汇集和分配，即功率的汇总与分配点。

在任何变电所中，总是进线少，出线多。由于进出线各回路之间需要有一定的电气安全间隔，所以无法从一处同时引出多个回路；而采用母线装置才能保证电路接线的安全性和灵活性，所以在复杂的系统中，母线很有必要；但是否需要设置母线需要根据现场的实际情况来确定。

电力系统中，通常按照母线的形式，对电气主接线进行如下分类：

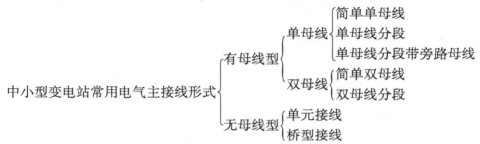

4.6.2 主接线的基本接线方式

1. 单母线接线

主接线中引出线的数目一般比电源的数目多。当电力负荷减少或电气设备检修时，每一电源都有可能被切除。因此，必须使每一引出线能从任意电源获得供电，以保证供电的可靠性和灵活性。设置母线，应便于汇集和分配电能，以达到上述要求。所谓母线就是将变压器或发电机及多条进出线路并联在同一组的三相导体。

（1）单母线不分段主接线

单母线制接线如图 4-62 所示，用于一路电源进线的情况。图中 WL1 为电源进线，WL2、WL3、WL4、WL5 为 4 路出线。每条线路上都装有断路器 QF 和隔离开关 QS，WB 为母线。

断路器 QF 担负电路的正常通断和电路短路时自动切断电路的任务。断路器有一定的灭弧能力。

隔离开关 QS 的作用：当断路器检修时隔离电源，保证断路器安全检修。靠近母线的隔离开关（QS2、QS3、QS4、QS5）称为母线隔离开关，当检修断路器时，可隔离母线的电源。靠近线路的隔离开关（QS1）称为线路隔离开关，起着隔离供电线路电源以及雷电过电压保护作用。

单母线制接线的主要优点：接线简单、清晰；使用的电气设备少；配电装置的投资费用低，操作方便，不易误操作，便于扩建和采用成套配电装置。但电源、母线或连接于母线上的任一隔离开关发生故障或检修时，必须断开所有回路的电源，造成全部用户供电中断，供电的可靠性和灵活性都较低。

适用范围：单电源进线的三级负荷用户以及具有备用电源的二级用户。

（2）单母线分段接线形式

在双电源进线的情况下，通常采用单母线分段接线，可以通过 QS 或者 QF 进线分段。两段母线可以独立运行，也可以并列运行，如图 4-63 所示。一般分段开关可采用隔离开关，当需要带负荷操作或继电保护和自动装置有要求时，应装设断路器。

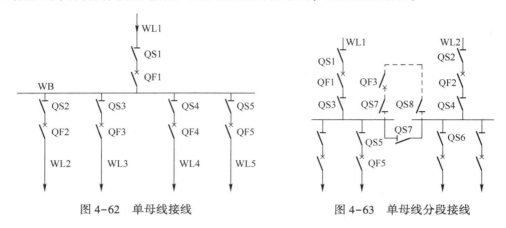

图 4-62　单母线接线　　　　　　　　图 4-63　单母线分段接线

1）分段独立运行特点

正常时：采用分段独立运行时，各段相当于单母线不分段接线运行，各段之间互不影响。

故障时：当任一段母线发生故障或者检修时，仅停止对该段母线所带负荷的供电；当任一电源线路故障或者检修时，如果另一电源能够负担全部引出线的负荷，则可以通过倒闸操作恢复该母线所带负荷的供电，否则由故障电源所带的负荷应该停止运行或者部分停止运行。

2）并列运行的特点

若遇到电源故障或者检修，无须母线停电，只需断开故障电源的断路器和隔离开关，将负荷调整到另一电源上即可，但是某段母线故障或者检修时，会使得对应的负荷短时停电。

单母线分段制中，正常情况下，母线是"合"或是"分"，应根据技术经济比较而定。在用户供电系统中，一般采用"分"的方式。

单母线分段接线的优缺点以及使用条件如下：

优点：可靠性、灵活性得到提高，除母线故障或者检修外，可实现用户的连续供电。

缺点：在母线、母线隔离开关发生故障或者检修时，仍有 50% 的用户停电。

适用场合：在具有双电源进线的条件下，采用该方式对一二级负荷供电，较为优越；特别是装设了备用电源自动投入装置后，更加提高了用断路器分段的单母线供电的可靠性。该方式广泛用于 10 kV 及以下的变配电所。

注：① QS 与 QF 的区别

QS 只是起电气隔离的作用，提供明显的断开点，但是不能带负荷操作；QF 具有灭弧能力，能够投切负荷电流，可以带负荷操作。

② 倒闸操作原则

当电气主接线从一种运行状态转换到另一种运行状态时，按照一定顺序对隔离开关和断路器进行接通或者断开的操作。即接通电路时先闭合隔离开关，后闭合断路器；切断电路时，先断开断路器，然后断开隔离开关。

（3）单母线分段带旁路母线接线

单母线以及单母线分段接线在线路断路器检修时会造成线路的停电，为解决上述问题，可以变化为单母线分段带旁路母线的接线方式，如图 4-64 所示，这样在线路的断路器检修停运时，可以由旁路断路器来代替线路断路器。

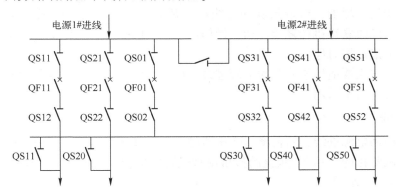

图 4-64　单母线分段带旁路母线接线

2. 双母线接线

为了解决单母线分段接线在母线、母线隔离开关检修或者故障时，需要停电的弊端，可以采用双母线接线方式向一、二级负荷供电，如图 4-65 所示。两条母线互为备用：工作母线和备用母线。

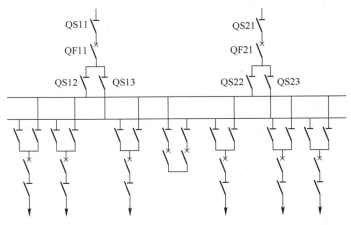

图 4-65　双母线接线

正常运行时，工作母线带电，备用母线不带电，任一回电源进线以及用户出线都有一台断路器和两组隔离开关分别接到两组母线上。正常运行时，正常母线上的所有隔离开关全部闭合，而备用母线上的隔离开关全部断开，并且两条母线通过断路器和隔离开关连接起来。

双母线接线优点如下：

1）供电可靠：可以轮流检修母线而不中断用户供电。

2）检修方便：检修任一条母线隔离开关时，先将电源以及其他出线切换到备用母线，然后断开隔离开关所属的那条线路即可；检修任一回线路断路器时，经倒闸操作后，可用母线联络断路器代替被检修的断路器工作，这样仅在切换的过程中短时停电。

3）运行灵活：工作母线故障时，可以迅速切换到备用母线上；双母线接线可以作为单母线分段方式运行，各接 1/2 进线和出线。

双母线接线缺点如下：

与单母线相比，增加了母线长度和母线隔离开关，使配电装置构架增加，占地面积增大，投资增多。同时联锁机构复杂，切换操作烦琐，倒闸操作时，容易出现误操作。工作母线停电时，仍会造成短时停电。

双母线制接线主要适用于有两回电源进线，用电设备多为一、二级负荷的大型工厂，一般中小型企业变电所不采用。

3. 桥形接线

对于具有两回电源进线、两台降压变压器的工厂总降压变电所，可采用桥形接线。其特点是有一条横联跨接的"桥"。根据跨接桥横联位置的不同，又分为内桥式接线和外桥式接线两种，如图 4-66 所示。

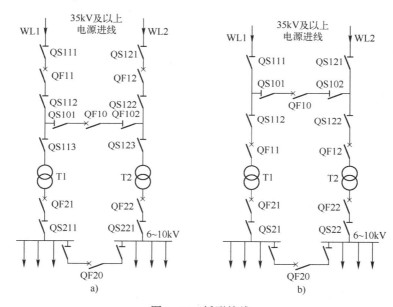

图 4-66 桥形接线

桥形接线特点如下：

1）四个回路只有三个断路器。

2）接线简单：高压侧没有母线，没有多余设备。

3）经济：四个回路只用了三个断路器，省去了 1~2 个断路器，节约投资。

4）可靠性高：无论哪条回路故障或者检修，均可通过倒闸操作迅速切除故障回路，不致使二次侧母线长时间断电。

5）安全：每台断路器的两侧都设有隔离开关，可以形成明显断开点，以保证设备安全检修。

6）灵活：操作灵活，能够适应多种运行方式。

（1）内桥式接线

内桥式接线的特点：当某路电源停电检修或发生故障时（如 WL1 线路），断开 QF11，投入 QF10（其两侧 QS 先合），即可由 WL2 线路恢复对变压器 T1 的供电。但当变压器发生故障时，倒闸操作多，恢复时间长。

内桥式接线运行的灵活性较好，供电可靠性较高，一般适用于一、二级负荷。

内桥接线适用场合：电源线较长，因而容易发生故障和停电检修的机会较多；并且变压器不需要经常切换的总降压变电所。正常运行时，两边的功率相对比较平衡，即没有穿越功率。所谓穿越功率，是指某一功率由一条线路流入并穿越横跨桥又经另一线路流出的功率。

（2）外桥式接线

外桥式接线的特点：某台变压器（如变压器 T1）停电检修或发生故障时，断开 QF21，投入 QF20（其两侧 QS 先合），即可恢复两路电源进线并列运行。但当某一电源需要检修或发生故障时，倒闸操作多，并比较烦琐。

外桥式接线运行的灵活性也较好，供电可靠性也较高，一般也适用于一、二级负荷。

外桥接线适用场合：电源线路较短并且故障概率小，而且变电所负荷变动较大，适于经济运行需要经常切换的总降压变电所。

4. 线路-变压器组单元接线

线路-变压器组单元接线如图 4-67 所示，其特点是一条进线、一台（两台）变压器；电气设备少，接线简单，配电装置简单，节约投资，占地面积小；但当任一设备检修时，全部设备停止工作。

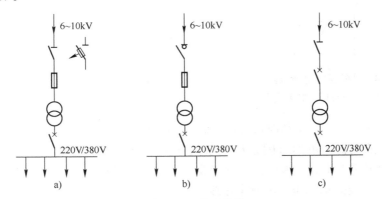

图 4-67　单元接线

a）高压侧采用隔离开关-熔断器或跌落式熔断器　b）高压侧采用负荷
开关-熔断器　c）高压侧采用隔离开关-断路器

4.6.3　工厂变配电所常用的主接线

1. 工厂总降压变电所的主接线

一般大中型企业采用 35~110 kV 电源进线时都设置总降压变电所，将电压降至 6~10 kV 后分配给各车间变电所。下面按电源进线方式介绍总降压变电所常用的主接线。

（1）单电源进线的总降压变电所主接线

1）一次侧线路-变压器组，二次侧单母线不分段主接线。

总降压变电所为单电源进线一台变压器时，主接线采用一次侧线路-变压器组、二次侧单母线不分段主接线，又称一次侧无母线、二次侧单母线不分段主接线，如图 4-68 所示。

进线开关可采用隔离开关和跌落式熔断器。

2) 一次侧单母线不分段，二次侧单母线分段主接线。

总降压变电所为单电源进线两台变压器时，主接线采用一次侧单母线不分段、二次侧单母线分段接线，如图 4-69 所示。

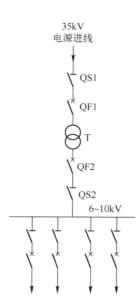

图 4-68　总降压变电所线路
变压器组（无母线）主接线图

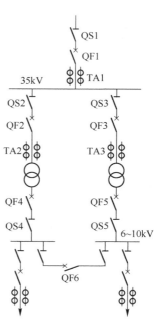

图 4-69　总降压变电所一次侧单母线、
二次侧单母线分段主接线图

该主接线方式特点：轻负荷时可停用一台，当其中一台变压器因故障或需停运检修时，接于该段母线上的负荷，可通过闭合母线联络开关 6QP 来获得电源，提高了供电可靠性，但单电源供电的可靠性不高，因此，这种接线只适用于三级负荷及部分二级负荷。

（2）双电源进线的总降压变电所主接线

由于采用两回电源进线，总降压变电所主变压器一般都在两台或两台以上，现以两台主变压器为例介绍常用的主接线。

1) 一、二次侧均采用单母线分段的双电源进线总降压变电所主接线图如图 4-70 所示。

该接线方式特点：由于进线开关和母线分段开关均采用了断路器控制，操作十分灵活，供电可靠性较高，适用于大中型企业的一、二级负荷供电。

2) 一次侧采用内桥式接线、二次侧采用单母线分段的总降压变电所主接线图如图 4-71 所示。

这种主接线，其一次侧的高压断路器 QF10 跨接在两路电源进线之间，犹如一座桥梁，而且处在线路断路器 QF11 和 QF12 的内侧，靠近变压器，因此称为"内桥式"接线。这种主接线的运行灵活性较好，供电可靠性较高，适于一、二级负荷的工厂。如果某路电源如

WL1 线路停电检修或发生故障时，则断开 QF11、投入 QF10（其两侧隔离开关先合），即可由 WL2 恢复对变压器 T1 的供电。这种内桥式接线多用于电源线路较长因而发生故障和停电检修的机会较多，并且变压器不需要经常切换的总降压变电所。

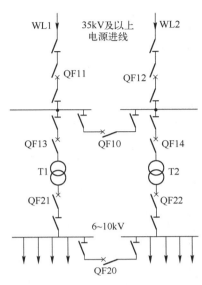

图 4-70　一、二次侧均采用单母线分段的双电源进线总降压变电所主接线图

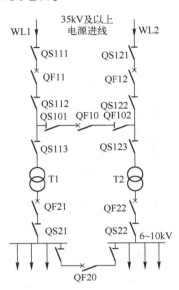

图 4-71　采用内桥式接线的总降压变电所主接线图

3）一次侧采用外桥式接线、二次侧采用单母线分段的总降压变电所主接线图如图 4-72 所示。

这种主接线，其一次侧的高压断路器 QF10 也跨接在两路电源进线之间，但处在线路断路器 QF11 和 QF12 的外侧，靠近电源方向，因此称为"外桥式"接线。这种主接线的运行灵活性也较好，供电可靠性也较高，也适于一、二级负荷的工厂。但与上述内桥式接线适用场合有所不同。如果某台变压器如 T1 停电检修或发生故障时，则断开 QF11，投入 QF10（其两侧隔离开关先合），使两路电源进线又恢复并列运行。这种外桥式接线适用于电源线路较短而变电所昼夜负荷变动较大、由于经济运行需经常切换变压器的总降压变电所。当一次电源线路采用环形接线时，也宜采用这种接线，使环形电网的穿越功率不通过断路器 QF11、QF12，这对改善线路断路器的工作及其继电保护装置的整定都极为有利。

4）一、二次侧均采用双母线的总降压变电所主接线图如图 4-73 所示。

采用双母线接线较之采用单母线接线，其供电可靠性和运行灵活性大大提高，但开关设备也相应大大增加，从而大大增加了初投资，所以这种双母线接线在工厂变电所中很少采用，它主要应用在电力系统中的枢纽变电站。

2. 高压配电所的主接线

当企业负荷容量较大时（一般 $1000\,\mathrm{kV\cdot A}$）通常需设置高压配电所。它的功能是从电力系统受电并向各车间变电所及某些高压用电设备配电，所以高压配电所是企业电能供应与分配的中转站。

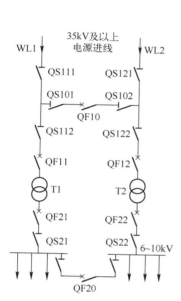

图4-72 采用外桥式接线的
总降压变电所主接线图

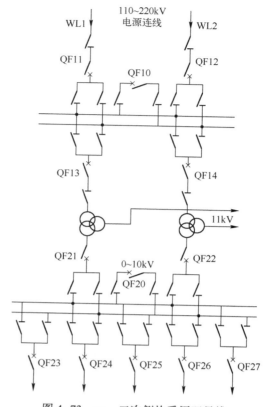

图4-73 一、二次侧均采用双母线
的总降压变电所主接线图

（1）单母线接线

这种接线方式如图4-62所示。一般为一路电源进线，而引出线可以有任意数目，供给几个车间变电所或高压电动机等。这种接线的优点是简单，运行方便，投资费用低，发展便利；缺点是供电可靠性较差，当检修电源进线断路器或母线时，全所都要停电，因此只适用于对三级负荷供电。

（2）单母线分段接线

对于供电可靠性要求较高、用电容量较大的6~10kV配电所，可采用二回电源进线、母线分段运行的方式，如图4-63所示。它比较适用于大容量的二、三级负荷。如二回电源进线为两个独立电源时，两组母线分裂运行，可用于向一、二级负荷供电。

（3）双母线接线

对于特别重要的负荷，当采用单母线分段制供电可靠性仍不能满足要求时，可考虑采用双母线制。图4-74所示为双母线制接线图，WB1为工作母线，WB2为备用母线，每一进出线路经一个断路器和两个隔离开关接于双母线上。

双母线接线的主要优点：可以轮流检修母线而不中断供电；检修任何一回路的隔离开关，只需停该回路；工作母线发生故障时，通过备用母线，经倒闸操作能迅速恢复供电。主要缺点：与单母线相比，增加了母线长度和母线隔离开关，使配电装置构架增加，占地面积增大，投资增多。同时联锁机构复杂，切换操作烦琐，倒闸操作时，容易出现误操作。

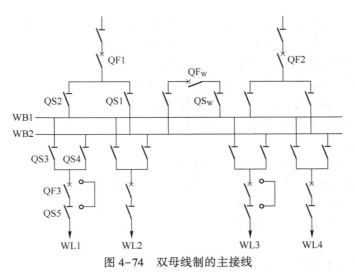

图 4-74 双母线制的主接线

双母线制接线主要适用于有两回电源进线，用电设备多为一、二级负荷的大型工厂，一般中小型企业变电所不采用。

3. 车间变电所的主接线

车间变电所或小型工厂变电所是指将 6~10kV 高压降为一般用电设备所需低压的终端变电所。这类变电所的主接线比较简单。

（1）有高压配电所的车间变电所

这类变电所内用来控制变压器的一些高压开关电器、保护装置和测量仪表等，通常就装设在高压配电线路的首端，即工厂的高压配电所的 6~10kV 的高压配电室内，而车间变电所的高压侧多数应装设开关电器，或只装简单的隔离开关、熔断器或跌落式熔断器、避雷器等。因此这类车间变电所一般不设高压开关柜，也没有高压配电室，只设有变压器室和低压配电室等，如图 4-75 所示。由图 4-75 可知，凡高压架空进线，无论变压器在室内还是室外，均需装设避雷器，以防止高电位沿架空线路侵入变电所，损坏变压器及其他设备的绝缘，如图 4-75e、f、g、h 所示。高压电缆进线时，避雷器一般装设在电缆线路的首端，避雷器的接地端连同电缆的金属外皮一起接地。

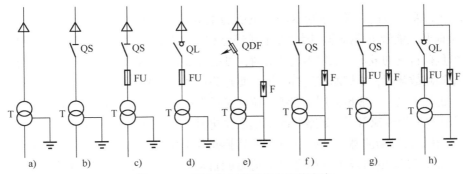

图 4-75 车间变电所高压主接线方案

（2）无高压配电所的车间变电所

这类变电所高压侧的高压开关电器、保护装置和测量仪表等，都必须配备齐全，可以采取高压计量方式，一般应设高压配电室；在变压器容量较小（一般变压器容量为 315 kV·A 以下时），供电可靠性要求不高的情况下，也可不设高压配电室，那些高压熔断器、隔离开关、负荷开关或跌落式熔断器等就装设在变压器室（室外为变压器台）的墙上或室外的电杆上。此时一般采取低压侧计量电能消耗量；当高压开关柜较少（不多于 6 台）时，可将高压开关柜装在低压配电室内，在高压侧计量电能。

对于以上两类变电所的小容量变压器，只要运行操作符合要求，就可以优先采用简单经济的熔断器保护。

（3）装有一台变压器的小型变电所主接线

只装有一台变压器的小型变电所，一般指无高压配电所的小型变电所。根据其高压侧装设开关的不同，主要有以下三种主接线方案：

1）高压侧采用隔离开关–熔断器或户外跌落式熔断器的变电所的主电路，如图 4-76a 所示。

它是采用熔断器作为变电所的短路保护。由于隔离开关和跌落式熔断器不能带负荷操作，并受切断空载变压器容量的限制，所以一般只用于 500 kV·A 及以下容量的变电所中。这种主接线相当简单经济，但供电可靠性不高，一般用于三级负荷的小容量变电所。

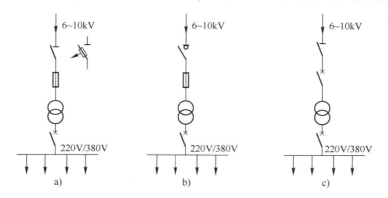

图 4-76　单台变压器的变电所主电路图

a）高压侧采用隔离开关–熔断器或跌落式熔断器　b）高压侧采用负荷
开关–熔断器　c）高压侧采用隔离开关–断路器

2）高压侧采用负荷开关–熔断器的变电所的主电路，如图 4-76b 所示。

由于负荷开关能带负荷操作，因此变电所停电和送电的操作比上述主接线要简便灵活得多，也不存在带负荷拉闸的危险。在发生过负荷时，可通过带热脱扣器的负荷开关进行保护，使开关跳闸；发生短路故障时，靠熔断器进行保护，使开关跳闸。这种主接线也是比较简单经济的，但供电可靠性仍然不高，一般也只用于三级负荷且变压器容量在 500~1000 kV·A 的变电所。

3）高压侧采用隔离开关–断路器的变电所主电路，如图 4-76c 所示。

由于采用了高压断路器，使得变电所的切换操作非常灵活方便；同时高压断路器都配有继电保护装置，在变电所发生短路和过负荷时能自动跳闸，而且在短路故障和过负荷情况消除后，又可直接迅速合闸，从而使恢复供电的时间大大缩短。如采用自动重合闸装置（APD）则供电可靠性更可大大提高。但是如果变电所只此一路电源进线，则一般也只能用于三级负荷。如果变压器低压侧有联络线与其他变电所相连，则可用于二级负荷。

（4）装有两台变压器的小型变电所主接线

当变电所有两台变压器时，可采用高压侧无母线、低压侧为单母线分段的主接线方案，如图 4-77a 所示；也可采用高压侧单母线、低压侧为单母线分段的接线方案，如图 4-77b 所示；还可采用高压侧、低压侧均为单母线分段的方案，如图 4-77c 所示。具体选用主接线方案时，应根据电源进线回数和供电可靠性要求选择。

装有两台主变压器的小型变电所多数是负荷比较重要，或者负荷变动比较大、需要经常带负荷切换或自动切换的情况，因此，高、低压侧开关都要采用断路器，低压母线通常也采用低压断路器分段。这种主接线的供电可靠性较高，当任一台变压器或任一电源停电检修或发生故障时，只要切断该变压器低压侧的断路器，接通低压母线分段断路器即可恢复整个变电所的供电，如果装上备用电源自动投入装置（APD），那么当任一台主变压器低压断路器（电动操作的断路器）因电源断电（失压）而跳闸时，另一台主变压器低压侧的断路器和低压母线分段断路器就将在 APD 作用下自动合闸，在断电 1~2 s 后即可恢复供电。双台变压器的这种主接线可对一、二级负荷供电。

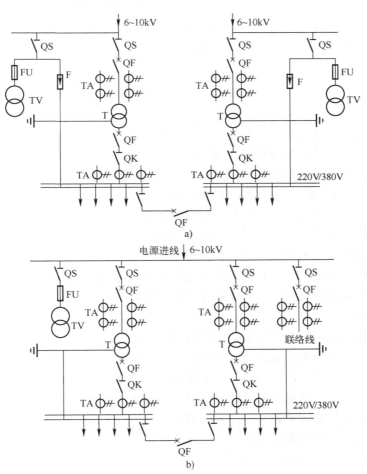

图 4-77 装有两台主变压器的小型变电所主电路图

a）高压侧无母线，低压侧单母线分段　b）高压侧单母线，低压侧单母线分段

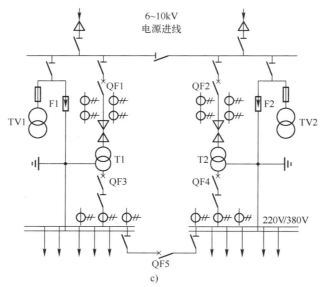

图 4-77　装有两台主变压器的小型变电所主电路图（续）

c）高压侧单母线分段，低压侧单母线分段

本章小结

本章介绍了电气设备电弧产生的原因、机理及电弧熄灭方法，电力变压器等变换设备及其选择方法，高压配电装置的原理结构及常用高压配电装置、低压配电装置的原理结构及常用低压配电装置，配电装置的选用原则及校验方法，并简要介绍了变配电所的电气主接线。

1）变电所一次设备是接受和分配电能的设备，主要包括变换设备、控制设备、保护设备、补偿设备和其他成套设备。变换设备包括变压器、电流互感器、电压互感器等；控制设备包括断路器、隔离开关等；保护设备包括熔断器、避雷器等；补偿设备主要是并联电容器；成套设备主要有高压开关柜、低压开关柜等。

2）电气设备运行时会产生电弧。电弧是电气设备运行中出现的一种强烈的电游离现象。电弧会延长电路开断的时间，对电路设备造成损坏。开关设备在结构设计上要保证操作时电弧能迅速地熄灭。

3）开关触头分断电流时产生电弧的根本原因在于触头本身及触头周围的介质中含有大量可被游离的电子，在分断的触头之间存在着足够大的外施电压的条件下，有可能强烈电游离而产生电弧。产生电弧的游离方式有热电发射、高电场发射、碰撞游离和高温游离等。上述各种游离的综合作用，使触头在分断电流时产生电弧并得以维持。要使电弧熄灭，必须使触头间电弧中的去游离率大于游离率。常用的灭弧方法有速拉灭弧法、冷却灭弧法、吹弧灭弧法、长弧切短弧法、粗弧分细弧法、狭沟灭弧法、真空灭弧法和六氟化硫灭弧法。

4）电力变压器是变电所中最关键的设备，它由铁心和绕组两个部分组成，利用互感原理来升高或降低电源电压。所以，按功能分为升压变压器和降压变压器。

5）互感器是一种特殊变压器，用于一次回路和二次回路之间的联络，属于一次设备。互感器可分为电流互感器和电压互感器。

6）高压配电装置主要有高压熔断器、高压隔离开关、高压负荷开关、高压断路器和高压开关柜。高压熔断器对高压电路和设备进行短路保护，有的熔断器还具有过负荷保护的功能。高压隔离开关主要是隔离高压电源，保证其他设备和线路的安全检修。高压负荷开关能通断一定的负荷电流和过负荷电流，但不能断开短路电流，需借助熔断器来进行短路保护。高压断路器不仅能通断正常负荷电流，而且能接通和承受一定时间的短路电流，并能在保护装置作用下自动跳闸，切除短路故障。高压开关柜是按一定的线路方案将有关一、二次设备组装在一起而成的一种高压成套配电装置，控制和保护高压设备和线路。高压一次设备必须满足一次电路正常条件下和短路故障条件下工作的要求，工作安全可靠，运行维护方便，投资经济合理。高压开关柜型式的选择：应根据使用环境条件来确定是采用户内型还是户外型；根据供电可靠性要求来确定是采用固定式还是手车式。此外，还要考虑到经济合理。

7）低压配电装置主要有低压熔断器、低压刀开关和负荷开关、低压断路器、低压配电屏和低压配电箱。低压熔断器的类型主要有插入式（RC 型）、螺旋式（RL 型）、无填料密封管式（RMS）、有填料封闭管式（RT 型）以及有填料管式 gF 和 aM 系列、高分断能力的 NT 型等。低压刀开关有不带灭弧罩和带灭弧罩的两种。不带灭弧罩的刀开关只能在无负荷或小负荷下操作，作隔离开关使用。带有灭弧罩的刀开关能通断一定的负荷电流。低压负荷开关是由低压刀开关和低压熔断器串联组合而成、外装封闭式铁壳或开启式胶盖的开关电器，具有带灭弧罩刀开关和熔断器的双重功能，既可带负荷操作，又能进行短路保护。低压断路器既能带负荷通断电路，又能在短路、过负荷和低电压下自动跳闸，其功能与高压断路器类似。低压断路器按灭弧介质分类，有空气断路器和真空断路器等；按用途分类，有配电用断路器、电动机保护用断路器、照明用断路器和剩余电流保护用断路器等。低压配电屏是按一定的线路方案将有关一、二次设备组装而成的一种低压成套配电装置，在低压配电系统中作动力和照明之用。我国广泛应用的固定式低压配电屏主要有 PGL、GGL、GGD 等型。低压配电箱按其用途分，有动力配电箱和照明配电箱两类。动力配电箱主要用于对动力设备配电，照明配电箱主要用于照明配电。低压一次设备的选择与高压一次设备的选择一样，必须满足在正常条件下和短路故障条件下工作的要求，同时设备应工作安全可靠，运行维护方便，投资经济合理。

8）用规定的符号和文字表示电气设备的元件及其相互间连接顺序的图，称为接线图。企业变配电所的电路图，按功能可分为企业变配电所的主接线（主电路）图和二次接线图。

企业变配电所的主接线图，是企业接受电能后进行电能分配、输送的总电路。它是由各种主要电气设备（包括变压器、开关电器、互感器及连接线路等设备）按一定顺序连接而成，又称一次电路或一次接线图。

习题与思考题

4-1 什么是电弧？试述电弧产生和熄灭的物理过程及熄灭条件。

4-2 开关触头间产生电弧的根本原因是什么？发生电弧有哪些游离方式？其中最初的游离方式是什么？维持电弧主要靠什么游离方式？

4-3 使电弧熄灭的条件是什么？熄灭电弧的去游离方式有哪些？开关电器中有哪些常用的灭弧方法？

4-4 何谓电弧的伏安特性？交流电弧伏安特性有哪些特点？熄灭电弧的基本方法有哪几种？

4-5 电力变压器并列运行的条件是什么？

4-6 电流互感器和电压互感器的使用注意事项有哪些？

4-7 高压断路器有哪些主要技术数据？其含义是什么？

4-8 高压隔离开关有哪些功能？有哪些结构特点？

4-9 高压负荷开关有哪些功能？它可装设什么保护装置？它靠什么来进行短路保护？

4-10 高压断路器有哪些功能？

4-11 断路器和隔离开关的主要区别是什么？各有什么用途？在它们之间为什么要装联锁机构？

4-12 在选择断路器时，为什么要进行热稳定校验？分别说明断路器的实际开断时间、短路切除时间和短路电流发热等效时间的计算方法。

4-13 什么是熔断器保护特性曲线？有何用途？

4-14 熔断器、高压隔离开关、高压负荷开关、高低压断路器及低压刀开关在选择时，哪些需校验断流能力？哪些需校验短路动、热稳定度？

4-15 如图 4-78a 所示供电系统图。电源为无穷大容量系统，变压器 B 为 SJL-6500/35，$U_d(\%) = 7.5$。已知：d_1 点短路电流 $I_{1d} = 5$ kA，保护动作时间 $t_b = 2$ s，断路器全分闸时间为 0.2 s。d_2 点短路电流 $I_{2d} = 3.66$ kA，保护动作时间 $t_b = 1.5$ s，断路器全分闸时间为 0.2 s。试选择下列电器：

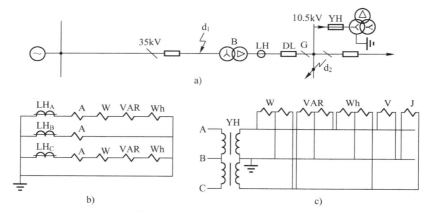

图 4-78 电器设备选择接线图
a) 供电系统电气接线 b) 电流互感器二次侧接线 c) 电压互感器二次侧接线

1) 35 kV 侧断路器现选用 DW8-35/400A 型，隔离开关选用 GW5-35G/600A，确定是否满足要求？

2) 选择 10.5 kV DL 和 G。

3) 10 kV 电流互感器 LH 选用 LQJ-10-0.5/3-400 型，其二次侧额定电阻为 0.40 Ω，动稳倍数为 160，1 秒钟热稳定倍数为 75，二次侧负荷如图 4-78b 所示，试求二次导线最大允许长度，并确定此型电流互感器是否满足要求？

4) 选择 10 kV 电压互感器 YH，其二次负荷如图 4-78c 所示。

5) 选择变压器 10 kV 侧母线截面，三相水平排列，相间距离为 0.7 m，绝缘子跨距为 1.8 m。

4-16 什么是主接线？变电所主接线的要求是什么？

第5章　供配电线路

电力线路是供配电系统的重要组成部分，担负着输送和分配电能的重要任务，在整个供配电系统中起着重要作用。

5.1　电力线路及其接线方式

电力线路（Power Line）与发电厂、变电站互相连接，构成电力系统或电力网，用以输送电能。从其架设的方式来说又分为架空电力线路和电力电缆。电力线路按其担负的输送电能的能力可分为输电线路（Transmission Line）、高压配电线路（High Voltage Distribution Line）和低压配电线路（Low Voltage Distribution Line）。从发电厂或变电站升压，把电力输送到降压变电站的高压电力线路，叫输电线路，电压一般在 35 kV 以上。降压变电站把电力送到配电变压器的电力线路，叫高压配电线路，电压一般在 3 kV、6 kV、10 kV。从配电变压器把电力送到一般用户的线路，叫低压配电线路，电压一般为 380 V、220 V。

工厂供电系统处于电力系统的末端，经过一到两级降压后直接向负荷供电，因此接线相对简单。它作为电力系统的一个组成部分，必然要反映电力系统各方面的理论和要求，同时，工厂供电系统的设计、维护和运行，也要受到电力系统工作情况的影响和制约。但工厂供电系统和电力系统又有所不同，它主要反映工矿企业用户的特点和要求。如：工厂的电力负荷统计计算，电能的合理经济利用，减少用地面积的新型变电站结构，大型及特种设备的供电，厂内采用集中控制和调度技术的合理性问题等。这些问题有的与电力系统的安全和经济运行关系密切，有的是为了保证用户的高质量用电。近些年来，由于能源紧缺，计划用电、节约用电、安全用电受到了普遍重视，工厂供电涉及内容也较过去更为广泛。如：供电方案的可行性研究，低能耗高性能、便于安装维护的新型电气设备及配电电器的选用，我国现行接地运行方式与国际标准协调的研讨，用于工厂供电系统的计算机辅助设计及监控等，这些都已在国内引起了热烈的讨论。随着用电负荷及设备容量的不断增大、高精设备的广泛应用，用户对电能质量的要求也更高。因此，电能质量的改善、功率因数的提高、谐波危害的抑制和消除、用电管理、电能的优化分配、完善的监控和保护等问题更显重要。

供电系统按系统接线布置方式可分为放射式、干线式、环式及两端电源供电式等接线方式；按供电系统的运行方式可分为开式和闭式接线系统；按对负荷供电可靠性的要求可分为无备用和有备用接线系统。在有备用接线系统中，其中一回线路发生故障时，其余线路能保证全部供电的称为完全备用系统；如果只能保证对重要用户供电的，则称为不完全备用系统。备用系统的投入方式可分为手动投入、自动投入等。

5.1.1　高压线路的接线方式

1. 高压放射式

高压放射式接线是指变配电所高压母线上引出的一回线路直接向一个车间变电所或高压

用电设备供电，沿线不支接其他负荷。

高压放射式接线如图 5-1 所示。

放射式的主要优点：供电线路独立，线路故障不互相影响，因此供电可靠性较高；易于实现自动化；继电保护简单，且易于整定，保护时间短。缺点：高压开关设备用得较多，且每台高压断路器需装设一个开关柜，从而使投资增加；在发生故障或检修时，该线路所供电的负荷都要停电。因此放射式接线多用于用电设备容量大，或负荷性质重复，特别是大型设备的供电。

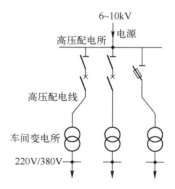

图 5-1 高压放射式接线

要提高其供电可靠性，可在各车间变电所的高压侧之间或低压侧之间敷设联络线。如果要进一步提高供电可靠性，可采用来自两个电源的两路高压进线，然后经分段接线由两段母线用双回线路对重要负荷交叉供电。

2. 高压树干式

树干式接线是指由变配电所高压母线上或低压配电屏引出的配电干线上，沿线支接了几个车间变电所或负荷点的接线方式。

高压树干式接线如图 5-2 所示。

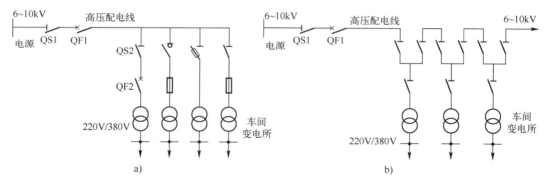

图 5-2 高压树干式线路

a）直接连接的树干式 b）串联型树干式

高压树干式的主要优点：线路总长度较短，造价较低，可节约有色金属；采用的高压开关数量少，投资较省。缺点：供电可靠性较低，当干线发生故障或检修时，接于树干上的所有变电所都要停电。因此树干式接线适用于供电容量较小且分布均匀的用电设备。

串联型树干式因干线的进出侧均安装隔离开关，当发生故障时，可在找到故障点后，拉开相应的隔离开关继续供电，从而缩小停电范围。树干式接线为了有选择性地切除线路故障，各段需设断路器和保护装置，使投资增加，而且保护整定时间增长，延长了故障的存在时间，增加了电气设备故障时的负担。

要提高其供电可靠性，可采用双干线供电或两端供电的接线方式，如图 5-3 所示。

3. 高压环形接线

高压环形接线是树干式接线的改进，两路树干式接线连接起来就构成了环形接线。

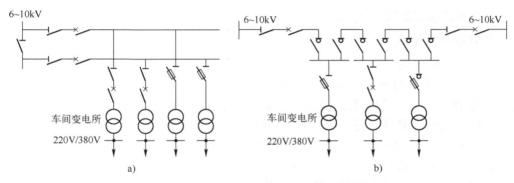

图 5-3　双树干供电或两端供电的接线方式

a）双树干供电接线　b）两端供电

环式接线如图 5-4 所示。优点是所用设备少；各线路途径不同，不易同时发生故障，故可靠性较高且运行灵活；因负荷由两条线路负担，故负荷波动时电压比较稳定。缺点是运行线路较长，故障时（特别是靠近电源附近段故障），电压损失大。因环式接线的导线截面应按故障情况下能担负环网全部负荷考虑，故有色金属的消耗量增加，两个负荷大小相差越悬殊，其消耗量就越大。故这种接线方式适用于负荷容量相差不大，所处地理位置距电源均较远，而彼此相距较近的情况。

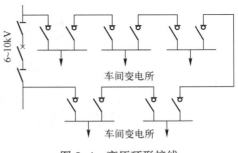

图 5-4　高压环形接线

环式接线系统平常可以开环运行，也可以闭环运行。但闭环运行时继电保护较复杂，同时也为避免环形线路上发生故障时影响整个电网，因此大多数环形线路采用"开环"运行方式，即环形线路中有一处开关是断开的。开环点的选择应使在正常运行情况下，两路干线所负担的容量尽可能相近，所选导线截面也尽量相同；或者将开环点设在较为重要的负荷处，并在开环断路器上配装自动装置。在现代化城市配电网中这种接线应用较广。

配电系统的高压接线实际上往往是几种接线方式的组合，究竟采用什么接线方式，应根据具体情况，对供电可靠性的要求，经技术经济综合比较后才能确定。一般来说，配电系统宜优先考虑采用放射式，对于供电可靠性要求不高的辅助生产区和生活住宅区，可考虑采用树干式或环形配电。

5.1.2　低压线路的接线方式

低压配电线路的接线方式同样也有放射式、树干式和环形等基本接线形式。

1. 低压放射式接线

低压放射式接线的特点是其引出线发生故障时互不影响供电，可靠性较高；但在一般情况下，其有色金属消耗量较多，采用的开关设备较多。这种接线多用于供电可靠性要求高的车间，特别是用于大型设备的供电。

低压放射式接线如图 5-5 所示。

2. 低压树干式接线

低压树干式接线的特点正好与放射式相反，一般情况下，它采用的开关设备较少，有色金属消耗量也较少；但当干线发生故障时，影响范围大，故供电的可靠性较低。图 5-6a 所示的树干式一般用于机械加工车间、工具车间和机修车间，适用于供电容量较小而分布较均匀的用电设备如机床、小型加热炉等。图 5-6b 所示的"变压器、干线组的树干式"接线，还省去了变电所低压侧整套低压配电装置，从而使变电所结构大为简化，投资大为降低。

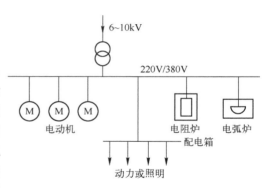

图 5-5　低压放射式接线

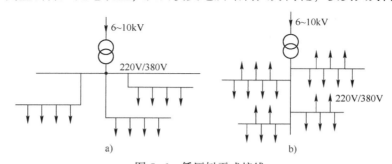

图 5-6　低压树干式接线

a）母线放射式配电的树干式　b）变压器、干线组的树干式

图 5-7a、b 是一种变形的树干式接线，通常称为"链式接线"。链式接线的特点与树干式基本相同，适于用电气设备彼此相距很近而容量均较小的次要用电设备。链式相连的用电设备一般不宜超过 5 台，链式相连的配电箱不宜超过 3 台，且总容量不宜超过 10 kW。

3. 低压环形接线

一个工厂内的所有车间变电所的低压侧，可以通过低压联络线相互连接成为环形。低压环式接线如图 5-8 所示。

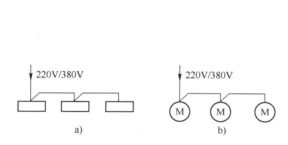

图 5-7　低压链式接线（变形树干式）

a）连接配电箱　b）连接电动机

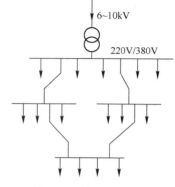

图 5-8　低压环形接线

低压环式接线的供电可靠性比较高。任一段线路发生故障或检修时，都不致造成供电中断，或暂时停电，一旦切换电源的操作完成，就能恢复供电。低压环式接线可使电能损耗和电压损耗减少，既能节约电能，又能提高电压水平。但是环式供电系统的保护装置及其整定配合相当复杂，如配合不当，容易发生误动作，反而扩大故障停电的范围。实际上，低压环形接线也多采用"开口"运行方式。

在低压配电系统中，也往往采用几种接线方式的组合，依具体情况而定。不过在环境正常的车间或建筑内，当大部分用电设备容量不很大又无特殊要求时，宜采用树干式配电，这一方面是由于树干式配电较之放射式经济，另一方面是由于我国各工厂的供电人员对采用树干式配电积累了相当成熟的运行经验。实践证明，低压树干式配电在一般正常情况下能满足生产要求。

总的来说，电力线路的接线（包括高压和低压线路）应力求简单。运行经验表明，供配电系统如果接线复杂，层次过多，不仅浪费投资，维护不便，而且由于电路串联的元件过多，因操作错误或元件故障而产生的事故也随之增多，且事故处理和恢复供电的操作也比较麻烦，从而延长了停电时间。同时由于配电级数多，继电保护级数也相应增加，动作时间也相应延长，对供配电系统的故障保护十分不利。因此，GB50052—2009《供配电系统设计规范》规定：供配电系统应简单可靠，同一电压供电系统的变配电级数不宜多于两级。

5.2 电力线路的结构和敷设

电力线路有架空线路和电缆线路，其结构和敷设各不相同。架空线路具有投资少、施工维护方面、易于发现和排除故障、受地形影响小等优点；所以架空线路过去在工厂中应用比较普遍。但是架空线路直接受大气影响，易受雷击、冰雪、风暴和污秽空气的危害，且要占用一定的地面和空间，有碍交通和观瞻，因此现代化工厂有逐渐减少架空线路、改用电缆线路的趋向。电缆线路具有运行可靠、不易受外界影响及美观等优点。

5.2.1 架空线路的结构和敷设

架空线路由导线、电杆、绝缘子和线路金具等主要元件组成，如图5-9所示。为了防雷，有的架空线路上还装设有避雷线（又称架空地线）。为了加强电杆的稳固性，有的电杆还安装有拉线或扳桩。

1. 导线

导线是线路的主体，担负着输送电能的功能。它架设在电杆上，要经受自身重量和各种外力的作用，并要承受大气中各种有害物质的侵蚀。因此，导线必须具有良好的导电性，同时要具有一定的机械强度和耐腐蚀性，尽可能地质轻而价廉。

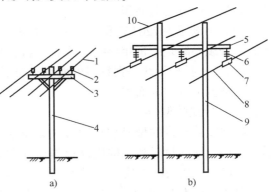

图5-9 架空线路结构示意图

a）低压架空线路 b）高压架空线路

1—低压导线 2—针式绝缘子 3、5—横担
4—低压电杆 6—高压悬式绝缘子串 7—线夹
8—高压导线 9—高压电杆 10—避雷线

（1）导线的结构

导线材质有铜、铝和钢。铜的导电性最好（电导率为 53 MS/m），机械强度也相当高（抗拉强度约为 380 MPa），然而铜是贵重金属，应尽量节约。铝的机械强度较差（抗拉强度约为 160 MPa），但其导电性也较好（电导率为 32 MS/m），且具有质轻、价廉的优点，因此在能"以铝代铜"的场合，宜尽量采用铝导线。钢的机械强度很高（多股钢绞线的抗拉强度达 1200 MPa），而且价廉，但其导电性差（电导率为 7.52 MS/m），功率损耗大，对交流电流还有磁滞涡流损耗（铁磁损耗），并且它在大气中容易锈蚀，因此钢导线在架空线路上一般只作避雷线使用，且使用镀锌钢绞线。

架空线路多采用裸导线，按裸导线的结构可分为单股导线和多股绞线；图 5-10 给出了各种裸导线的构造。

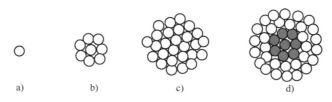

图 5-10　裸导线的构造

a）单股线　b）、c）同一种金属的多股绞线　d）两种金属的多股导线（钢芯铝铰线）

由于多股绞线的性能优于单股线，所以架空线路一般采用多股绞线（见图 5-10b、c）。绞线又有铜绞线、铝绞线和钢芯铝绞线。架空线路一般情况下采用铝绞线。在机械强度要求较高和 35 kV 及以上的架空线路上，则多采用钢芯铝绞线，其横截面结构如图 5-10d 所示。这种导线的线芯是钢线，用以增强导线的抗拉强度，弥补铝线机械强度较差的缺点；而其外围用铝线，取其导电性较好的优点。由于交流电流在导线中通过时有趋肤效应，交流电流实际上只从铝线部分通过，从而弥补了钢线导电性差的缺点。钢芯铝线型号中表示的截面积，就是其铝线部分的截面积。

为减小电压为 220 kV 及以上输电线路的电晕损耗或线路阻抗，多采用分裂导线或扩径导线。分裂导线是把每相导线分成若干根，相互间保持一定距离（一般多放在正多边形的顶点位置）。扩径导线是在钢芯外面有一层不为铝线所填满的支撑层，人为扩大导线直径而不增大载流部分的截面积。

（2）导线的型号

架空线路导线的型号（Model of Conductors）由导线材料、结构和载流截面积三部分表示。其中，导线材料和结构用汉语拼音字母表示，载流截面积用数字表示，单位是 mm²。例如，LGJJ-300 表示加强型钢芯铝绞线，截面积为 300 mm²。

对于工厂和城市中 10 kV 及以下的架空线路，当安全距离难以满足要求、邻近高层建筑在繁华街道或人口密集地区、空气严重污秽地段和建筑施工现场时，按 GB50061—2010《66 kV 及以下架空电力线路设计规范》规定，可采用绝缘导线。

2. 电杆、横担和拉线

电杆（Tower）是架空电力线路中架设导线的支撑物，把它埋设在地上，装上横担及绝缘子，导线固定在绝缘子上。杆塔的形式与线路电压等级、线路回路数、线路的重要性、导线结构、气象条件、地形地质条件等因素有关。

按电杆的材料不同可分为木杆、水泥杆（钢筋混凝土杆）、铁塔等。目前木杆塔已基本不用；铁塔主要用在超高压、大跨越的线路及某些受力较大的杆塔上；钢筋混凝土杆不仅可节省大量钢材，而且机械强度较高，使用最为广泛。按电杆的用途可分为直线杆、耐张杆、转角杆、终端杆、分歧杆、跨越杆等，如图 5-11 所示。

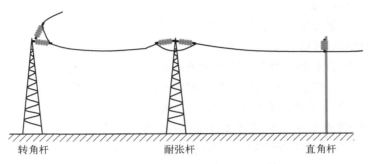

图 5-11　电杆

（1）直线杆（Straight Line Tower）

直线杆位于线路的直线段上，用于支撑线路的垂直荷载（如重力）和水平荷载（如风荷），因为安装在两个耐张杆塔之间故又称中间杆塔。直线杆上的导线是用线夹和悬式绝缘子串挂在横担上。

直线杆在正常情况下，支撑线路的垂直和水平荷载；当杆塔一侧发生断线时，它要承受相邻两档导线的不平衡张力。

直线杆在架空线路中用的最多，约占杆塔数的 80%。

（2）耐张杆（Tension Tower）

线路在运行中可能发生断线事故，为了防止事故的扩大，必须在一定距离内安装耐张杆，将断线事故限制在两个耐张杆塔之间。耐张杆承受线路正常纵向张力和事故时的断线张力。耐张杆上的导线是用耐张绝缘子串（或碟式绝缘子）和耐张线夹固定在杆塔上的。

耐张杆在正常情况下，除承受与直线杆塔相同的荷载外，还承受导线和避雷线的不平衡张力。当杆塔一侧发生断线时，它要承受断线张力，防止整个线路杆塔顺线路方向倾倒，将线路故障（如断线、倒杆）限制在一个耐张段内。

（3）转角杆（Angle Tower）

线路所经的路径尽量走直线，在需要改变线路走向的转弯处设置的杆塔叫转角杆。转角杆随着导线转角的大小（15°、30°、60°、90°）可以是耐张型的，也可以是直线型的。

由于两侧导线的张力不在一条直线上，因而除承受线路的垂直和水平荷载外，还有角度力。其角度力的大小取决于导线的水平张力和转角的大小，如图 5-12 所示。

一般 6~10kV 线路、转角 30°以下，35kV 及以上线路、转角 5°以下的转角杆为直线型。

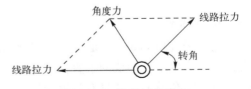

图 5-12　转角杆的受力

（4）终端杆（Terminal Tower）

终端杆用于线路的首端和终端，由于杆塔上只有一侧有导线，所以终端杆承受线路单侧全部的拉力。

（5）分歧杆（Divergence Tower）

分歧杆设置在分支线路与干线相连接的地方。

（6）跨越杆（Crossing Tower）

跨越杆塔用于线路跨越铁路、河流、山谷及其他交叉跨越的地方。当跨越挡距较大时，需采用特殊设计的跨越杆塔。

横担安装在电杆的上部，用来安装绝缘子以架设导线。常用的横担有木横担、铁横担和瓷横担。现在工厂里普遍采用的是铁横担和瓷横担。瓷横担是我国独特的产品，具有良好的电气绝缘性能，兼有绝缘子和横担的双重功能，能节约大量的木材和钢材，有效地利用电杆高度，降低线路造价。它在断线时能够转动，以避免因断线而扩大事故，同时它的表面便于雨水冲洗，可减少线路的维护工作量。其结构简单，安装方便，可加快施工进度。但瓷横担比较脆，在安装和使用中必须避免机械损伤。图5-13是高压电杆上安装的瓷横担。

拉线是为了平衡电杆各方面的作用力，并抵抗风压以防止电杆倾倒用的，如终端杆、转角杆、分段杆等往往都装有拉线。拉线的结构如图5-14所示。

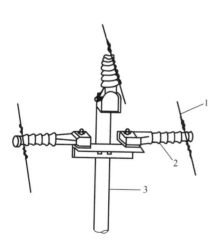

图5-13 高压电杆上安装的瓷横担

1—高压导线 2—瓷横担 3—电杆

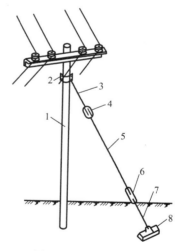

图5-14 拉线的结构

1—电杆 2—固定拉线的抱箍 3—上把 4—拉线绝缘子
5—腰把 6—花篮螺钉 7—底把 8—拉线底盘

3. 绝缘子

绝缘子（Insulator）是用来固定导线的，起着支撑和悬挂导线并使导线与杆塔绝缘的作用；绝缘子也承受导线的垂直荷重和水平荷重，所以它应具有足够的绝缘强度和机械强度，同时对化学杂质的侵蚀具有足够的抗御能力；还能适应周围大气条件的变化，如温度和湿度变化对它本身的影响。

绝缘子表面做成波纹状，凹凸的波纹形状延长了爬弧长度，而且每个波纹又能起到阻断电弧的作用。大雨时雨水不能直接从上部流到下部，因此凹凸的波纹形状又起到了阻断水流的作用。

（1）绝缘子种类

架空线常用的绝缘子有针式绝缘子、碟式绝缘子、悬式绝缘子、瓷横担绝缘子等形式，又有高绝缘子和低压绝缘子之分。

1）针式绝缘子

针式绝缘子（见图5-15）用于电压不超过35kV和导线张力不大的配电线路上，如直线杆塔和小转角杆塔。导线则用金属线绑扎在绝缘子顶部的槽中使之固定。

图5-15　针式绝缘子

a）用于10kV　b）用于35kV

针式绝缘子的型号：

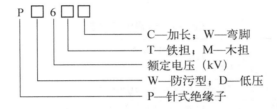

P □ 6 □ □

C—加长；W—弯脚
T—铁担；M—木担
额定电压（kV）
W—防污型；D—低压
P—针式绝缘子

2）悬式绝缘子

悬式绝缘子（见图5-16）广泛用于电压为35kV及以上的线路。悬式绝缘子是一片一片的，使用时组成绝缘子串，通常由多片悬式绝缘子组成绝缘子串使用。

图5-16　悬式绝缘子

悬式绝缘子的型号：

X □ — □ □

C槽型连接
机电破坏负荷（t）
额定机电破坏负荷（kN）
悬式绝缘子

3）碟式绝缘子

碟式绝缘子按使用电压分为高压和低压两种，主要用于直线杆塔和小转角杆塔。这种绝缘子制造简易、廉价。

碟式绝缘子的型号：

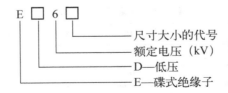

E □ 6 □

尺寸大小的代号
额定电压（kV）
D—低压
E—碟式绝缘子

4）瓷横担绝缘子

瓷横担绝缘子两端为金属，中间是磁质部分，能同时起到横担和绝缘子的作用，是一种新型绝缘子结构，主要应用于60kV及以下线路并逐步应用于110kV及以上线路。

瓷横担绝缘子的型号：

（2）悬式绝缘子串片数的确定

绝缘子在工作中要受到工作电压、内部过电压、大气过电压的作用，还要受到各种大气环境的影响。因此，要求绝缘子在上述环境中都能够正常工作。

1）按正常工作电压计算绝缘子串的片数

每一悬垂上的绝缘子个数是根据线路的额定电压等级按绝缘配合条件选定的。目前采用的主要方法是保证绝缘子串有一定的泄漏电流距离。单位泄漏距离用 S 表示，也叫泄漏比距，它表示线路绝缘或设备外绝缘泄漏距离与线路额定电压的比值，我国的泄漏比距规定值见表 5-1。

表 5-1　泄漏比距规定值

污秽等级	污秽情况	泄漏比距 $S/(\text{cm/kV})$
0 级	一般地区，无污染源	1.6
1 级	空气污秽的工业区附近，盐碱污秽、炉烟污秽	2.0~2.5
2 级	空气污秽较严重地区，沿海地带及盐场附近，重盐碱污秽，空气污秽又有重雾的地带，距化学性污源 300 m 以外的污秽较严重的地区	2.6~3.2
3 级	导电率很高的空气污秽地区，发电厂的烟囱附近且附近有水塔，严重的烟雾地区，距化学性污源 300 m 以内的地区	≥3.8

由表 5-1 可知，对于一般地区的线路，为保证正常工作电压下不致闪络，泄漏比距不应小于 1.6 cm/kV，且

$$S = \frac{n\lambda}{U_\mathrm{N}} \tag{5-1}$$

式中，S 为绝缘子串的泄漏比距（cm/kV）；n 为每串绝缘子的片数；λ 为每片绝缘子的泄漏距离（cm）；U_N 为线路额定电压（kV）。因此，绝缘子的个数应为

$$n \geqslant S\frac{U_\mathrm{N}}{\lambda} \tag{5-2}$$

2）实际线路直杆采用绝缘子串的片数

综合考虑工作电压下泄漏比距的要求、内部过电压下湿闪的要求、大气过电压下耐雷水平的要求，绝缘子串片数取值见表 5-2。

表 5-2　绝缘子串片数取值

线路额定电压/kV	35	66	110	154	220	330	500
中性点接地方式	不直接接地		直接接地				
每串片数	3	5	7	9	13	19	28

对于高杆塔还要考虑防雷的要求，应适当增加绝缘子片数。全高超过 40 m 有避雷线的杆塔，高度每增加 10 m 应增加一片绝缘子。全高超过 100 m 的杆塔，绝缘子数量可根据计算结合运行经验来确定。

3）耐张杆的绝缘子串片数

耐张杆塔绝缘子串的片数应比直杆的同型绝缘子多一片。

4. 金具

金具是用于固定导线、绝缘子、横担等的金属部件，是用于组装架空线路的各种金属零件的总称。以下是常用的几种金具。

（1）悬垂线夹（Suspension Clamp）

悬垂线夹（见图5-17a）的主要作用是将导线固定在直线杆塔的悬垂绝缘子串上或将避雷线固定在非直线杆塔上。

（2）耐张线夹（Tension Clamp）

耐张线夹（见图5-17b）的主要作用是将导线固定在非直线杆塔的耐张绝缘子串上或将避雷线固定在直线杆塔上。

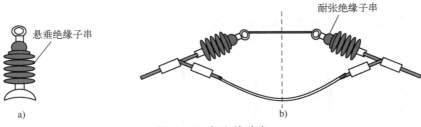

图 5-17　架空线路夹
a）悬垂线夹　b）耐张线夹

（3）接续金具（Fitting）

接续金具用于导线或避雷线两个终端的连接处，有压接管、钳接管等。

（4）连接金具（Connecting Fitting）

利用连接金具将绝缘子组装成串或将线夹、绝缘子串、杆塔横担相互连接。

（5）保护金具（Protecting Fitting）

保护金具包括防振保护和绝缘保护两种。

防振保护金具用于防止因风引起的导线或避雷线周期性振动而造成导线、避雷线、绝缘子串乃至杆塔的损害，其形式有护线条、防振锤、阻尼线等。护线条是加强导线抗震能力的，防振锤、阻尼线则是在导线振动时产生与导线振动方向相反的阻力，以削弱导线振动。

绝缘保护金具有悬重锤，用于减少悬垂绝缘子串的偏移，防止其过分靠近杆塔。

5. 架空线路的敷设

（1）架空线路敷设的要求和路径的选择

敷设架空线路，要严格遵守有关技术规程的规定。整个施工过程中，要重视安全教育，采取有效的安全措施，特别是立杆、组装和架线时，更要注意人身安全，防止发生事故。竣工以后，要按照规定的手续和要求进行检查和验收，确保工程质量。

选择架空线路的路径时，应考虑以下原则：

1）路径要短，转角尽量地少。尽量减少与其他设施的交叉；当与其他架空线路或弱电线路交叉时，其间距及交叉点或交叉角应符合 GB50061—2010《66 kV 及以下架空电力线路设计规范》的规定。

2）尽量避开河洼和雨水冲刷地带、不良地质地区及易燃易爆等危险场所。

3）不应引起机耕、交通和人行困难。

4）不宜跨越房屋，应与建筑物保持一定的安全距离。

5）应与工厂和城镇的整体规划协调配合，并适当考虑今后的发展。

（2）导线在电杆上的排列方式

三相四线制低压架空线路的导线，一般都采用水平排列，如图 5-18a 所示。由于中性线（PEN 线）电位在三相均衡时为零，而且其截面一般较小，机械强度较差，所以中性线一般架设在靠近电杆的位置。

三相三线制架空线路的导线，可三角形排列，如图 5-18b、c 所示；也可水平排列，如图 5-18f 所示。

多回路导线同杆架设时，可三角形与水平混合排列，如图 5-18d 所示，也可全部垂直排列，如图 5-18e 所示。

电压不同的线路同杆架设时，电压较高的线路应架设在上边，电压较低的线路则架设在下边。

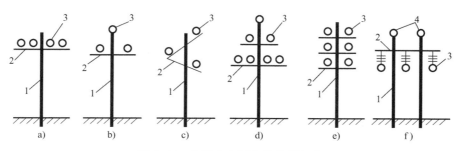

图 5-18　导线在电杆上的排列方式

1—电杆　2—横担　3—导线　4—避雷线

（3）架空线路的挡距、弧垂及其他有关间距

架空线路的挡距（又称跨距），是指同一线路上相邻两根电杆之间的水平距离，如图 5-19 所示。

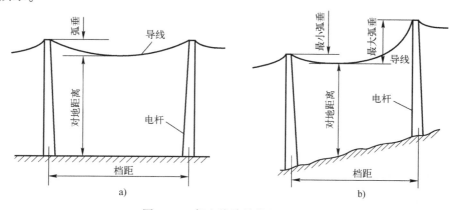

图 5-19　架空线路的挡距和弧垂

a）平地上　b）坡地上

架空线路的弧垂（又称弧垂），是指架空线路一个挡距内导线最低点与两端电杆上导线悬挂点之间的垂直距离，如图5-19所示。导线的弧垂是由于导线存在着荷重所形成的。弧垂不宜过大，也不宜过小。弧垂过大，则在导线摆动时容易引起相间短路，而且造成导线对地或对其他物体的安全距离不够；弧垂过小，则将使导线内应力增大，在天冷时可能使导线收缩绷断。

架空线路的线间距离、挡距、导线对地面和水面的最小距离、架空线路与各种设施接近和交叉的最小距离等，在GB50061—2010等规程中均有明确规定，设计和安装时必须遵循。

5.2.2 电缆线路的结构和敷设

电力电缆（Power Cable）主要用于城区、国防工程和电站等必须采用地下输电的场合。一般敷设在地下的廊道内，其作用是传输和分配电能。电缆线路的结构主要由电缆、电缆接头与封端头、电缆支架与电缆夹等组成。

电力电缆线路与架空输配电线路相比有以下优点：

1）运行可靠。由于电力电缆大部分敷设在地下，不受外力破坏（如雷击、风害、鸟害、机械碰撞等），所以发生故障的概率较小。

2）供电安全，不会对人身造成各种危害。

3）维护工作量小，无须频繁地巡视检查。

4）不需要架设杆塔，使市容整洁，交通方便，还能节省钢材。

5）电力电缆的充电功率为电容性功率，有助于提高功率因数。

但是电力电缆的成本高，价格昂贵（约为架空线路的10倍）。

1. 电缆的构造

电力电缆主要由三大部分组成：线芯、绝缘层和保护覆盖层，如图5-20和图5-21所示。

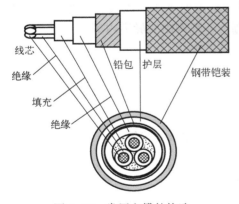

图5-20 常用电缆的构造

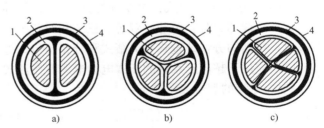

图5-21 扇形电缆

a）2芯 b）3芯 c）4芯

1—芯线 2—芯绝缘 3—带绝缘 4—铅层

（1）线芯（Core）

线芯起传导电流的作用，一般由铜或铝的多股线绞合而成。电缆线芯的断面形状有圆

147

形、半圆形、扇形、空心形和同心形圆筒等。电缆可分单芯、双芯、三芯、四芯等多种。

（2）绝缘层（Insulation Layer）

绝缘层承受电压，起绝缘作用。电缆的绝缘可分为相绝缘和带绝缘，相绝缘是每个线芯的绝缘，带绝缘是将多芯电缆的绝缘线合在一起，然后再于其上施加绝缘，这样可使线芯相互绝缘，并与外皮隔开。

绝缘层所用的材料很多，如橡胶、聚氯乙烯、聚乙烯、交联聚乙烯、棉、麻、纸、矿物油等。

（3）保护覆盖层（Protective Coating）

保护覆盖层是用于保护电缆的绝缘层使其在运输、敷设和运行中不受外力的损伤和水分的侵入。保护层又分为内护层和外护层，内护层直接挤包在绝缘层上，保护绝缘不与空气、水分或其他物质接触。外护层是保护内护层不受外界机械损伤和腐蚀。为了防止外力破坏，在电缆外层以钢带绕包钢带铠装，并在铅包与钢带铠装之间，用浸沥青的麻布作衬垫隔开，以防止铅皮被钢带扎破，钢甲的外面再用麻带浸渍沥青作保护层，以防锈蚀。

没有外保护层的电缆，如裸铅包电缆，则用在无机械损伤和化学腐蚀的地方。

（4）电缆的构造可以适应各种不同的安装环境

1）橡胶绝缘电缆（Rubber Insulation Cable）：适用于温度较低和没有油质的厂房，用作低压配电线，路灯线路以及信号、操作线路等。特别适应高低差很大的地方，并能垂直安装。

2）裸铅包电力电缆（Bare Lead Covered Power Cable）：通常安装在不易受到机械操作损伤和没有化学腐蚀作用的地方。如厂房的墙壁、天花板上，地沟里和隧道中。有沥青防腐层的铅包电缆，还适应于潮湿和周围环境含有腐蚀性气体的地方。

3）铠装电力电缆（Armored Power Cable）：应用很广，可直接埋在地下，也可敷设在不通航的河流和沼泽地区。圆形钢丝铠装的电力电缆可安装在水底，横跨常年通航的河流和湖泊。变配电所的馈电线通常采用这种电缆。

4）无麻保护层的铠装电缆：可适应于有火警、爆炸危险的场所，以及可能受到机械损伤和振动的场所。使用时可将电缆安装在墙壁上、天棚上、地沟内或隧道内等。

2. 电缆的形式及型号

电力电缆有多种形式，主要分类方式有以下几种。

1）按线芯数分：单芯、双芯、三芯和四芯等。

2）按结构分：统包式、屏蔽式和分相铅包式等。

3）应用于超高压系统的新式电力电缆有充油式、充气式和压气式等。

电力电缆的型号表示如下：

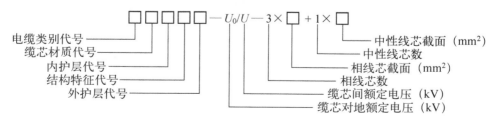

电力电缆型号中字母含义见表5-3。

表 5-3　电缆的型号及字母含义

电缆类别代号	Z-油浸纸绝缘电力电缆；V-聚氯乙烯绝缘电力电缆；YJ-交联聚乙烯绝缘电力电缆；X-橡皮绝缘电力电缆；JK-架空电力电缆（加在上列代号之前）；ZR 或 Z-阻燃型电力电缆（加在上列代号之前）
缆芯材质代号	L-铝芯；LH-铝合金芯；T-铜芯（一般不标）；TR-软铜芯
内护层代号	Q-铅包；L-铝包，H-橡套，HF-非燃性橡套，V-聚氯乙烯护套
结构特征代号	P-滴干式；D-不滴流式；F-分相铅包式
外护层代号	02-聚氯乙烯套；03-聚乙烯套；20-裸钢带铠装；22-钢带铠装聚氯乙烯套；23-钢带铠装聚乙烯套；30-裸细钢丝铠装；32-细钢丝铠装聚氯乙烯套；33-细钢丝铠装聚乙烯套；40-裸粗钢丝铠装；41-粗钢丝铠装纤维外被；42-粗钢丝铠装聚氯乙烯套；43-粗钢丝铠装聚乙烯套；441-双粗钢丝铠装纤维外被；241-钢带-粗钢丝铠装纤维外被

3. 电缆接头与电缆终端头（Cable Connectors and Cable Terminals）

电缆敷设完毕以后，必须将各段连接起来，使之成为一个连续的线路。这些起到连续作用的接点叫作电缆接头。

一条电缆线路首端或末端用一个盒子来保护电缆芯的绝缘，并把内导线与外面的电气设备相连接，这个盒子叫终端头。

电缆出厂时，两端都是密封的，使用时电缆与电缆的连接、电缆与设备的连接都要把电缆芯剥开，这就完全破坏了电缆的密封性能。电缆接头和电缆终端头不单起到电气连接作用，其另一个主要作用就是把电缆连接处密封起来，以保持原有的绝缘水平，使其能安全可靠地运行。

运行经验说明：电缆头是电缆线路中的薄弱环节，电缆线路的大部分故障都发生在电缆接头处。由于电缆头本身的缺陷或安装质量上的问题，往往造成短路故障，因此电缆头的安装质量十分重要，密封要好，其耐压强度不应低于电缆本身的耐压强度，要有足够的机械强度，且体积尺寸要尽可能小，结构简单，安装方便。

4. 电缆的敷设

（1）电缆敷设路径的选择

选择电缆敷设路径时，应考虑以下原则：

1）避免电缆遭受机械性外力、过热和腐蚀等的危害。

2）在满足安全要求条件下应使电缆较短。

3）便于敷设和维护。

4）应避开将要挖掘施工的地段。

（2）电缆的敷设方式

工厂中常见的电缆敷设方式有以下几种：

1）直接埋地敷设。这种敷设方式是直接挖好沟，然后沟底敷沙土、放电缆，再填以沙土，上加保护板，再回填沙土，如图 5-22 所示。其施工简单，散热效果好，且投资少。但检修不便，容易受机械损伤和土壤中酸性物质的腐蚀，所以，如果土壤中有腐蚀性，则须经过处理后再敷设。直接埋地

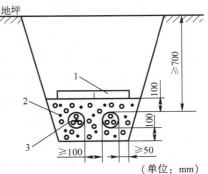

（单位：mm）

图 5-22　电缆直接埋地敷设
1—保护盖板　2—砂　3—电力电缆

敷设适用于电缆数量少、敷设途径较长的场合。

2）电缆沟敷设。这种敷设方式是将电缆敷设在电缆沟的电缆支架上。电缆沟由砖砌成或混凝土浇筑而成，上加盖板，内侧有电缆架，如图 5-23 所示。其投资稍高，但检修方便，占地面积小，所以在配电系统中应用很广泛。

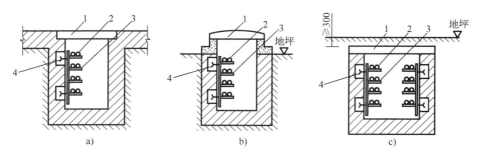

图 5-23　电缆在电缆沟内敷设
a）户内电缆沟　b）户外电缆沟　c）厂区电缆沟
1—盖板　2—电缆　3—支架　4—预埋铁件

3）电缆排管敷设。这种敷设方式适用于电缆数量不多（一般不超过 12 根），而道路交叉较多，路径拥挤，又不宜采用直埋或电缆沟敷设的地段。排管可采用石棉水泥管或混凝土管或 PVC 管。其结构如图 5-24 所示。

4）电缆沿墙敷设。这种敷设方式是要在墙上预埋铁件，预设固定支架，电缆沿墙敷设在支架上，如图 5-25 所示。其结构简单，维修方便，但积灰严重，容易受热力管道影响，且不够美观。

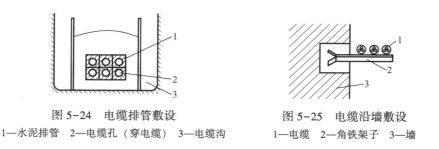

图 5-24　电缆排管敷设　　　　　图 5-25　电缆沿墙敷设
1—水泥排管　2—电缆孔（穿电缆）　3—电缆沟　　1—电缆　2—角铁架子　3—墙

5）电缆桥架敷设。电缆敷设在电缆桥架内，电缆桥架装置由支架、盖板、支臂和线槽等组成。电缆桥架示意图如图 5-26 所示。

电缆桥架敷设的采用，克服了电缆沟敷设电缆时存在的积水、积灰、容易损坏电缆等多种弊端，改善了运行条件，且具有占用空间少、投资少、建设周期短、便于采用全塑电缆和工厂系列化生产等优点，因此在国内已广泛采用。

（3）电缆敷设的一般要求

敷设电缆时，一定要严格遵守有关技术规程的规定和设计的要求。竣工以后，要按规定的手续和要求进行检查和验收，确保线路的质量。部分重要的技术要求如下：

1）电缆长度宜按实际线路长度增加 5%～10% 的裕量，以作为安装、检修时的备用。直埋电缆应作波浪形埋设。

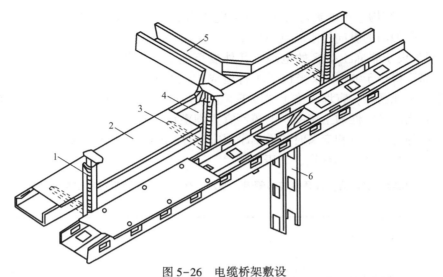

图 5-26　电缆桥架敷设

1—支架　2—盖板　3—支臂　4—线槽　5—水平分支线槽　6—垂直分支线槽

2）下列场合的非铠装电缆应采取穿管保护：电缆引入或引出建筑物或构筑物；电缆穿过楼板及主要墙壁处；从电缆沟引出至电杆，或沿墙敷设的电缆距地面 2m 高度及埋入地下小于 0.3m 深度的一段；电缆与道路、铁路交叉的一段。所用保护管的内径不得小于电缆外径或多根电缆包络外径的 1.5 倍。

3）多根电缆敷设在同一通道中位于同侧的多层支架上时，应按下列敷设要求进行配置：①应按电压等级由高至低的电力电缆、强电至弱电的控制和信号电缆、通信电缆的顺序排列；②支架层数受通道空间限制时，35kV 及以下的相邻电压级的电力电缆可排列在同一层支架上，1kV 及以下电力电缆也可与强电控制和信号电缆配置在同一层支架上；③同一重要回路的工作电缆与备用电缆实行耐火分隔时，宜适当配置在不同层次的支架上。

4）明敷的电缆不宜平行敷设于热力管道上边。电缆与管道之间无隔板防护时，相互间距应符合表 5-4 所列的允许距离（据 GB50217—2018《电力工程电缆设计标准》规定）。

表 5-4　明敷电缆与管道之间的允许间距　　　　　　　　　　　　（单位：mm）

电缆与管道之间走向		电力电缆	控制和信号电缆
热力管道	平行	1000	500
	交叉	500	250
其他管道	平行	150	100

5）电缆应远离爆炸性气体释放源。敷设在爆炸性危险较小的场所时，应符合下列要求：①易爆气体比空气重时，电缆应在较高处架空敷设，且对非铠装电缆采取穿管敷设，或置于托盘、槽盒等内进行机械性保护；②易爆气体比空气轻时，电缆应敷设在较低处的管、沟内，沟内的非铠装电缆应埋砂。

6）电缆沿输送易燃气体的管道敷设时，应配置在危险程度较低的管道一侧，且应符合下列要求：①易燃气体比空气重时，电缆宜在管道上方；②易燃气体比空气轻时，电缆宜在管道下方。

7）电缆沟的结构应考虑到防火和防水。电缆沟从厂区进入厂房处应设置防火隔板。为了顺畅排水，电缆沟的纵向排水坡度不得小于 0.5%，而且不能排向厂房内侧。

8）直埋敷设于非冻土地区的电缆，其外皮至地下构筑物基础的距离不得小于 0.3 m；至地面的距离不得小于 0.7 m；当位于车行道或耕地的下方应适当加深，且不得小于 1 m。电缆直埋于冻土地区时，宜埋入冻土层以下。直埋敷设的电缆，严禁位于地下管道的正上方或正下方。有化学腐蚀性的土壤中，电缆不宜直埋敷设。直埋电缆之间，直埋电缆与管道、道路、建筑物等之间平行和交叉时的最小净距应符合 GB50168—2006《电气装置安装工程电缆线路施工及验收规范》的规定，见表 5-5。

表 5-5　直埋电缆之间，直埋电缆与管道、道路、建筑物等之间平行和交叉时的最小净距

（单位：m）

项　　目		最小净距	
		平行	交叉
电力电缆间及其与控制电缆间	10 kV 及以下	0.10	0.50
	10 kV 以上	0.25	0.50
控制电缆间		—	0.50
不同使用部门的电缆间		0.50	0.50
热管道（管沟）及热力设备		2.00	0.50
油管道（管沟）		1.00	0.50
可燃气体及易燃液体管道（管沟）		1.00	0.50
其他管道（管沟）		0.50	0.50
铁路路轨		3.00	0.50
电气化铁路路轨	交流	3.00	1.00
	直流	10.0	1.00
公路		1.50	1.00
城市街道路面		1.00	0.70
杆塔基础（边线）		1.00	—
建筑物基础（边线）		0.60	—
排水沟		1.00	0.50

注：1. 电缆与公路平行的净距，当情况特殊时，可酌情减小。
　　2. 当电缆穿管或者其他管道有保温层等防护设施时，表中净距应从管壁或防护设施的外壁算起。
　　3. 电缆穿管敷设时，与公路、街道路面、杆塔基础、建筑物基础、排水沟等的平均最小间距可按表中数据减半。

9）直埋电缆在直线段每隔 50~100 m 处、电缆接头处、转弯处、进入建筑物等处，应设置明显的方位标志或标桩。

10）电缆的金属外皮、金属电缆头及保护钢管和金属支架等，均应可靠地接地。

5.3　导线和电缆截面的选择计算

为保证供电系统安全、可靠、优质、经济地运行，选择导线和电缆截面时必须满足下列条件：

（1）发热条件

导线和电缆在通过正常最大负荷电流即计算电流时产生的发热温度不应超过其正常运行时的最高允许温度。

（2）电压损耗条件

导线和电缆在通过正常最大负荷电流即计算电流时产生的电压损耗，不应超过其正常运行时允许的电压损耗。对于工厂内较短的高压线路，可不进行电压损耗校验。

（3）经济电流密度

35 kV 及以上的高压线路及 35 kV 以下的长距离、大电流线路，如较长的电源进线和电弧炉的短网等线路，其导线和电缆截面宜按经济电流密度选择，以使线路的年运行费用支出最小。按经济电流密度选择的导线（含电缆）截面，称为"经济截面"。工厂内的 10 kV 及以下线路，通常不按经济电流密度选择。

（4）机械强度

导线（含裸线和绝缘导线）截面不应小于其最小允许截面，如附表 5 和附表 6 所列。对于电缆，不必校验其机械强度，但需校验其短路热稳定度。母线则应校验其短路的动稳定度和热稳定度。

对于绝缘导线和电缆，还应满足工作电压的要求。

根据设计经验，一般 10 kV 及以下的高压线路和低压动力线路，通常先按发热条件来选择导线和电缆截面，再校验其电压损耗和机械强度。低压照明线路，因它对电压水平要求较高，通常先按允许电压损耗进行选择，再校验其发热条件和机械强度。对长距离大电流线路和 35 kV 及以上的高压线路，则可先按经济电流密度确定经济截面，再校验其他条件。按上述经验来选择计算，通常容易满足要求，较少返工。

下面分别介绍按发热条件、经济电流密度和电压损耗选择计算导线和电缆截面的问题。关于机械强度，对于工厂电力线路，一般只需按其最小允许截面（附表 5 和附表 6）校验就行了，因此不再赘述。

5.3.1 按发热条件选择导线和电缆的截面

1. 三相系统相线截面的选择

电流通过导线（包括电缆、母线，以下同）时，要产生电能损耗，使导线发热。裸导线的温度过高时，会使其接头处的氧化加剧，增大接触电阻，使之进一步氧化，如此恶性循环，最终可发展到断线。而绝缘导线和电缆的温度过高时，还可使其绝缘加速老化甚至烧毁，或引发火灾事故。因此，导线的正常发热温度一般不得超过表 3-6 所列的额定负荷时的最高允许温度。

按发热条件选择三相系统中的相线截面时，应使其允许载流量 I_{al} 不小于通过相线的计算电流 I_{30}，即

$$I_{al} \geq I_{30} \qquad\qquad (5-3)$$

所谓导线的允许载流量（Allowable Current-carrying Capacity），就是在规定的环境温度条件下，导线能够连续承受而不致使其稳定温度超过允许值的最大电流。如果导线敷设地点的环境温度与导线允许载流量所采取的环境温度不同时，则导线的允许载流量应乘以下温度校正系数：

$$K_\theta = \sqrt{\frac{\theta_{al} - \theta_0'}{\theta_{al} - \theta_0}}$$

式中，θ_{al} 为导线额定负荷时的最高允许温度（℃）；θ_0 为导线的允许载流量所采用的环境温度（℃）；θ_0' 为导线敷设地点实际的环境温度（℃）。

这里所说的"环境温度"，是按发热条件选择导线所采用的特定温度：在室外，环境温度一般取当地最热月平均最高气温；在室内，则取当地最热月平均最高气温加5℃。对土中直埋的电缆，则取当地最热月地下 $0.8 \sim 1$ m 的土壤平均温度，亦可近似地取为当地最热月平均气温。

附表 7 列出了 LJ 型铝绞线和 LGJ 型钢芯铝绞线的允许载流量，附表 8 列出了 LMY 型矩形硬铝母线的允许载流量，附表 9 列出了 10 kV 常用三芯电缆的允许载流量及其校正系数，附表 10 列出了绝缘导线明敷、穿钢管和穿塑料管时的允许载流量，供参考。

2. 中性线和保护线截面的选择

（1）中性线（N 线）截面的选择

三相四线制中的中性线，要通过系统的不平衡电流和零序电流，因此中性线的允许载流量，不应小于三相系统的最大不平衡电流，同时应考虑系统中谐波电流的影响。

1）一般三相四线制系统中的中性线截面 S_0 不应小于相线截面 S_φ 的 50%，即

$$S_0 \geq 0.5 S_\varphi \tag{5-4}$$

2）两相三线线路及单相线路的中性线截面 S_0，由于其中性线电流与相线电流相等，因此其中性线截面 S_0 应与相线截面 S_φ 相同，即

$$S_0 = S_\varphi \tag{5-5}$$

3）三次谐波电流突出的三相四线制线路的中性线截面 S_0，由于各相的三次谐波电流都要通过中性线，使得中性线电流可能甚至超过相线电流，因此中性线截面 S_0 宜等于或大于相线截面 S_φ，即

$$S_0 \geq S_\varphi \tag{5-6}$$

（2）保护线（PE 线）截面的选择

保护线要考虑三相系统发生单相短路故障时单相短路电流通过时的短路热稳定度。

根据短路热稳定度的要求，保护线（PE 线）的截面 S_{PE}，按 GB50054—2011《低压配电设计规范》规定：

1）当 $S_\varphi \leq 16$ mm² 时

$$S_{PE} \geq S_\varphi \tag{5-7}$$

2）当 16 mm² $\leq S_\varphi \leq 35$ mm² 时

$$S_{PE} \geq 16 \tag{5-8}$$

3）当 $S_\varphi > 35$ mm² 时

$$S_{PE} \geq 0.5 S_\varphi \tag{5-9}$$

注意：GB50054—2011 还规定，当 PE 线采用单芯绝缘导线时，按机械强度要求，有机械保护的 PE 线，不应小于 2.5 mm²；无机械保护的 PE 线，不应小于 4 mm²。

（3）保护中性线（PEN 线）截面的选择

保护中性线兼有保护线和中性线的双重功能，因此保护中性线截面选择应同时满足上述保护线和中性线的要求，取其中的最大截面。

注意：按 GB5004—2011 规定，当采用单芯导线作 PEN 线干线时，铜芯截面积不应小于 10 mm²，铝芯截面积不应小于 16 mm²；采用多芯电缆芯线作 PEN 线干线时，其截面积不应小于 4 mm²。

【例 5-1】 有一条 BLX-500 型铝芯橡皮线明敷的 220/380 V 的 TN-S 线路，线路计算电流为 180 A，当地最热月平均最高气温为+35℃。试按发热条件选择此线路的导线截面。

解： （1）相线截面的选择

查附表 10a 得环境温度为 35℃ 时明敷的 BLX-500 型截面积为 70 mm² 的铝芯橡皮线的 $I_{al} = 190 \text{ A} \geqslant I_{30} = 180 \text{ A}$，满足发热条件。因此相线截面选为 $S_\varphi = 70 \text{ mm}^2$。

（2）中性线截面的选择

根据 $S_0 = 35 \text{ mm}^2$，选择 $S_0 \geqslant 0.5 S_\varphi$。

（3）保护线截面的选择

当 $S_\varphi > 35 \text{ mm}^2$ 时，$S_{PE} \geqslant 0.5 S_\varphi = 35 \text{ mm}^2$。

所选导线型号可表示为 BLX-500-（3×70+1×35+PE35）。

5.3.2 按经济电流密度选择导线和电缆的截面

从降低电能损耗角度看，导线截面积越大损耗越小，但初期投资增加；从降低投资、折旧费、利息的角度，则希望截面积越小越好，但必须保证供电质量和安全。因此从经济方面考虑，可选择一个比较合理的导线截面，即使电能损耗小，又不致过分增加线路投资、维修管理费用和有色金属消耗量。

另外，导线截面积大小对电网的运行费用有密切关系，按经济电流密度（Economic Current Density）选择导线截面可使年综合费用最低，年综合费用包括电流通过导体所产生的年电能损耗费、导电投资、折旧费和利息等。

综合这些因素，使年综合费用最小时所对应的导线截面称为经济截面（Economic Section），用符号 A_{ec} 表示，对应的电流密度称为经济电流密度 J_{ec}。

各国根据其具体国情特别是其有色金属资源的情况，规定了导线和电缆的经济电流密度。我国现行的经济电流密度规定见表 5-6。

表 5-6　我国现行的经济电流密度

导体材料	T_{max}/h J_{ec}/(A/mm²)	1000~3000	3000~5000	5000 以上
裸导体	铜	3	2.25	1.75
	铝（钢芯铝线）	1.65	1.15	0.90
	钢	0.45	0.40	0.35
铜芯纸绝缘电缆、橡皮绝缘电缆		2.50	2.25	2.00
铝芯电缆		1.92	1.73	1.54

年电能损耗与年最大负荷利用小时数 T_{max} 有关，所以经济电流密度 J_{ec} 与 T_{max} 有关。按经济电流密度选择导线截面应首先确定 T_{max}，然后根据导线材料查出 J_{ec}，再按线路正常运行时的计算电流 I_{30}，由下式计算出导线经济截面 A_{ec}（mm²）：

$$A_{ec} = \frac{I_{30}}{J_{ec}} \qquad\qquad (5\text{-}10)$$

式中，A_{ec} 为经济截面；J_{ec} 为经济电流密度；I_{30} 为计算电流。

按照式（5-10）计算出 A_{ec} 后，从相关手册中选取一种与 A_{ec} 最接近的标准截面的导线，然后再按其他技术条件校验截面是否满足要求。

【例 5-2】 有一条用 LGJ 型铝绞线架设的 50 km 长的 110 kV 架空线路，计算负荷为 5000 kW，$\cos\varphi = 0.8$，$T_{max} = 5500\,h$。试选择其经济截面，并校验其发热条件和机械强度。

解：（1）选择经济截面

$$I_{30} = \frac{P_{30}}{\sqrt{3}\,U_N\cos\varphi} = \frac{5000\,kW}{\sqrt{3} \times 110\,kV \times 0.8} = 32.80\,A$$

由表 5-6 查得 $J_{ec} = 0.90\,A/mm^2$，故

$$A_{ec} = \frac{I_{30}}{J_{ec}} = \frac{32.80}{0.90}\,mm^2 = 36.45\,mm^2$$

选标准截面积 50 mm²，即选 LGJ-50 型钢芯铝线。

（2）校验发热条件

查附录 7 得 LGJ-50 的允许载流量（室外温度 40℃）$I_{30} = 178\,A > 32.80\,A$，因此满足发热条件。

（3）校验机械强度

查附录 5 得 110 kV 架空钢芯铝线的最小截面 $A_{min} = 35\,mm^2 < 50\,mm^2$。因此所选 LGJ-50 也满足机械强度要求。

本章小结

本章介绍了工厂电力线路的类型及其接线方式，讲述了电力线路的结构和敷设方式，最后讨论了导体和电缆截面的选择和计算。

1）工厂高压线路和低压线路的接线方式有放射式、树干式和环形等，实际配电系统往往是这几种接线方式的组合。但应注意，电力线路的接线应力求简单可靠，GB50052—2009《供配电系统设计规范》规定：供配电系统应简单可靠，同一电压等级的配电级数高压不宜多于两级，低压不宜多于三级。

2）电力线路的结构和敷设方式的确定必须满足一定的原则；架空线路须合理选择路径，电杆尺寸满足挡距、线距、弧垂、线距等要求；电缆线路常用的敷设方式有直接埋地敷设、电缆沟敷设、沿墙敷设、排管敷设和电缆桥架敷设。

3）导体和电缆的选择包括型号和截面的选择。导体和电缆截面的选择原则：按发热条件选择；按允许电压损失选择；按经济电流密度选择；按机械强度选择；满足短路稳定度的条件。

习题与思考题

5-1 电力线路的接线方式有哪些？各有什么优缺点？

5-2 架空线路由哪几部分组成？常用的导线有几种型号？

5-3 电力电缆的形式有几种？其型号及字母的含义是什么？

5-4 试比较架空线路与电缆线路的优缺点。

5-5 三相系统中的中性导线（N线）截面一般情况下如何选择？三相系统引出的两相三线制线路和单相线路的中性导体截面又如何选择？3次谐波比较突出的三相线路中的中性线（N线）截面又如何选择？

5-6 三线系统中的保护导体（PE线）和保护接地中性线（PEN线）的截面如何选择？

5-7 什么是经济截面？如何按经济截面密度来选择导线和电缆截面？

5-8 交流线路中的电压降落和电压损失各指的是什么？校验线路的电压损失一般用线路电压降的哪部分分量？

5-9 什么叫"均一无感线路"？其线路的电压损失应如何计算？

5-10 电力电缆有哪几种敷设方式？

5-11 35 kV架空线向变电所供电，线长12 km，导线几何均距为2.5 m，变电所计算总负荷为9300 kW，功率因数为0.95。试选择架空导线的截面及型号。

5-12 某一供电线路，电压为380 V/220 V。已知线路的计算负荷为84.5 kV·A，现用BV型铜芯绝缘线穿硬塑料管敷设，试按允许载流量选择该线路的相导体和保护接地中性导体的截面及穿线管的直径。

5-13 有一条LGJ钢芯铝绞线的35 kV线路，计算负荷为4900 kW，$\cos\varphi = 0.88$，年利用小时为4500 h，试选择其经济截面，并校验其发热和机械强度。

5-14 某厂车间由10 kV架空线供电，如图5-27所示。导线采用LJ型铝绞线，线间几何均距为1 m，允许电压损失为5%，各段干线的截面相同，各车间的负荷及各段线路长度如图5-27所示。试选择架空线的导线截面。

5-15 有一6 kV油浸纸绝缘铜芯电缆，向两个负荷供电，如图5-28所示。电网最大允许电压损失为5%，电源短路容量为46 MV·A，年利用小时数为3000~5000 h，配出线继电保护动作时间为1 s。试选择电缆截面：①选用统一导线截面；②按ab、bc段分别选择导线截面。

图5-27 题5-14图 　　　　　　　　　　图5-28 题5-15图

5-16 某用户变电所装有1600 kV·A的变压器，年最大负荷利用小时为5200 h，若该用户以10 kV交联聚氯乙烯绝缘铜芯电缆以直埋方式做进线供电，土壤热阻系数为1.0 ℃·cm/W，地温最高为25℃，试选择该电缆的截面。

第6章　供电系统的二次接线及防雷与接地

6.1　二次接线概述

6.1.1　二次接线的基本概念

变电所的电气设备，通常可以分为一次设备和二次设备两大类。一次设备，也称主设备，构成电力系统的主体，是直接生产、输送、分配电能的电气设备，包括发电机、变压器、断路器、隔离开关、母线、输电线路等。二次设备是对一次设备进行监测、控制、调节和保护的电气设备，包括计量和测量表计、控制及信号、继电保护装置、自动装置、远动装置等。

一次回路（也称一次接线）指一次设备及其相互连接的回路（又称主回路或主系统或主电路）。二次回路（也称二次接线）指二次设备及其相互连接的回路，其任务是通过二次设备对一次设备的监察测量来反映一次回路的工作状态，并控制一次回路，保证其安全、可靠、经济、合理地运行。二次回路是发电厂和变电站中不可缺少的重要组成部分，是电力系统安全生产、经济运行、可靠供电的重要保障。变电所二次系统与一次系统的关系如图6-1所示。

图6-1　变电所二次系统与一次系统的关系

二次回路按功能可分为断路器控制回路、信号回路、保护回路、监视和测量回路、自动装置回路、操作电源回路等；按电源性质可分为直流回路和交流回路。交流回路又分为交流电流回路和交流电压回路。交流电流回路由电流互感器供电，交流电压回路由电压互感器供电。按用途来分，则有操作电源回路、测量表计回路、断路器控制和信号回路、中央信号回路、继电保护和自动装置回路等。

6.1.2　二次接线的原理图和安装图

为了掌握二次回路的工作原理和整套设备的安装情况，必须用国家规定的电气系统图形符号和相应的文字符号，表示出继电保护、测量仪表、控制开关、信号装置、继电器、自动装置等的互相连接、安装布置，称为二次接线图。二次接线图可分为原理接线图、展开接线图、屏面布置图和安装接线图几种。为了表示出回路的性质和用途，便于阅读和安装，规定了二次接线的标号规则，并对二次回路进行标号。

变电站的二次回路和自动装置是变电站的重要组成部分，对一次回路安全、可靠运行起着重要作用，智能变电站将是未来变电站发展的方向和智能电网的重要组成部分。因此，对其操作电源、高压断路器控制回路、中央信号回路、测量和绝缘监视回路、自动装置及二次回路安装接线图应给予重视，并熟悉和掌握。

1. 原理接线图

原理接线图是表示二次接线构成原理的基本图纸，如图 6-2 所示。在图上所有二次设备均以整体图形表示并和一次设备绘制在一起，使整套装置构成一个完整的整体概念，可清晰了解各设备之间的电气联系和动作原理。

1）归总式原理接线图。它是用来表示继电保护、测量表计、控制信号和自动装置等工作原理的一种二次接线图。采用的是集中表示方法，即在原理图中，各元件是用整体的形式，与一次接线有关部分画在一起，如图 6-2a 所示，但当元件较多时，接线相互交叉太多，不容易表示清楚，因此仅在解释继电保护动作原理时，才使用这种图形。

2）展开式原理接线图。它是将每套装置的交流电流回路、交流电压回路、直流操作回路和信号回路分开来绘制。在展开式接线图中，同一仪表或继电器的电流线圈、电压线圈和触点常常被拆开来，分别画在不同的回路中，因而必须注意将同一元件的线圈和触点用相同的文字符号表示，如图 6-2b 所示。另外，在展开式接线图中，每一回路的旁边附有文字说明，以便于阅读。展开式接线图中，属于同一回路的线圈和接点，按电流通过的先后顺序从左到右排列成行，行与行之间也按动作的先后顺序自上而下排列；所有设备的接点位置，均按正常状态绘出，即按设备不带电又无外力作用时的位置绘出。

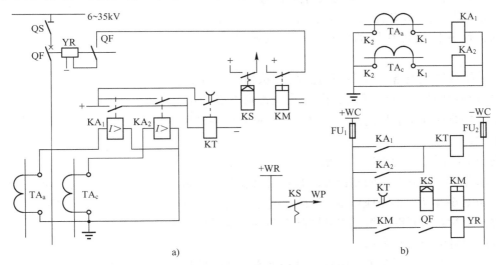

图 6-2 两相式定时限过电流保护装置电路

a) 归总式（集中表示）电路 b) 展开式（分开表示）电路

阅读展开接线图一般先读交流电路后读直流电路。直流电流的流通方向是从左到右，即从正电源经接点到线圈再回到负电源。元件的动作顺序是从上到下，从左到右。

读图前，要首先了解控制电器和继电器保护简单结构及动作原理，熟练记牢各设备标准图形符号和文字符号，并要注意图中所有继电器和电气设备的辅助接点的位置状态是继电器线圈内没有电流、断路器没有动作时所处的状态。所谓常闭接点，就是继电器在没通电时，其接点是闭合的。另外要注意有的接点具有延时性能，如 DS 型时间继电器、DZS 型中间继电器，它们动作时其接点要经过一段时间才闭合或断开，这种接点的符号与一般瞬时动作的接点符号是有区别的，读图时应注意。

可见，展开式原理图的特点是条理清晰，易于阅读，能逐条地分析和检查，对复杂的二次回路，展开图的优点更显得突出。因此，在实际工作中，展开图用得最多。

2. 屏面布置图

屏面布置图是表现二次设备在屏面及屏内具体布置的图纸。它是制造厂用来作屏面布置设计、开孔及安装的依据，施工现场则用这种图纸来核对屏内设备的名称、用途及拆装维修等，如图 6-3 所示。

屏面布置图的设计应达到便于观察、操作、调试，安全安装、检修简易；整体美观、清晰，用屏数量较少的要求。

3. 安装接线图

安装接线图表明屏上各二次设备的内部接线及二次设备间的相互接线，图 6-4 所示为 10kV 线路定时限过电流保护二次接线图的安装接线图。

安装接线图上各二次设备的尺寸和位置，不要求按比例绘出，但都应和实际的安装位置相同。由于二次设备都安装在屏的正面，而其接线都在屏的背面，所以安装接线图是屏的背视图。

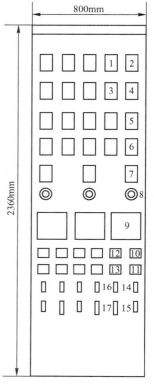

图 6-3　屏面布置图

安装接线图上设备的外形都与实际形状相符。对于复杂的二次设备必须画出其内部接线；简单的设备则不必画出，但必须画出其接线柱和接线柱的编号。对背视看见的设备轮廓线用实线表示，看不见的轮廓线用虚线表示。

安装接线图的阅读方法和步骤如下：

在掌握了二次展开图的阅读方法和安装接线图的绘制原则后，就可以进行安装接线图的阅读。如图 6-4 所示的 10kV 输电线路定时限过电流保护安装接线图的阅读方法是，阅读安装图时，应对照展开图，根据展开图阅读顺序，全图从上到下，每行从左到右进行，导线的连接应用相对标号法来表示。

第一步：对照展开图了解由哪些设备组成。从安装接线图中左上方设备符号可了解到，此图为 1 号安装单位，屏上装有六个设备，即 KA_1、KA_2、KT、KM、KS、XB，屏顶装有四条小母线，即 +L、-L，+L_1、-L_1 和两个熔断器 FU_1、FU_2。

第二步：看交流回路。在图中，电流互感器 TA_a、TA_c 通过控制电缆 112 三根芯线连到端子排 1、2、3 试验端子，其回路编号分别为 A401、C401、N401，分别接到屏上的 KA_1 的接线螺钉②和 KA_2 的接线螺钉②，通过公共回线构成保护的交流电流回路。

160

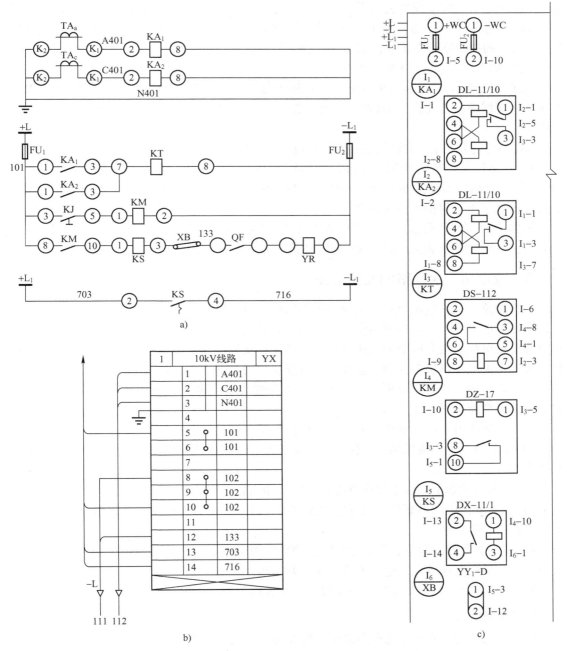

图 6-4   10kV 输电线路过电流保护安装接线图
a) 展开图   b) 端子排图   c) 安装接线图

第三步：看直流回路。控制电源从屏顶直流小母线 +L、-L，经熔断器 FU₁、FU₂，分别引到端子排 5、10 连接端子，其回路编号为 101、102，端子 5 与屏上 KA₁ 的螺钉①连接，在屏上通过 KA₁ 的螺钉①与 KA₂ 的螺钉①连接。从图中可以看到 KA₁ 的螺钉①标以 I₂-1（即 KA₂ 的螺钉①的编号），KA₂ 的螺钉①标以 I₁-1（即 KA₁ 的螺钉①的编号）。展开图上，电流继电器 KA$_2$、KA$_1$ 的接线螺钉③并联后与 KT 连接，即 KA$_2$、KA$_1$ 的接线螺钉③相并联（在 KA$_1$接线螺钉③标以 I$_2$-3，在 KA$_2$接线螺钉③标以 I$_1$-3），然后由 KA$_2$ 的接线螺钉③标以 I$_2$-7 与 KT 的接线螺钉⑦相接，KT 的接线螺钉⑧与端子排的 9 端子连接，8、9、10 为连接型端子，所以 KT 的⑧接线螺钉接通了-L。

端子排的 5、6 端子为连接端子，由 6 端子与屏上的 KT 的螺钉③连接，并通过此螺钉与 KM 的接线螺钉⑧连接，KM 的接线螺钉②与端子排的 10 端子相连，使 KM 线圈接通了负电源。

KM 的螺钉⑧与 KT 的螺钉③相连得正电源，KM 的螺钉⑩与 KS 的螺钉①相连。

KS 的螺钉③与连接片①，连接片的螺钉②与端子排的 12 端子，回路编号为 133，经 111 电缆引到断路器辅助接点 QF、8 端子经 111 电缆引至跳闸线圈 YR，使 YR 得负电源。以上接线构成了继电保护的直流回路。

第四步：看信号回路。从屏顶小母线+L 和-L 引到端子排 13、14 端子，其回路编号为 703、716。该两端子分别与屏上 KS 的螺钉②、①连接，构成信号回路。

6.1.3 变电所二次回路的操作电源

二次回路的操作电源是提供断路器控制回路、继电保护装置、信号回路、监测系统等二次回路所需的电源。二次回路的操作电源主要有直流操作电源和交流操作电源两类。直流操作电源有蓄电池供电和硅整流直流电源供电两种；交流操作电源有电压互感器、电流互感器供电和所用电变压器供电两种。重要用户或变压器总容量超过 5000 kV · A 的变电所，宜选用直流操作电源；小型配电所中断路器采用弹簧储能合闸和去分流跳闸的全交流操作方式时，宜选用交流操作电源。

为了保证供电系统的安全可靠运行，操作电源应满足如下基本要求：

1）正常情况下，提供信号、保护、自动装置、断路器跳合闸以及其他二次设备的操作控制电源。

2）在事故状态下，应能提供继电保护跳闸和应急照明电源，避免事故扩大。

3）应保证供电的可靠性，最好装设独立的直流操作电源，以免交流系统故障时，影响操作电源的正常供电。

4）应具有足够的容量，正常运行时，操作电源母线电压波动范围小于±5%额定值；事故运行时，操作电源母线线电压不低于 90%额定值。

5）使用寿命、维护工作量、设备投资、布置面积等应合理。

1. 直流操作电源

用户变电所的直流操作电源多采用单母线接线方式，并设有一组储能蓄电池，如图 6-5 所示。在交流电源正常时，整流装置通过直流母线向直流负荷供电，同时向蓄电池浮充电；当交流电源故障消失时，蓄电池通过直流母线向直流负荷供电。

整流装置的交流电源来自于变电所所用变压器。变电所一般应装设两台所用变压器，但在下列情况下，可以只设一台所用变压器：

1）可以由本变电所外部引入一回可靠的 380 V 备用电源时。

2）变电所只有一回电源和一台主变压器时，可在进线断路器前装设一台所用变压器。

3）设有蓄电池储能电源时。

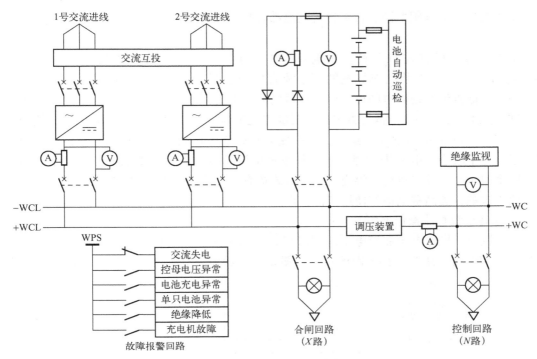

图 6-5 单母线直流系统接线图

（1）蓄电池组直流操作电源

蓄电池（Storage Battery）组是独立可靠的操作电源，即使在全所停电的情况下仍能保证连续可靠地工作，同时保证事故照明用电。因此，蓄电池组直流操作电源在大型企业的变电所及配电系统的大中型变电站中被广泛使用。

采用铅酸蓄电池组时，单个铅酸蓄电池的额定电压是 2 V，充电后可达 2.7 V，放电后可降为 1.95 V。为满足 220 V 的直流操作电压，一般需要蓄电池 $230/1.95 \approx 118$ 个，考虑到充电后的端电压升高，长期接入直流母线的蓄电池个数为 $230/2.7 \approx 88$ 个，因而其他 30 个蓄电池就用于直流母线的电压调节，接于专门的调节开关上。铅酸蓄电池具有端电压较高、冲击放电电流大的优点，适用于断路器跳、合闸的冲击负荷，但其体积大，需专门的蓄电池室布置，投资大，适用于大型发电厂和变电站。

采用镉镍蓄电池组时，单个镉镍蓄电池的额定电压是 1.2 V，充电后可达 1.75 V。读者可仿照上例算一下，在满足 220 V 的直流操作电压时，一般需要串联多少个电池，长期接入直流母线的蓄电池为多少个，多少个镉镍蓄电池用于调节。镉镍蓄电池具有体积小、寿命长、维护方便、无腐蚀气体等优点，但其事故放电电流较小，因此适用于中、小型发电厂和 110 kV 以下的变电站。

在指定的放电条件（温度、放电电流、终止电压）下，所放出的电量称为蓄电池的容量 Q，单位用 A·h（安培·小时）表示，这是蓄电池蓄电能力的重要标志。蓄电池放电至终止电压的时间称为放电率，单位为 h。充足电的蓄电池在 25℃ 时，以 10h 放电率放出的电能，称为额定容量。蓄电池的实际容量与放电电流、温度、电解液的密度及质量、充电程度等因素有关。蓄电池可以在几秒钟的时间内承担比长期放电电流大得多的冲击电流，可作为电磁型操动机构的合闸电源。每一种蓄电池都有其允许的最大放电电流值,其允许的放电时间约为5 s。

蓄电池的运行方式有两种:充电－放电运行和浮充电运行。充电－放电(Charge-discharge)运行方式是将已充好电的蓄电池直接带全部直流负荷,即正常运行处于放电状态。为了保证直流系统供电的可靠性,在蓄电池放电到额定电压的75%～80%时,就停止放电,准备充电。充电－放电运行方式的主要缺点是充电频繁,维护复杂,老化快,使用寿命短。浮充电(Floating Charge)运行方式是变电所的全部直流负荷由整流装置供给,同时对电池组以一个较小的电流进行浮充电,补偿蓄电池的自放电,使蓄电池经常处于充满电状态,以承担短时的冲击负荷。浮充电运行方式提高了直流系统供电的可靠性,又大大减少深度充放电次数,提高蓄电池的使用寿命,得到了广泛应用。

(2)硅整流直流操作电源

硅整流直流操作电源在变电所应用较广,根据断路器操动机构的不同有电容储能(电磁操动)和电动机储能(弹簧操动)等。图6-6所示为硅整流电容储能直流系统原理图。

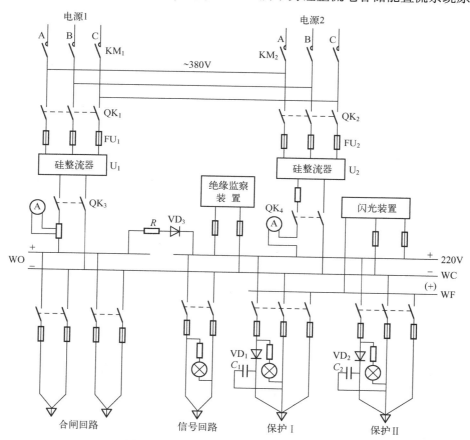

图6-6　硅整流电容储能直流系统原理图

WO—合闸小母线　WC—控制小母线　WF—闪光小母线　C_1、C_2—储能电容器

硅整流的电源一般采用两路电源和两台硅整流装置。硅整流 U_1 容量较大,主要用作断路器合闸电源,并可向控制、保护、信号等回路供电。硅整流 U_2 容量较小,仅向操作母线

供电。两组硅整流之间用电阻 R 和二极管 VD₃ 隔开。VD₃ 起到逆止阀的作用，它只允许从合闸母线向控制母线供电而不能反向供电，以防在断路器合闸或合闸母线侧发生短路时，引起控制母线的电压严重降低，影响控制和保护回路供电的可靠性。电阻 R 用于限制在控制母线侧发生短路时流过硅整流 U_1 的电流，起保护 VD₃ 的作用。整流电路一般采用二相桥式整流。在控制屏、继电保护屏和中央信号屏屏顶设置（并排放置）操作电源小母线。屏顶小母线的直流电源由直流母线上的各回路提供。

直流操作电源的母线上引出若干回路，分别向合闸回路、信号回路、保护回路等供电。在保护供电回路中，C_1、C_2 为储能电容器组，电容器所存储的电能仅在事故情况下用作继电保护回路和跳闸回路的操作电源。逆止元件 VD_1、VD_2 的主要作用是在事故情况下，交流电源电压降低引起操作母线电压降低时，禁止向操作母线供电，而只向保护回路放电。

在直流母线上还接有直流绝缘监察装置和闪光装置。绝缘监察装置监测正负母线或直流回路对地绝缘电阻，当某一母线对地绝缘电阻降低时，检测继电器动作发出信号。闪光装置提供闪光电源。其工作原理图如图 6-7 所示，正常工作时，闪光小母线（+）WF 不带电，当系统或二次回路发生故障时，继电器 K_1 动作（其线圈在其

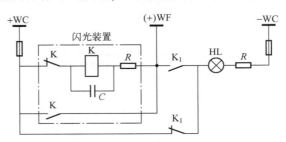

图 6-7 闪光装置工作原理示意图

他回路中），使信号灯 HL 接于闪光小母线（+）WF 上。闪光装置工作，利用与继电器 K 并联的电容器 C 的充放电，使继电器交替动作和释放，从而闪光小母线（+）WF 电压交替升高和降低，信号灯发出闪光信号。

硅整流直流操作电源的优点是价格低，与铅酸蓄电池相比占地面积小，维护工作量小，不需充电装置。其缺点是电源独立性差，电源的可靠性受交流电源影响，需加装补偿电容和交流电源自动投切装置，二次回路复杂。

2. 交流操作电源

交流操作电源下的断路器保护跳闸采用直接动作式继电器或跳闸线圈分流的方式，依靠断路器弹簧操动机构中的过电流脱扣器直接跳闸，跳闸能量直接来自电流互感器，如图 6-8 所示。

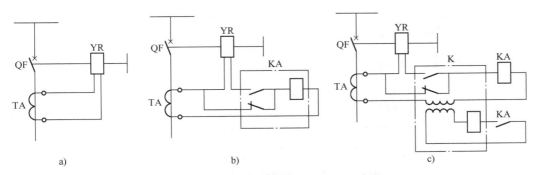

图 6-8 交流操作电源下断路器保护跳闸原理图
a）直接动作式　b）跳闸线圈去分流方式　c）中间继电器去分流方式

交流操作电源从所用变压器、电压互感器或电流互感器来。来自于所用变压器和电压互感器的交流电压型操作电源主要供给信号、控制、断路器合闸回路和断路器分励脱扣器线圈跳闸回路，而来自于电流互感器的交流电流型操作电源主要供给断路器的电流脱扣器线圈跳闸回路。交流操作系统中，按各回路的功能，也设置相应的操作电源母线，如控制母线、闪光小母线、事故信号和预告信号小母线等。

由于交流操作电源取自于供电系统电压，当供电系统故障时，交流操作电源电压降低或消失，因此，交流操作电源的可靠性较低。使用交流不间断电源 UPS 可以提高交流操作电源的可靠性。如图 6-9 所示，当系统电源正常时，由系统电源向断路器操动机构储能回路

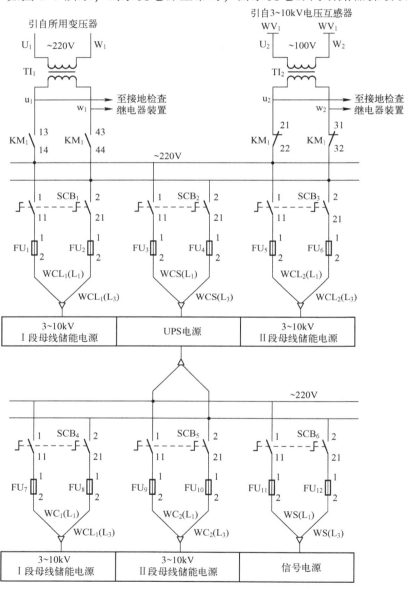

图 6-9　带 UPS 的交流操作电源线接线图

TI_1、TI_2—中间变压器　KM_1—中间接触器　$SCB_{1\sim6}$—组合开关　$FU_{1\sim12}$—熔断器

和 UPS 电源供电，并通过 UPS 向控制回路和信号回路供电；当系统发生故障时，由 UPS 电源向控制回路及信号回路供电，使断路器可靠跳闸并发出信号。

交流操作电源的优点：接线简单，投资低廉，维修方便。缺点：交流继电器性能没有直流继电器完善，不能构成复杂的保护。交流操作电源在小型变配电所中应用较广，在对保护要求较高的中小型变配电所，则采用直流操作电源。

3. 所用变压器及其供电系统

变电所的用电由专门的变压器提供，称为所用变压器，简称所用变。图 6-10 为所用变压器接线位置及供电系统示意图。所用变压器一般都接在电源的进线处，如图 6-10a 所示。即使变电所母线或主变压器发生故障，所用变压器仍能取得电源，保证操作电源及其他用电的可靠性。一般的变电所设置一台所用变压器，重要的变电所应设置两台互为备用的所用变压器。所用电源不仅在正常情况下能保证操作电源的供电，而且在全所停电或所用电源发生故障时，仍能实现对电源进线断路器的操作和事故照明的用电。一台所用变压器接至电源进线处（进线断路器的外侧），另一台则应接至与本变电所无直接联系的备用电源上。在所用变低压侧应采用备用电源自动投入装置，以确保所用电的可靠性。值得注意的是，由于两台所用电变压器所接电源的相位可能不同，有时是不能并联运行的。所用变压器一般置于高压开关柜中。高压侧一般分别接在 6~35kV 的 Ⅰ、Ⅱ 段母线上，低压侧用单母线分段接线或单母线不分段接线。

所用变压器的用电负荷主要有操作电源、室外照明、室内照明、事故照明、生活用电等，所用变压器供电系统向上述用电负荷供电如图 6-10b 所示。

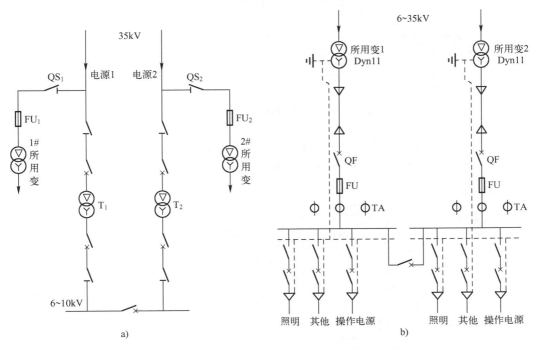

图 6-10 所用变压器接线位置及供电系统示意图

a) 所用变压器接线装置 b) 所用电供电系统

4. 电气仪表及电气测量回路

为了保证供电系统安全运行和用户安全用电，使一次设备安全、可靠、经济地运行，必须在变电所中装设电气测量回路，以监视其运行状况。对电气测量仪表，要保证其测量范围和准确度满足变配电设备运行监视和计量的要求，并力求外形美观，便于观测，经济耐用等。

电气测量仪表的具体要求主要有以下四点：

1) 测量精度应满足测量要求，并不受环境温度、湿度和外磁场等影响。

2) 仪表本身消耗的功率应越小越好。

3) 仪表应有足够的绝缘强度、耐压和短时过载能力，以保证安全运行。

4) 应有良好的读数装置。

一般而言，每段配电母线上应装设电压表，每条进线和出线应装设电流表，电源进线和有电能单独计量要求的出线应装设电能表。图6-11为6~10 kV线路电气测量仪表的接线原理图。图6-12为6~10 kV母线电压测量和绝缘监视的接线原理图。

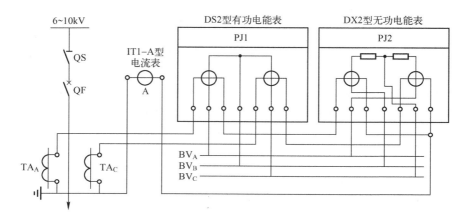

图6-11　6~10 kV高压线路电气测量仪表接线原理图

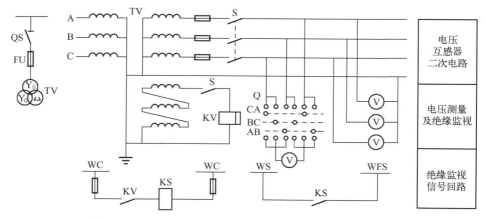

图6-12　6~10 kV母线的电压测量及绝缘监视接线原理图

TV—电压互感器　S—联锁开关　Q—电压切换开关　KV—电压继电器　KS—信号继电器

6.1.4 高压断路器的控制与信号回路

高压断路器是变电所中主要的开关设备，断路器的控制回路（Control Circuit）是指其控制机构和执行机构之间用图形、符号表示的电气连接电路。断路器的控制机构是指采用控制开关（或按钮）控制断路器的分、合闸；断路器的执行机构是指每台断路器都附有相应的操动机构，用以驱动断路器的分、合闸，并保持在分、合状态。

断路器的控制按其控制地点来分，有就地控制和集中控制，一般10kV及以下的断路器多采用就地控制，而35kV以上的断路器多采用集中控制。集中控制是指控制机构安装在距设备几十米或几百米以外的控制室内，控制屏上有相应的灯光信号反映出断路器的位置状态，控制机构与执行机构之间需通过控制电缆联络；就地控制是控制机构就安装在执行机构所在的高压开关柜上，因而无须控制电缆。

1. 高压断路器的控制回路

（1）控制开关和操动机构

1）控制开关。控制开关（Control Switch）是断路器控制和信号回路的主要控制元件，由运行人员操作使断路器跳、合闸。目前常用的控制开关是LW2系列自动复位控制开关。

LW2型控制开关的外形结构如图6-13所示。触点盒共有14种，一般采用1a、4、6a、20、40五种类型。控制开关的手柄和安装面板安装在控制屏的前面，与手柄固定连接的触点盒安装于屏后。

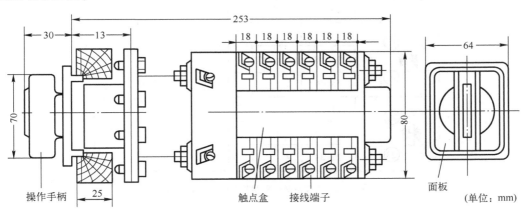

操作手柄　触点盒　接线端子　面板　（单位：mm）

图6-13　LW2系列控制开关结构

常用的控制开关有LW2-Z型和LW2-YZ型。LW2-Z型手柄内无信号灯，用于灯光监视的断路器控制回路；LW2-YZ型手柄内有信号灯，用于音响监视的断路器控制回路。控制开关有六种操作位置，即跳闸后（TD）、预备合闸（PC）、合闸（C）、合闸后（CD）、预备跳闸（PT）、跳闸（T），其中"合闸后"与"跳闸后"为固定位置，其他均为操作时的过渡位置，相应触点图表分别如图6-14和图6-15所示。"X"表示触点是闭合状态。

2）操动机构。它是高压断路器本身附带的跳、合闸传动装置，即执行机构。配电系统的中小型变电所中常用的操动机构有电磁式（CD型）、弹簧式（CT型）、手动式（CS型）和液压式（CY型）。除手动式操动机构外，都有合闸线圈，弹簧式和液压式操动机构的合闸电流一般不大于5A，而电磁式操动机构的合闸电流可达几十安到几百安；所有操动机构的跳闸线圈的跳闸电流一般都不大，当直流操作电压为 110~220 V 时为 0.5~5 A。

手柄在分后位置时触点盒的背面状态	手柄与触点盒形式	触点端子号	手柄在不同位置各触点的闭合表						竖线为手柄位置，黑点表示闭合状态
	F8		跳后	预合	合闸	合后	预跳	跳闸	跳后 预跳 跳闸 预合 合闸 合后
	1a	1–3		×		×			
		2–4	×				×		
	4	5–8			×				
		6–7						×	
	6a	9–10		×		×			
		9–12			×				
		10–11	×				×	×	
	40	13–14		×			×		
		14–15	×					×	
		13–16			×	×			
	20	17–19			×	×			
		17–18		×			×		
		18–20	×					×	
	20	21–23			×	×			
		21–22		×			×		
		22–24	×					×	

图 6-14　LW2-Z/F8 型控制开关触点图表

（2）对控制回路的基本要求

对断路器控制回路的基本要求如下：

1）能手动和自动合闸与跳闸。

2）应能监视控制回路操作电源及合、跳闸回路的完好性；应对二次回路短路或过负荷进行保护。

3）断路器操动机构中的合、跳闸线圈是按短时通电设计的，在合闸或跳闸完成后，应能自动解除命令脉冲，切断合闸或跳闸电源。

4）应有反映断路器手动和自动合、跳闸的位置信号。

5）应具有防止断路器多次合、跳闸的防跳措施。

6）断路器的事故跳闸回路，应按不对应原理接线。

7）对于采用气压、液压和弹簧操动机构的断路器，应有压力是否正常、弹簧是否拉紧到位的监视和闭锁回路。

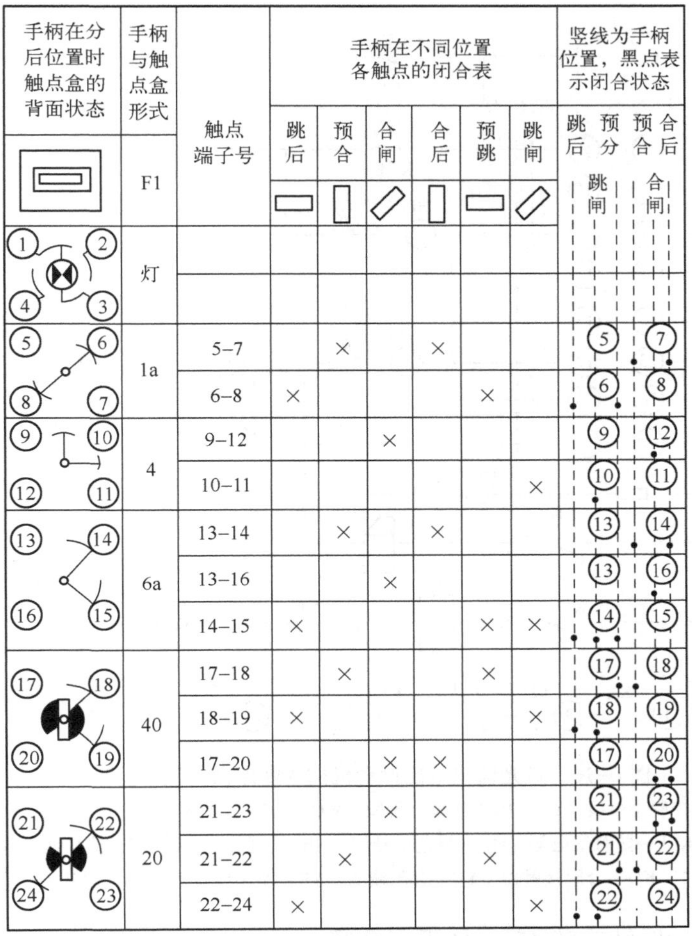

手柄在分后位置时触点盒的背面状态	手柄与触点盒形式	触点端子号	跳后	预合	合闸	合后	预跳	跳闸	竖线为手柄位置，黑点表示闭合状态（跳闸 / 合闸）
▭	F1		▭	▯	◢	▯	▭	◢	跳后 预分 合 预合 合后
①②④③	灯								
⑤⑥⑧⑦	1a	5—7		×		×			⑤ ┆ ⑦
		6—8	×				×		⑥ ┆ ⑧
⑨⑩⑫⑪	4	9—12			×				⑨ ┆ ⑫
		10—11						×	⑩ ┆ ⑪
⑬⑭⑯⑮	6a	13—14		×			×		⑬ ┆ ⑭
		13—16			×				⑬ ┆ ⑯
		14—15	×				×	×	⑭ ┆ ⑮
⑰⑱⑳⑲	40	17—18		×			×		⑰ ┆ ⑱
		18—19						×	⑱ ┆ ⑲
		17—20			×	×			⑰ ┆ ⑳
㉑㉒㉔㉓	20	21—23			×	×			㉑ ┆ ㉓
		21—22		×					㉑ ┆ ㉒
		22—24	×					×	㉒ ┆ ㉔

图 6-15　LW2-YZ/F1 型控制开关触点图表

2. 灯光监视的断路器控制回路及信号

断路器控制回路的接线方式较多，按监视方式可分为灯光监视的控制回路与音响监视的控制回路。前者多用于中、小型变电所，后者常用于大型变电所。

（1）电磁操动机构的断路器控制回路

图 6-16 所示为灯光监视电磁操动机构的断路器控制和信号回路。工作原理如下。

1）合闸过程。

① 手动合闸。设断路器处于跳闸状态，控制开关 SA 处于"跳闸后（TD）"位，其触点 10-11 通，断路器的动断辅助接点 QF_1 通，绿灯 HG 亮，发平光，表明断路器是断开状态，因电阻 R_1 的分压，合闸接触器 KO 不动作。

首先将控制开关 SA 顺时针旋转 90°，处于"预备合闸（PC）"位，其触点 9-10 通，此时绿灯 HG 接于闪光母线（+）WF 上，绿灯发闪光，表明 SA 与断路器位置不对应，提醒操作人员进一步操作。

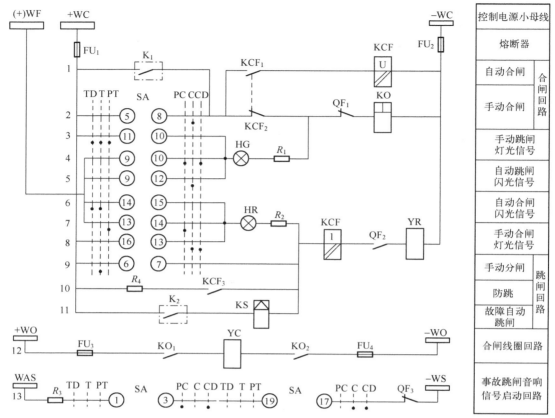

图 6-16　灯光监视电磁操动机构的断路器控制和信号回路

WC—控制小母线　WF—闪光信号小母线　WO—合闸小母线　WAS—事故音响小母线

KCF—防跳继电器　HG—绿色信号灯　HR—红色信号灯　KS—信号继电器

KO—合闸接触器　YC—合闸线圈　YR—跳闸线圈　SA—控制开关

再将 SA 继续顺时针旋转 45°，处于"合闸（C）"位，其触点 5-8 通，使合闸接触器 KO 线圈直接接于正负电源之间，KO 动作，其接点 KO_1、KO_2 闭合使合闸线圈 YC 得电，断路器合闸。断路器合闸后，其动断辅助触点 QF_1 断开，保证合闸线圈短时通电，同时使绿灯熄灭；动合辅助触点 QF_2 闭合，红灯 HR 亮。

最后松开 SA，在弹簧作用下，自动回到"合闸后（CD）"位，SA 触点 13-16 通，红灯发平光，表明断路器已合闸。同时 SA 触点 9-10 通，为故障后断路器自动跳闸后绿灯发闪光做好准备。

② 自动合闸。初始位置与手动合闸时相同，断路器在跳闸状态，SA 在"跳闸后（TD）"位，绿灯 HG 发平光。当自动装置（自动重合闸装置或备用电源自动投入装置）动作后，其出口执行接点 K_1 闭合，使合闸接触器 KO 线圈得电动作，其接点 KO_1、KO_2 闭合使合闸线圈 YC 得电，断路器自动合闸，此时 SA 仍然在 TD 位，其触点 14-15 通，红灯 HR 发闪光，表明 SA 与断路器位置不对应，提醒值班人员将 SA 转至相应的位置下，HR 发平光。

2）跳闸过程。

① 手动分闸。设断路器处于手动合闸后状态，控制开关 SA 处于"合闸后（CD）"位，

红灯 HR 发平光。将控制开关 SA 逆时针旋转 90°，置于"预备跳闸（PT）"位，触点 13-14 通，红灯发闪光。再将 SA 继续逆时针旋转 45°，置于"跳闸（T）"位，其触点 6-7 通，使跳闸线圈 YR 得电（回路中 KCF 线圈为电流线圈），断路器跳闸，QF_2 断开，保证跳闸线圈短时通电，同时熄灭红灯，QF_1 合上，闭合绿灯回路。松开 SA 后，自动回到"跳闸后（TD）"位，触点 10-11 通，绿灯发平光，表明断路器已跳闸。

② 自动跳闸。初始位置同样是断路器处于手动合闸后状态，当系统中出现短路故障，继电保护动作后，其出口执行接点 K_2 闭合，使跳闸线圈 YR 得电，断路器自动跳闸，此时 SA 仍然在 CD 位，其触点 9-10 通，绿灯发闪光，表明 SA 与断路器位置不对应，同时触点 1-3、17-19 通，事故音响启动回路接通，变电所中蜂鸣器发出声响，通知值班人员加以处理。

3）电源及跳、合闸回路完好性的监视。控制线路的完好性是用灯光来监视的。只要控制线路完好，总会有一个信号灯点亮，若两个信号灯都不亮，则说明控制线路失电或有其他故障（如断路器辅助接点 QF 接触不好等）。例如绿灯 HG 发出平光，既表示断路器处于手动分闸位置，又表示下一步操作的合闸回路和控制电源正常。

4）"防跳"装置。断路器的"跳跃"是指当断路器合闸后，控制开关 SA 的触点 5-8 或自动装置出口接点 K_1 被卡死，同时一次系统发生永久性故障时，断路器在继电保护作用下自动跳闸，QF_1 闭合，断路器又合闸，出现多次的合、跳闸现象。"跳跃"对断路器的使用寿命影响极大，因而在控制线路中增设了防跳继电器 KCF。

防跳继电器 KCF 有两个线圈，一个是电流启动线圈，与跳闸线圈 YR 串联；另一个是电压自保持线圈，经自身的动合接点 KCF_1 并联于合闸回路，其动断接点 KCF_2 串在合闸回路中。当断路器合闸于故障线路时，继电保护动作接通跳闸线圈 YR 的同时也接通了 KCF 的电流线圈，动断触点 KCF_2 断开，切断合闸接触器 KO 回路，使断路器无法合闸；其动合触点 KCF_1 闭合，接通 KCF 电压线圈并自保持，一直保持到 SA 触点 5-8 或 K_1 恢复正常。这样就防止了断路器的"跳跃"。和 R_4 串联的 KCF_3 触点是为了保护出口继电器的接点 K_2，防止它先于断路器的动断辅助接点 QF_2 返回，断开大电流而被烧坏。

（2）弹簧操动机构的断路器控制回路

弹簧操动机构的断路器控制回路如图 6-17 所示。图中，M 为储能电动机，其他设备符号含义与图 6-16 相同。工作原理与电磁操动机构的断路器控制回路相比，除相同之处以外，还有以下特点：

1）在合闸回路中串有操动机构的动合辅助触点 Q_1。只有在弹簧拉紧、Q_1 闭合后，才允许合闸。

2）当弹簧未拉紧时，操动机构的两对动断辅助触点 Q_2、Q_3 闭合，启动储能电动机 M，使合闸弹簧拉紧。弹簧拉紧后，Q_2、Q_3 断开，电动机停转，Q_1 闭合，为合闸做好准备。

3）当手动或自动合闸时，利用弹簧存储的能量进行合闸，因此合闸线圈 YC 直接接在合闸回路中。合闸后，弹簧释放，电动机 M 又接通给弹簧储能，为下次合闸做准备。

4）当断路器装有自动重合闸装置时，由于合闸弹簧正常运行处于储能状态，所以能可靠地完成一次重合闸的动作。如果重合闸不成功又跳闸，将不能进行第二次重合，但为了保证可靠"防跳"，电路中仍装有防跳继电器 KCF。

5）当弹簧未拉紧时，操动机构的动合辅助触点 Q_4 闭合，发"弹簧未拉紧"预告信号。

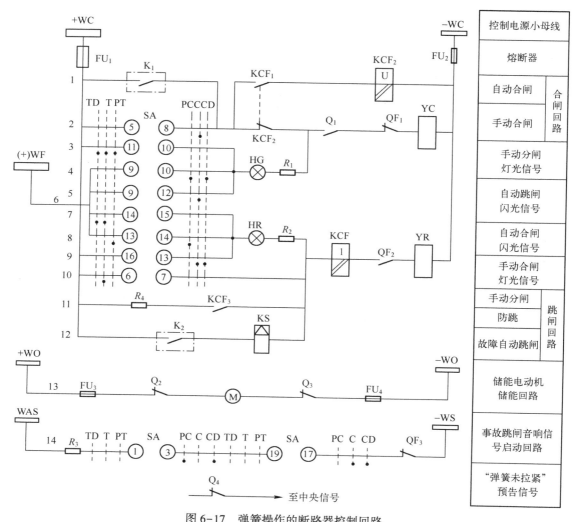

图 6-17 弹簧操作的断路器控制回路

M—储能电动机 Q₁₋₄—弹簧操动机构辅助触点

（3）手动操动机构的断路器控制回路

图 6-18 所示为交流操作电源的手动操作的断路器控制和信号回路。

合闸时，推上操动机构手柄使断路器合闸。此时断路器的动合辅助触点 QF_2 闭合，红灯 HR 亮，指示断路器合闸。

跳闸时，扳下操动机构手柄使断路器 QF_2 断开，切断跳闸回路，同时，断路器动断辅助触点 QF_1 闭合，绿灯 HG 亮，指示断路器跳闸。

信号回路中 QM 为操动机构动合辅助触点，当操作手柄在合闸位置时闭合，而 QF_3 当断路器跳闸后闭合。因此，当继电保护装置 KA 动作，其出口触点闭合，断路器自动跳闸，而操作手柄仍在合闸位置，"不对应启动回路"接通，发出事故音响信号。

总之，灯光监视的断路器控制回路的优点是结构简单；红绿灯指示断路器合、跳闸位置比较明显；比较适用于中、小型发电厂和变电所。当用于大型变电所和发电厂时，由于信号灯太多，某一控制回路失电，灯光全暗而不易被发现。为此，在大型变电所和发电厂内常用音响监视的断路器控制回路。

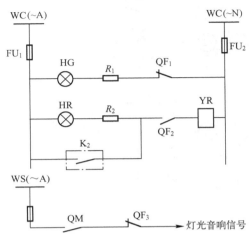

图 6-18　手动操作的短路其控制和信号回路

WC—控制小母线　　WS—信号小母线　　HG—绿色信号灯　　HR—红色信号灯

R_1、R_2—限流电阻　　YR—跳闸线圈（脱扣器）　　KA—继电保护触点

$QF_{1\sim3}$—断路器 QF 的辅助触点　　QM—手动操动机构辅助触点

3. 音响监视的断路器控制回路及信号

图 6-19 所示为电磁操动机构的音响监视的断路器控制线路原理，与灯光监视的断路跳闸回路不同之处在于以下几点：

1）断路器的位置信号只用一个装在控制开关手柄中的灯代替，从而减少了一半信号灯。利用灯光特征和手柄位置判断断路器的实际位置。当灯光为平光时，表示断路器的实际位置和控制开关手柄位置一致；当灯光为闪光灯时，断路器的实际位置与控制开关手柄位置不一致。

2）利用合闸位置继电器 KOS 代替红灯 HR，跳闸位置继电器 KRS 代替绿灯 HG，当控制回路熔断器熔断，KOS 和 KRS 都失电返回，其动断接点接通中央预告音响信号回路，发出音响信号，运行人员根据手柄内灯光的熄灭来判断哪一回路断线。

3）控制回路和信号回路完全分开，控制开关用的是 LW2-YZ 型，其第一个接点盒是专为装信号灯的，从图 6-19 可以看出，无论手柄在哪个位置，信号灯总是和外边电路连通。

4）在事故音响回路中由于用 KRS 代替了 QF 动断辅助接点，而 KRS 是安装在控制室内，从而省去了一根控制电缆芯线。

其他部分两种控制回路类似，此处不再赘述。

4. 中央信号回路

变电所的进出线、变压器和母线等的保护装置或监测装置动作后，通过中央信号系统发出相应的信号来提示运行人员。这些信号主要有以下几种类型。

事故信号：断路器发生事故跳闸时，启动蜂鸣器（或电笛）发出声响，同时断路器的位置指示灯发出闪光，事故类型光字牌点亮，指示故障的位置和类型。

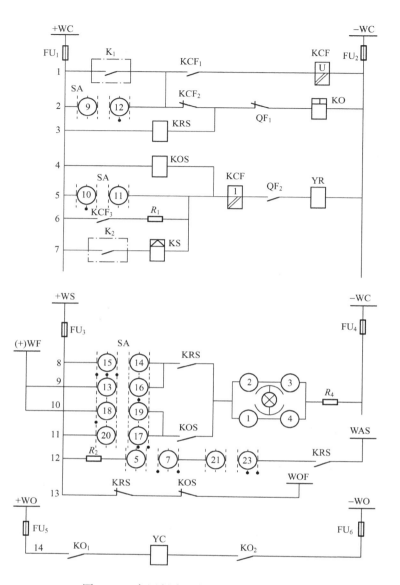

图 6-19　高压断路器音响监视的控制回路

SA—控制开关　KO—合闸接触器与合闸线圈　YR—跳闸线圈　KRS—跳闸位置继电器
KOS—合闸位置继电器　KCF—防跳继电器　KS—信号继电器　QF₁、QF₂—断路器的辅助接点
WO、WS—合闸与信号母线　WOF—断线预告母线

　　预告信号：当电气设备出现不正常运行状态时，启动警铃发出声响信号，同时标有异常性质的光字牌点亮，指示异常运行状态的类型，如变压器过负荷、控制回路断线等。

　　位置信号：位置信号包括断路器位置（如灯光指示或操动机构分合闸位置指示器）和隔离开关位置信号等。

　　指挥信号和联系信号：用于主控制室向其他控制室发出操作命令，以及用于各控制室之间的联系。

　　为了保证中央信号回路可靠和正确工作，对中央信号回路的要求如下：

1）中央事故信号装置应保证在任一断路器事故跳闸后，立即（不延时）发出音响信号和灯光信号或其他指示信号。

2）中央预告信号装置应保证在任一电路出现异常运行状态时，能按要求（瞬时或延时）准确发出音响信号和灯光信号。

3）中央事故信号音响与预告音响信号应有区别。

4）中央信号装置在发出音响信号后，应能手动或自动复归（解除）音响，而灯光信号及其他指示信号应保持到消除故障止。

5）接线应简单、可靠，应能监视信号回路的完好性。

6）应能对事故信号、预告信号及其光字牌是否完好进行试验。

（1）中央事故信号回路

中央事故信号是指在供电系统中，断路器事故跳闸后发出的音响信号，常采用蜂鸣器或电笛。中央事故信号回路按操作电源可分为交流和直流两类；按复归方法可分为就地复归和中央复归两种；按其能否重复动作分为不重复动作和重复动作两种。

1）中央复归不重复动作的事故信号回路

中央复归不重复动作的事故信号回路如图6-20所示。在正常工作时，断路器合上，控制开关SA的1-3、19-17触点是接通的，但QF₁和QF₂动断辅助触点是断开的。若某断路器（QF₁）因事故跳闸，则QF₁闭合，回路+WS→HB→KM动断触点→SA的1-3及17-19→QF₁→-WS接通，蜂鸣器HB发出声响。按SB₂复归按钮，KM线圈通电，动断触点KM₁打开。蜂鸣器HB断电解除音响。动合触点KM₂闭合，继电器KM₂自锁。若此时QF₂又发生事故跳闸，蜂鸣器将不会发出声响，这就称为不能重复动作。能在控制室手动复归的称为中央复归。SB₁为试验按钮，用于检查事故音响是否完好。

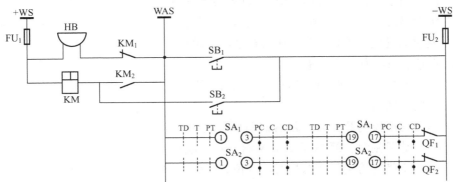

图6-20　中央复归不重复动作的事故信号回路

WS—信号小母线　WAS—事故音响信号小母线　SA₁、SA₂—控制开关

SB₁—试验按钮　SB₂—音响接触按钮　KM—中间继电器　HB—蜂鸣器

2）中央复归重复动作的事故信号回路

如图6-21所示是重复动作的中央复归式事故音响信号回路，该信号装置采用信号冲击继电器（或信号脉冲继电器）KI，TA为脉冲变流器，其一次侧并联的二极管VD₂和电容C用于抗干扰；其二次侧并联的二极管VD₁起单向旁路作用。当TA的一次电流突然减小时，其二次侧感应的反向电流经VD₁而旁路，不让它流过干簧继电器KR的线圈。KR为执行元件（单触点干簧继电器），KM为出口中间元件（多触点干簧继电器）。

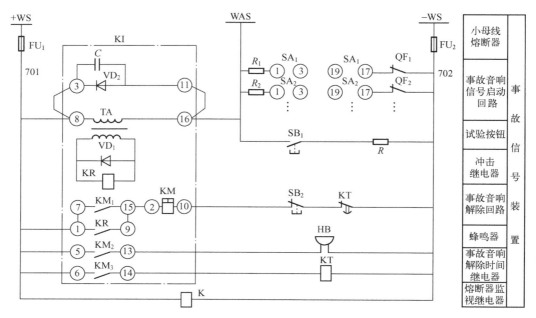

图 6-21　重复动作的中央复归式事故音响信号回路

KI—冲击继电器　KR—干簧继电器　KM—中间继电器　KT—自动解除时间继电器

　　当 QF$_1$、QF$_2$ 断路器合上时，其辅助触点 QF$_1$、QF$_2$（在图中）均打开，各对应回路 SA$_1$、SA$_2$ 的 1-3、19-17 均接通，事故信号启动回路断开。若断路器 QF$_1$ 事故跳闸，动断辅助触点 QF$_1$ 闭合，冲击继电器的脉冲变流器一次绕组电流突增，在其二次绕组中产生感应电动势，使干簧继电器 KR 动作。KR 的动合触点 1-9 闭合，使中间继电器 KM 动作，其动合触点 KM$_1$ 闭合自锁，另一对动合触点 KM$_2$ 闭合，使蜂鸣器 HB 通电发出声响，同时 KM$_3$ 闭合，使时间继电器 KT 动作，其动断触点延时打开，KM 失电，使音响自动解除。SB$_2$ 为音响解除按钮，SB$_1$ 为试验按钮。

　　此时若另一台断路器 QF$_2$ 事故跳闸，流经 KI 的电流又增大使 HB 又发出声响，称为重复动作的音响信号回路。

　　重复动作是利用控制开关与断路器辅助触点之间的不对应回路中的附加电阻来实现的。当断路器 QF$_1$ 事故跳闸时，蜂鸣器发出声响，若音响已被手动或自动解除，但 QF$_1$ 的控制开关尚未转到与断路器的实际状态相对应的位置，若断路器 QF$_2$ 又发生自动跳闸时，其 QF$_2$ 断路器的不对应回路接通，与 QF$_1$ 断路器的不对应回路并联，不对应回路中串有电阻引起脉冲变流器 TA 的一次绕组电流突增，故在其二次侧感应一个电动势，又使干簧继电器 KR 动作，蜂鸣器又发出音响。

　　（2）中央预告信号回路

　　中央预告信号是指在供电系统中，发生异常工作状态时发出的音响信号。常采用电铃发出声响，并利用灯光和光字牌来显示异常工作状态的性质和地点。中央预告信号装置有直流和交流两种，也有不重复动作和重复动作两种。

　　1）中央复归不重复动作预告信号回路

　　如图 6-22 所示为中央复归不重复动作预告信号回路。KS 为反映系统异常状态的继电动合触点，当系统发生异常工作状态时，如变压器过负荷，经一定延时后，KS 触点闭合，回路 +WS→KS→HL→WFS→KM1→HA→-WS 接通，电铃 HA 发出音响信号，同时 HL 光字牌亮，表明变压器过负荷。SB_1 为试验按钮，SB_2 为音响解除按钮。SB_2 被按下时，KM 得电动作，KM_1 打开，电铃 HA 断电，音响被解除，KM_2 闭合自锁，在系统不正常工作状态未消除之前 KS、HL、KM_2、KM 线圈一直是接通的，当另一个设备发生不正常工作状态时，不会发出音响信号，只有相应的光字牌亮，即不重复动作。

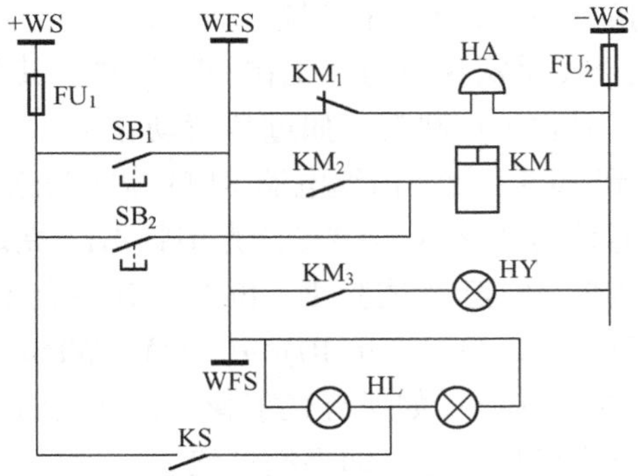

2）中央复归重复动作预告信号回路

如图 6-23 所示为重复动作的中央复归式预告信号回路，其电路结构与中央复归重复动作

图 6-22　中央复归不重复动作预告信号回路图
WFS—预告音响信号小母线　SB_1—试验按钮
SB_2—音响解除按钮　HA—电铃　KM—中间继电器
HY—黄色信号灯　HL—光字牌指示灯
KS—（跳闸保护回路）信号继电器触点

的事故信号回路基本相似。预告信号小母线分为 WFS_1 和 WFS_2，音响信号用电铃 HA 发出。

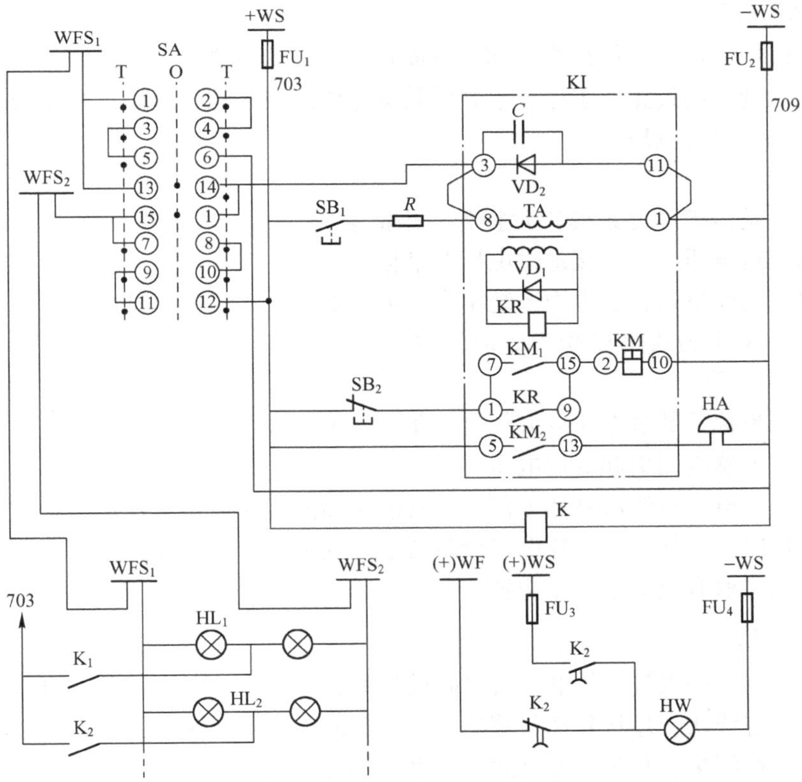

图 6-23　中央复归重复动作预告音响信号回路
SA—转换开关　WFS_1、WFS_2—预告信号小母线　SB_1—试验按钮　SB_2—音响解除按钮
K_1—某信号继电器触点　K_2—监察继电器（中间）　KI—冲击继电器
HL_1、HL_2—光字牌灯光信号　HW—白色信号灯

转换开关 SA 有三个位置："工作 O"位置，左右（±45°）两个"试验 T"位置。正常工作时，SA 手柄在中间"工作 O"位置，其触点 13-14、15-16 接通，其他触点断开，若系统发生异常工作状态，如过负荷动作 K_1 闭合，+WS 经 K_1、HL_1（两灯并联）、SA 的 13-14、KI 到-WS，使冲击继电器 KI 的脉冲变流器一次绕组通电，HA 发出音响信号，同时触点 K_1 接通信号源 703 至+WS，光字牌 HL_1 亮。若要检查光字牌灯泡完好，转动 SA 手柄向左或右旋转 45°至"试验 T"位置，其触点 13-14、15-16 接通，其他触点断开，试验回路为 +WS→（12-11）→（9-10）→（8-7）→WFS_2→HL 光字牌（两灯串联）→WFS_1→（1-2）→（3-4）→（5-6）→-WS，如所有光字牌亮，则表明光字牌灯泡完好，如有光字牌不亮，则表明该光字牌灯泡已坏，应立即更换灯泡。

预告信号音响部分的重复动作也是利用启动回路串联一电阻（光字牌灯泡并联）来实现的。

6.2 变电所的防雷与接地

6.2.1 过电压及雷电的有关概念

1. 过电压的种类

在电力系统中，过电压使绝缘破坏是造成系统故障的主要原因之一。过电压是指在电气设备或线路上出现的超过正常工作要求并对其绝缘构成威胁的电压。过电压按产生原因可分为内部过电压和雷电过电压。

（1）内部过电压

内部过电压是由于电力系统正常操作、事故切换、发生故障或负荷骤变时引起的过电压，可分为操作过电压、弧光接地过电压及谐振过电压。

内部过电压的能量来自于电力系统本身。内部过电压一般不超过系统正常运行时额定相电压的 3~4 倍，对电力线路和电气设备绝缘的威胁不是很大。

（2）雷电过电压

雷电过电压也称外部过电压或大气过电压，是由电力系统中的设备或建筑物遭受来自大气中的雷击或雷电感应而引起的过电压。

雷电冲击波的电压幅值可高达 1 亿伏，其电流幅值可高达几十万安，对电力系统的危害远远超过内部过电压。其可能毁坏电气设备和线路的绝缘，烧断线路，造成大面积长时间停电，因此，必须采取有效措施加以防护。

2. 雷电的形成

雷电或称闪电，是大气中带电云块之间或带电云层与大地之间所发生的一种强烈的自然放电现象。雷电有线状、片状和球状等形式。带电云块即雷云的形成有多种理论解释，常见的一种解释是，在闷热、潮湿、无风的天气里，接近地面的湿气受热上升，遇到冷空气凝成冰晶。冰晶受到上升气流的冲击而破碎分裂，气流挟带一部分带正电的小冰晶上升，形成"正雷云"，而另一部分较大的带负电的冰晶则下降，形成"负雷云"，随着电荷的积累，雷云电位逐渐升高。

由于高空气流的流动，正、负雷云均在空中飘浮不定，当带不同电荷的带电雷云相互间或带电雷云与大地间接近到一定程度时，就会产生强烈的放电，放电时瞬间出现耀眼的闪光和震耳的轰鸣，这种现象就叫雷电。雷云对大地的放电通常是阶跃式的，可分为三个主要阶段：先导放电、主放电和余光。

3. 雷电过电压的种类

雷电可分为直击雷、感应雷和雷电侵入波 3 大类。

（1）直击雷过电压

当雷电直接击中电气设备、线路或建筑物时，强大的雷电流通过其流入大地，在被击物上产生较高的电位降，称直击雷过电压。

有时雷云很低，周围又没有带异性电荷的雷云，这样有可能在地面凸出物上感应出异性电荷，在雷云与大地之间形成很大的雷电场。当雷云与大地之间在某一方位的电场强度达到 $25\sim30\,kV/cm$ 时就开始放电，这就是直接雷击（直击雷），如图 6-24 所示。雷云对地面的雷击大多为负极性的雷击，只有约 10% 的雷击为正极性的雷击。

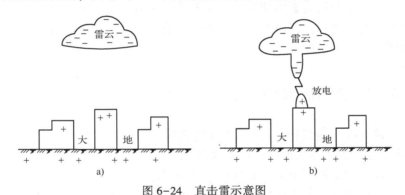

图 6-24　直击雷示意图
a）负雷云在建筑物上方时　b）雷云对建筑物放电

（2）闪电感应（感应雷）过电压

闪电感应是指闪电放电时，在附近导体上产生的雷电静电感应和雷电电磁感应，它可能使金属部件之间产生火花放电。

由于雷云的作用，附近导体上感应出与雷云符号相反的电荷，雷云主放电时，先导通道中的电荷迅速中和，导体上的感应电荷得到释放，如果没有就近泄入地中就会产生很高的电动势，从而产生闪电静电感应过电压，如图 6-25 所示。输电线路上的静电感应过电压可达几万甚至几十万伏，导致线路绝缘闪络及所连接的电气设备绝缘遭受损坏。在危险环境中未做等电位联结的金属管线间可能产生火花放电，导致火灾或爆炸危险。由于雷电流迅速变化，在周围空间产生瞬变的强电磁场，使附近的导体上感应出很高的电动势，从而产生闪电电磁感应过电压。

（3）闪电电涌侵入（雷电波侵入）

闪电电涌是指闪电击于防雷装置或线路上以及由闪电静电感应和闪电电磁脉冲引发，表现为过电压、过电流的瞬态波。

闪电电涌侵入是指雷电对架空线路、电缆线路和金属管道的作用，雷电波即闪电电涌，可能沿着管线侵入室内，危及人身安全或损坏设备。这种闪电电涌侵入造成的危害占雷害总数的一半以上。

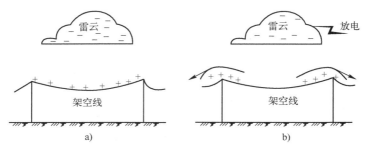

图 6-25 架空线路上的闪电经典感应过电压
a）雷云在线路上　b）雷云在放电后

6.2.2 防雷装置及保护范围

防雷装置是指用于对电力装置或建筑物进行雷电防护的整套装置，由外部防雷装置和内部防雷装置组成。外部防雷装置由接闪器、引下线和接地装置三部分组成。内部防雷装置是用于减小雷电流在所需防护空间内产生的电磁效应的防雷装置，由避雷器或屏蔽导体、等电位联结件和电涌保护器等组成。

1. 接闪器

接闪器是用于拦截闪击的接闪杆、接闪导线以及金属屋面和金属构件等组成的外部防雷装置。

接闪器分为接闪杆（避雷针）、接闪线（避雷线）、接闪带（避雷带）和接闪网（避雷网）。接闪杆主要用于保护露天变配电设备及建筑物；接闪线或架空地线主要用于保护输电线路；接闪带、接闪网主要用于保护建筑物。它们都是利用其高出被保护物的突出地位，把雷电引向自身，然后通过引下线和接地装置把雷电流泄入大地，使被保护对象免受雷击。

（1）接闪杆

接闪杆的作用是引雷。当雷电先导临近地面时，接闪杆使雷电场畸变，改变雷云放电的通道到接闪杆，然后经与接闪杆相连的引下线和接地装置将雷电流泄放到大地中，使被保护物免受直接雷击。

接闪杆的保护范围，以其能防护直击雷的空间来表示，按国家标准 GB50057-2010《建筑物防雷设计规范》采用"滚球法"来确定。

"滚球法"，就是选择一个半径为 h_r（滚球半径）的滚球，沿需要防护直击雷的部分滚动，如果球体只触及接闪器或接闪器和地面，而不触及需要保护的部位时，则该部位就在这个接闪器的保护范围之内。滚球半径是按建筑物防雷类别确定的，见表 6-1。

表 6-1　各类防雷建筑物的滚球半径和避雷网格尺寸（GB50057-2010）

建筑物防雷类别	滚球半径 h_r/m	滚雷网格尺寸/m
第一类防雷建筑物	30	≤5×5 或≤6×4
第二类防雷建筑物	45	≤10×10 或≤12×8
第三类防雷建筑物	60	≤20×20 或≤24×16

1）单支接闪杆的保护范围。单支接闪杆的保护范围如图 6-26 所示，按下列方法确定。当接闪杆高度 $h \leqslant h_r$ 时：

① 距地面 h_r 处作一平行于地面的平行线。

② 以接闪杆的杆尖为圆心、h_r 为半径，作弧线交平行线于 A、B 两点。

③ 以 A、B 为圆心，h_r 为半径作弧线，该弧线与杆尖相交，并与地面相切。由此弧线起到地面为止的整个锥形空间，就是接闪杆的保护范围。

接闪杆在被保护物高度 h_x 的 xx' 平面上的保护半径 r_x 按下式计算：

$$r_x = \sqrt{h(2h_r-h)} - \sqrt{h_x(2h_r-h_x)} \qquad (6-1)$$

接闪杆在地面上的保护半径 r_0 按下式计算：

$$r_0 = \sqrt{h(2h_r-h)} \qquad (6-2)$$

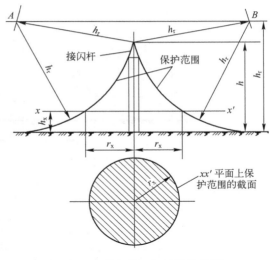

图 6-26 单支接闪杆的保护范围

以上两式中，h_r 为滚球半径，由表 6-1 确定。

当接闪杆高度 $h > h_r$ 时，在接闪杆上取高度 h_r 的一点代替接闪杆的杆尖作为圆心，余下做法与接闪杆高度 $h \le h_r$ 时相同。

2）两支接闪杆的保护范围。两支等高接闪杆的保护范围如图 6-27 所示。在接闪杆高度 $h \le h_r$ 的情况下，当每支接闪杆的距离 $D \ge 2\sqrt{h(2h_r-h)}$ 时，应各按单支接闪杆保护范围计算；当 $D < 2\sqrt{h(2h_r-h)}$ 时，保护范围如图 6-27 所示，按下列方法确定。

① $AEBC$ 外侧的接闪杆保护范围，按单支接闪杆的方法确定。

② 两支接闪杆之间 C、E 两点位于两针间的垂直平分线上，在地面每侧的最小保护宽度 b_0 为

$$b_0 = CO = EO = \sqrt{2(2h_r-h) - \left(\frac{D}{2}\right)^2} \qquad (6-3)$$

在 AOB 轴线上，距中心线任一距离 x 处，在保护范围上边线的保护高度 h_x 为

$$h_x = h_r - \sqrt{(h_r-h)^2 + \left(\frac{D}{2}\right)^2 - x^2} \qquad (6-4)$$

该保护范围上边线是以中心线距地面 h_r 的一点 O' 为圆心，以 $\sqrt{(h_r-h)^2+(D/2)^2}$ 为半径所做的圆弧 AB。

③ 两杆间 $AEBC$ 内的保护范围。ACO、BCO、BEO、AEO 部分的保护范围确定方法相同，以 ACO 保护范围为例，在任一保护高度 h_x 和 C 点所处的垂直平面上以 h_r 作为假想接闪杆，按单支接闪杆的方法逐点确定。如图 6-27 中 1-1 剖面图。

④ 确立 xx' 平面上保护范围。以单支接闪杆的保护半径 r_x 为半径，以 A、B 为圆心作弧线与四边形 $AEBC$ 相交；同样以单支接闪杆的 (r_0-r_x) 为半径，以 E、C 为圆心作弧线与上述弧线相接，如图 6-27 中的粗虚线。

两支不等高接闪杆的保护范围的计算，在 h_1、h_2 分别小于或等于 h_r 的情况下，当 $D \ge$ $\sqrt{h_1(2h_r-h_1)} + \sqrt{h_2(2h_r-h_2)}$ 时，接闪杆的保护范围计算应按单支接闪杆保护范围所规定的

方法确定。

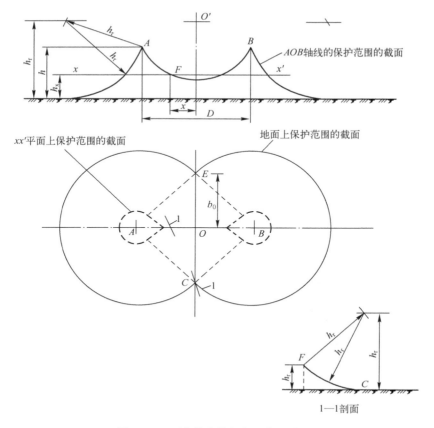

图 6-27　两支等高接闪杆的保护范围

对于比较大的保护范围，采用单支接闪杆，由于保护范围并不随接闪杆的高度成正比增大，所以将大大增大接闪杆的高度，以致安装困难，投资增大。在这种情况下，采用双支接闪杆或多支接闪杆比较经济。

（2）接闪线

当单根接闪线高度 $h \geqslant 2h_r$ 时，无保护范围。

当接闪线的高度 $h < 2h_r$ 时，保护范围如图 6-28 所示。保护范围应按以下方法确定：确定架空接闪线的高度时应计及弧垂的影响。在无法确定弧垂的情况下，当等高支柱间的距离小于 120 m 时架空接闪线中点的弧垂宜采用 2 m，距离为 120~150 m 时宜采用 3 m。

1）距地 h_r 处作一平行于地面的平行线。

2）以接闪线为圆心，h_r 为半径作弧线交于平行线的 A、B 两点。

3）以 A、B 为圆心，h_r 为半径作弧线，这两条弧线相交或相切，并与地面相切。这两条弧线与地面围成的空间就是接闪线的保护范围。

当 $h_r < h < 2h_r$ 时，保护范围最高点的高度 h_0 按下式计算：

$$h_0 = 2h_r - h \tag{6-5}$$

接闪线在 h_x 高度的 xx' 平面上的保护宽度 b_x 按下式计算：

184

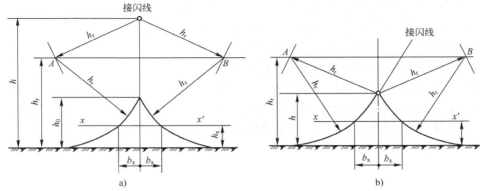

图 6-28　单根接闪线的保护范围

a) 当 $2h_r > h > h_r$ 时　b) 当 $h < h_r$ 时

$$b_x = \sqrt{h(2h_r - h)} - \sqrt{h_x(2h_r - h_x)} \tag{6-6}$$

式中，h 为接闪线的高度；h_x 为保护物的高度。

关于两根等高接闪线的保护范围，可参看有关国家标准或相关设计手册。

（3）接闪带和接闪网的保护范围

接闪带和接闪网的保护范围应是其所处的整幢高层建筑。为了达到保护的目的，接闪网的网格尺寸有具体的要求，见表 6-1。

2. 避雷器

避雷器是用来防止雷电产生的过电压波沿线路侵入变配电所或其他建筑物内，以免危及被保护设备的绝缘。

避雷器的类型有阀型避雷器、管型避雷器、金属氧化物避雷器和保护间隙。这里介绍阀型避雷器、氧化锌避雷器和保护间隙。

（1）阀型避雷器

阀型避雷器由火花间隙和阀片组成，装在密封的瓷套管内。火花间隙是用铜片冲制而成，每对为一个间隙，中间用云母片（垫圈式）隔开，其厚度为 0.5~1 mm。在正常工作电压下，火花间隙不会被击穿从而隔断工频电流，但在雷电过电压时，火花间隙被击穿放电。阀片是用碳化硅制成的，具有非线性特征。在正常工作电压下，阀片电阻值较高，起到绝缘作用，而在雷电过电压下电阻值较小。当火花间隙击穿后，阀片能使雷电流泄放到大地中去。而当雷电压消失后，阀片又呈现较大电阻，使火花间隙恢复绝缘，切断工频续流，保证线路恢复正常运行。必须注意：雷电流流过阀片时要形成电压降（称为残压），加在被保护电力设备上，残压不能超过设备绝缘允许的耐压值，否则会使设备绝缘击穿。

如图 6-29 所示为 FS4-10 型高压阀型避雷器外形结构图。

（2）氧化锌避雷器

氧化锌避雷器是目前最先进的过电压保护设备。在结构上

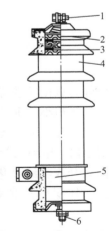

图 6-29　FS4-10 型高压阀型
避雷器外形结构

1—上接线端　2—火花间隙
3—云母片垫圈　4—瓷套管
5—阀片　6—下接线端

由基本元件和绝缘底座构成，基本元件内部由氧化锌电阻片串联而成。电阻片的形状有圆饼形状，也有环状。其工作原理与阀型避雷器基本相似，由于氧化锌非线性电阻片具有极高的电阻而呈绝缘状态，有十分优良的非线性特性。在正常工作电压下，仅有几百微安的电流通过，因而无须采用串联的放电间隙，使其结构先进合理。

氧化锌避雷器主要有普通型（基本型）、有机外套氧化锌避雷器、整体式合成绝缘氧化锌避雷器和压敏电阻氧化锌避雷器 4 种类型。图 6-30a、b 分别为基本型（Y5W-10/27型）、有机外套（HY5W517/50 型）氧化锌避雷器的外形结构图。

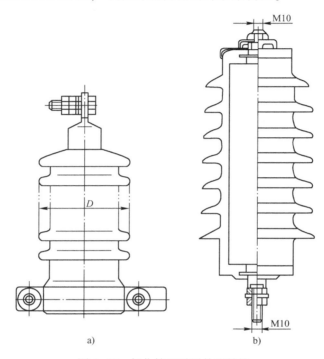

图 6-30　氧化锌避雷器外形结构
a）Y5W-10/27 型　b）HY5WS17/50 型

有机外套氧化锌避雷器有无间隙和有间隙两种，由于这种避雷器具有保护特性好、通流能力强，且体积小、重量轻、不易破损、密封性好和耐污能力强等优点，前者广泛应用于变压器、电机、开关和母线等电力设备的防雷，后者主要用于 6~10kV 中性点非直接接地配电系统的变压器、电缆头等交流配电设备的防雷。

整体式合成绝缘氧化锌避雷器是整体模压式无间隙避雷器，具有防爆防污、耐磨抗震能力强、体积小、重量轻和可采用悬挂方式等特点，用于 3~10 kV 电力系统电气设备的防雷。

MYD 系列氧化锌压敏电阻避雷器是一种新型半导体陶瓷产品，其特点是通流容量大、非线性系数高、残压低、漏电流小、无续流和响应时间快，可应用于几伏到几万伏交直流电压的电气设备的防雷、操作过电压，对各种过电压具有良好的抑制作用。

氧化锌避雷器的典型技术参数见表 6-2。

表 6-2 氧化锌避雷器的典型技术参数表

型　　号	避雷器额定电压/kV	系统标称电压/kV	持续运行电压/kV	直流 1 mA 参考电压/kV	标称放电流下残压/kV	陡波冲击残压/kV	2 mA 方波通流容量/A	使用场所
HY5WS-10/30	10	6	8	15	30	34.5	100	配电(S)
HY5WS-12.7/45	12.7	10	6.6	24	45	51.8	200	
HY5WZ-17/45	17	10	13.6	24	45	51.8	200	电站(Z)
HY5WZ-51/134	51	35	40.8	73	134	154	400	
HY2.5WD-7.6/19	7.6	6	4	11.2	19	21.9	400	电机(D)
HY2.5WD-12.7/31	12.7	10	6.6	18.6	31	35.7	400	
HY5WR-7.6/27	7.6	6	4	14.4	27	30.8	400	电容器(R)
HY5WR-17/45	17	10	13.6	24	45	51	400	
HY5WR-51/134	51	35	40.5	73	134	154	400	

（3）保护间隙

与被保护物绝缘并联的空气火花间隙叫保护间隙。按结构形式可分为棒形、球形和角形三种。目前 3~35 kV 线路广泛采用的是角形间隙。角形间隙由两根 φ10~12 mm 的镀锌圆钢弯成羊角形电极并固定在瓷瓶上，如图 6-31a 所示。

正常情况下，间隙对地是绝缘的。当线路遭到雷击时，角形间隙被击穿，雷电流泄入大地，角形间隙击穿时会产生电弧，因空气受热上升，电弧转移到间隙上方，拉长而熄灭，使线路绝缘子或其他电气设备的绝缘不致发生闪络，从而起到保护作用。因主间隙暴露在空气中，容易被外物（如鸟、鼠、虫、树枝）短接，所以对本身没有辅助间隙的保护间隙，一般在其接地引线中串联一个辅助间隙，这样即使主间隙被外物短接，也不致造成接地或短路，如图 6-31b 所示。

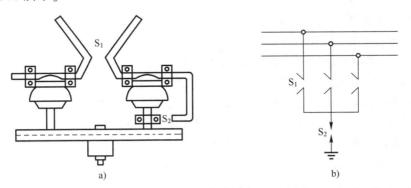

a)　　　　　　　　　　　　　b)

图 6-31　羊角型保护间隙结构与接线

a）间隙结构　b）三相线路上保护间隙接线图

S₁—主间隙　S₂—辅助间隙

保护间隙灭弧能力较小，雷击后，保护间隙很可能切不断工频续流而造成接地短路故障，引起线路开关跳闸或熔断器熔断，造成停电，所以只适用于无重要负荷的线路上。在装有保护间隙的线路上，一般要求装设自动重合闸装置或自复式熔断器，以提高供电可靠性。

3. 引下线

引下线是用于将雷电流从接闪器传导至接地装置的导体。引下线的材料有热浸镀锌钢、铜、镀锡铜、铝、铝合金和不锈钢等。引下线宜采用热镀锌圆钢或扁钢，宜优先采用热镀锌圆钢。热浸镀锌钢结构和最小截面应按表6-3规定取值。在一般情况下，明敷引下线固定支架的间距不宜大于表6-4的规定。

表6-3　接闪线（带）、接闪杆和引下线的结构、最小截面和最小厚度/直径

结构	明　敷		暗　敷		烟　囱	
	最小截面/mm²	最小厚度/直径/mm	最小截面/mm²	最小厚度/直径/mm	最小截面/mm²	最小厚度/直径/mm
单根扁钢	50	2.5/	80		100	4/
单根圆钢	50	/8	80	/10	100	/12
绞线	50	/每股直径1.7			50	/每股直径1.7

表6-4　明敷接闪导体和引下线固定支架的间距

布置方式	扁形导体和绞线固定支架的间距/mm	单根圆形导体固定支架的间距/mm
安装于水平面上的水平导体	500	1000
安装于垂直面上的水平导体	500	1000
安装于从地面至高20m垂直面上的垂直导体	1000	1000
安装在高于20m垂直面上的垂直导体	500	1000

4. 电涌保护器

电涌保护器（Surge Protective Device，SPD）是用于限制瞬态过电压和分泄电涌电流的器件，它至少含有一个非线性元件。其作用是把窜入电力线、信号传输线的瞬时过电压限制在设备或系统所能承受的电压范围内，或将强大的雷电流泄流入地，保护被保护的设备或系统不受冲击。按其工作原理分类，SPD可以分为电压开关型、限压型及组合型。

1）电压开关型电涌保护器。在没有瞬时过电压时呈现高阻抗，一旦响应雷电瞬时过电压，其阻抗就突变为低阻抗，允许雷电流通过，也被称为短路开关型电涌保护器。

2）限压型电涌保护器。当没有瞬时过电压时为高阻抗，但随电涌电流和电压的增加，其阻值会不断减小，其电流电压特性为强烈非线性，有时被称为钳压型电涌保护器。

3）组合型电涌保护器。由电压开关型组件和限压型组件组合而成，可以显示为电压开关型或限压型或两者兼有的特性，这取决于所加电压的特性。

6.2.3　变配电所及架空线路的防雷措施

电力装置的防雷装置由接闪器或避雷器、引下线和接地装置三部分组成。

1. 架空线路的防雷保护

1）架设接闪线。这是线路防雷的最有效措施，但成本很高，只有66kV及以上线路才沿全线装设。

2）提高线路本身的绝缘水平。在线路上采用瓷横担代替铁横担，或改用高一绝缘等级

的瓷瓶都可以提高线路的防雷水平，这是 10 kV 及以下架空线路的基本防雷措施。

3）利用三角形排列的顶线兼做防雷保护线。由于 3~10 kV 线路其中性点通常是不接地的，因此，如在三角形排列的顶线绝缘子上装设保护间隙，如图 6-32 所示，则在雷击时，顶线承受雷击，保护间隙被击穿，通过引下线对地泄放雷电流，从而保护了下面两根导线，一般不会引起线路断路器跳闸。

4）加强对绝缘薄弱点的保护。线路上个别特别高的电杆、跨越杆、分支杆、电缆头、开关等处，就全线路来说是绝缘薄弱点，雷击时最容易发生短路。在这些薄弱点，需装设管型避雷器或保护间隙加以保护。

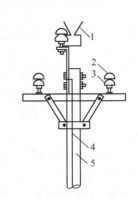

图 6-32　顶线兼做防雷保护线
1—保护间隙　2—绝缘子
3—架空线　4—接地引下线
5—电杆

5）采用自动重合闸装置。遭受雷击时，线路发生相间短路是难免的，在断路器跳闸后，电弧自行熄灭，经过 0.5 s 或稍长一点时间后又自动合上，电弧一般不会复燃，可恢复供电，停电时间很短，对一般用户影响不大。

6）绝缘子铁脚接地。对于分布广密的用户，低压线路及接户线的绝缘子铁脚宜接地，当其上落雷时，就能通过绝缘子铁脚放电，把雷流流泄入大地而起到保护作用。

2. 变电所的防雷保护

（1）防直击雷

35 kV 及以上电压等级变电所可采用接闪杆、接闪线或接闪带以保护其室外配电装置、主变压器、主控室、室内配电装置及变电所免遭直击雷。一般装设独立接闪杆或在室外配电装置架构上装设接闪杆防直击雷。当采用独立接闪杆时宜设独立的接地装置。

当雷击接闪杆时，强大的雷电流通过引下线和接地装置泄入大地，接闪杆及引下线上的高电位可能对附近的建筑物和变配电设备发生"反击闪络"。

为防止"反击"事故的发生，应注意下列规定与要求：

1）独立接闪杆与被保护物之间应保持一定的空间距离 S_0，如图 6-33 所示，此距离与建筑物的防雷等级有关，但通常应满足 $S_0 \geqslant 5$ m。

2）独立接闪杆应装设独立的接地装置，其接地体与被保护物的接地体之间也应保持一定的地中距离 S_E，如图 6-33 所示，通常应满足 $S_E \geqslant 3$ m。

3）独立接闪杆及其接地装置不应设置在人员经常出入的地方。其与建筑物的出入口及人行道的距离不应小于 3 m，以限制跨步电压。否则，应采取下列措施之一：

① 水平接地体局部埋深不小于 1 m。

② 水平接地体局部包以绝缘物，如涂厚 50~80 mm 的沥青层。

③ 采用沥青碎石路面，或在接地装置上面敷设 50~80 mm 厚的沥青层，其宽度要超过接地装置 2 m。

④ 采用"帽檐式"均压带。

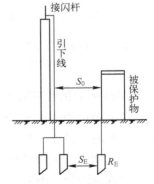

图 6-33　接闪杆接地装置与被保护物及其接地装置的距离
S_0—空气中间距　S_E—地中间距

（2）进线防雷保护

35 kV 电力线路一般不采用全线装设接闪线来防直击雷，但为防止变电所附近线路上受到雷击时，雷电压沿线路侵入变电所内损坏设备，需在进线 1~2 km 段内装设接闪线，使该段线路免遭直接雷击。为使接闪线保护段以外的线路受雷击时侵入变电所的过电压有所限制，一般可在接闪线两端处的线路上装设管型避雷器。进线段防雷保护接线方式如图 6-34 所示。当保护段以外线路受雷击时，雷电波到管型避雷器 F_1 处，即对地放电，降低了雷电过电压值。管型避雷器 F_2 的作用是防止雷电侵入波在断开的断路器 QF 处产生过电压击坏断路器。

3~10 kV 配电线路的进线防雷保护，可以在每路进线终端装设 FZ 型或 FS 型阀型避雷器，以保护线路断路器及隔离开关，如图 6-34 中的 F_1、F_2。如果进线是电缆引入的架空线路，则在架空线路终端靠近电缆头处装设避雷器，其接地端与电缆头外壳相连后接地。

（3）配电装置防雷保护

为防止雷电冲击波沿高压线路侵入变电所，对所内设备特别是价值最高但绝缘相对薄弱的电

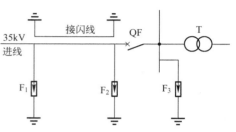

图 6-34　变电所 35kV 进线段防雷保护接线
F_1、F_2—管形避雷器　F_3—阀型避雷器

力变压器造成危害，在变配电所每段母线上装设一组阀型避雷器，并应尽量靠近变压器，距离一般不应大于 5 m。如图 6-34 和图 6-35 中的 F_3 避雷器的接地线应与变压器低压侧接地中性点及金属外壳连在一起接地，如图 6-36 所示。

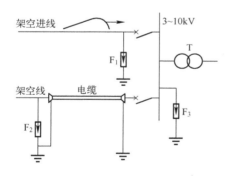

图 6-35　3~10kV 变配电所仅限防雷保护接线
F_1、F_2—管形避雷器　F_3—阀型避雷器

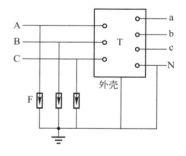

图 6-36　电力变压器的防雷保护及其接地系统
T—电力变压器　F—阀型避雷器

3. 高压电动机的防雷保护

高压电动机的绝缘水平比变压器低，如果其经变压器再与架空线路相接时，一般不要求采取特殊的防雷措施。但如果是直接和架空线路连接时，其防雷问题尤为重要。

高压电动机由于长期运行，受环境影响腐蚀、老化，其耐压水平会进一步降低，因此，对雷电侵入波防护，不能采用普通的 FS 型和 FZ 型阀型避雷器，而应采用性能较好的专用于保护旋转电动机的 FCD 型磁吹阀型避雷器或采用具有串联间隙的金属氧化物避雷器，并尽可能靠近电动机安装。

对于定子绕组中性点能引出的高压电动机，就在中性点装设避雷器。

对于定子绕组中性点不能引出的高压电动机，为降低侵入电机的雷电波陡度，减轻危害，可采用如图 6-37 所示的接线，在电动机前面加一段 100~150 m 的引入电缆，并在电缆前的电缆头处安装一组管型或阀型避雷器 F_1。F_1 与电缆联合作用，利用雷电流将 F_1 击穿后的趋肤效应，可大大减小流过电缆芯线的雷电流。在电动机电源端安装一组并联有电容器（$0.25~0.5 \mu F$）的 FCD 型磁吹阀型避雷器。

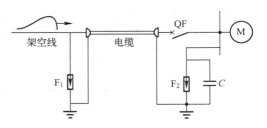

图 6-37　高压电动机的防雷保护接线
F_1—管型或普通阀型避雷器　F_2—磁吹阀型避雷器

6.2.4　供配电系统的接地

1. 接地和接地装置

在供电系统中，为了保证电气设备的正常工作，保障人身安全、防止间接触电而将供电系统中电气设备的外露可导电部分与大地土壤间做良好的电气连接，即为接地。

具有接地装置的电气设备，当绝缘损坏、外壳带电时，人若触及电气设备，接地电流将同时沿着电气设备的接地装置和人体两条通路流过，流过每一条通路的电流值与其电阻的大小成反比，接地装置的电阻越小，流经人体的电流也越小，当接地装置的电阻足够小时，流经人体的电流几乎等于零，因而，人体就能避免触电的危险。

（1）接地装置的构成

接地装置是由接地极（埋入地中并与大地接触的金属导体）和接地线（电气装置、设施的接地端子与接地极连接用的金属导电部分）所组成。由若干接地极在大地中相互连接而组成的总体，称为接地网。

（2）接地装置的散流效应

当发生电气设备接地短路时，电流通过接地极向大地作半球状扩散，这一电流称为接地电流。所形成的电阻叫散流电阻。接地电阻是指接地装置的对地电压与接地电流之比，用 R_E 表示。由于接地线的电阻一般很小，可忽略不计，故接地装置的接地电阻主要是指接地极的散流电阻。根据通过接地极流入大地中工频交流电流求得的电阻，称为工频接地电阻；而根据通过接地极流入大地中冲击电流求得的电阻，则为冲击接地电阻。

在离接地极 20 m 的半球面处对应的散流电阻已经非常小，故将距离接地极 20 m 处的地方称为电气上的"地"电位，如图 6-38a 所示。电气设备从接地外壳、接地极到 20 m 以外零电位之间的电位差，称为接地时的对地电压，用 u_E 表示。电位分布如图 6-38b 所示。

根据上述电位分布，在接地回路里，人站在地面上触及绝缘损坏的电气装置时，人体所承受的电压称为接触电压，用 u_{tou} 表示；人的双脚站在不同电位的地面上时，两脚间（一般跨距为 0.8 m）所呈现的电压称为跨步电压，用 u_{sp} 表示。根据接地装置周围大地表面形成的电位分布，距离接地体越近，跨步电压越大。当距接地极 20 m 外时，跨步电压为零。

（3）接地电阻的组成及电力系统对接地电阻的要求

接地电阻主要由以下几个因素决定：

1）土壤电阻。土壤电阻的大小用土壤电阻率表示。土壤电阻率就是 1 cm³ 的正立方体土壤的电阻值。影响土壤电阻的原因很多，如土质温度、湿度、化学成分、物理性质和季节等。因此，在设计接地装置前应进行测定，如果一时无法取得实测数据，可按表6-5所列数据进行初步设计计算，但在施工后必须进行测量核算。

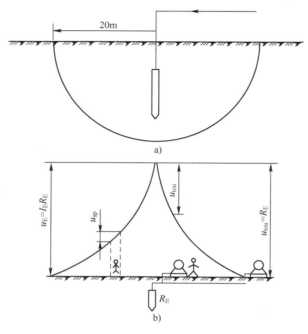

图 6-38　对地电压、接触电压和跨步电压示意图

表 6-5　根据土壤性质决定的土壤电阻率

土 壤 性 质	土壤电阻率 $\rho/\Omega \cdot cm$	土 壤 性 质	土壤电阻率 $\rho/\Omega \cdot cm$
泥土	0.25×10^4	砂土	3×10^4
黑土	0.5×10^4	砂	5×10^4
黏土	0.6×10^4	多石土壤	10×10^4
砂质黏土	0.8×10^4		

2）接地线。在设计时为节约金属，减少施工费用，应尽量选择自然导体作接地线，只有当自然导体在运行中电气连接不可靠，以及阻抗较大，不能满足要求时，才考虑增设人工接地线或增设辅助接地线。

自然接地线包括建筑物的金属结构，生产用的金属构架如吊车轨道、配电装置外壳、布线的钢管、电缆外皮以及非可燃和爆炸危险的工业管道道等。

3）接地极。由于土壤的电阻率比较固定，接地线的电阻又往往忽略不计，因而选用接地极是决定接地电阻大小的关键因素。

应首先选用自然接地极。自然接地极主要有地下水管道，非可燃、非爆炸性液、气金属管道；建筑物和构筑物的金属结构和电缆外皮。

人工接地极可以用垂直埋入地下的钢管、角钢以及水平放置的扁钢、圆钢等，一般情况下采用管形接地体较好。其优点是：

① 机械强度高，可以用机械方法打入土壤中，施工较简单。

② 达到同样的电阻值，较其他接地体经济。

③ 容易埋入地下较深处，土壤电阻系数变化较小。

④ 与接地线易于连接，便于检查。

⑤ 用人工方法处理土壤时，容易加入盐类溶液。

一般情况下可选用直径 50 mm、长度 2.5 m 的钢管作为人工接地极。因为直径小于该值，机械强度小，容易弯曲，不易打入地下，但直径大于 50 mm，流散电阻降低作用不大。为了减少外界温度、湿度变化对流散电阻的影响，管的顶部距地面一般要求为 500~700 mm。

通常，电力系统在不同情况下对接地电阻的要求是不同的。表 6-6 给出了电力系统不同接地装置所要求的接地电阻值。

表 6-6　电力系统不同接地装置的接地电阻值

序号	项　　目		接地电阻 R_E/Ω	备　　注
1	1000 V 以上大接地电流系统		≤0.5	使用于系统接地
2	1000 V 以上小接地电流系统	与低压电气设备共用	$\leq \dfrac{120}{I}$	1) 对接有消弧线圈的变电所或电气设备接地装置，I 为同一接地网消弧线圈总额定电流的 125%
3		仅用于高压电气设备	$\leq \dfrac{250}{I}$	2) 对不接消弧线圈者按切断最大一台消弧线圈，电网中残余接地电流计算，但不应小于 30 A
4	1000 V 以下低压电气设备接地装置	一般情况	≤4	
5		100 kV·A 及以下发电机和变压器中性点接地	≤10	
6		发电机与变压器并联工作，但总容量不超过 100 kV·A	≤10	
7	重复接地	架空中性线	≤10	
8		序号 5、6	≤30	
9	架空电力线（无避雷线）	小接地电流系统钢筋混凝土杆，金属杆	≤30	
10		低压线路钢筋混凝土杆，金属杆	≤30	
11		低压进户线绝缘子铁脚	≤30	

2. 保护接地

为保证人体触及意外带电的电气设备时的人身安全，而将电气设备的金属外壳进行接地即为保护接地。依据配电系统的对地关系、电气设备（或装置）的外露可导电部分的对地关系以及整个系统的中性线（Neutral Wire，简写为 N 线）与保护线（Protective Wire，简写为 PE 线）的组合情况，低压配电系统的保护接地按接地形式，分为 TN 系统、TT 系统和 IT 系统 3 种。

（1）TN 系统

TN 系统是指电力系统有一点直接接地，电气装置的外露可接近导体通过保护导体与该接地点相连接。TN 系统分为：

1）TN-S 系统。整个系统的中性导体（N 线）与保护导体（PE 线）是分开的，如图 6-39a 所示。

2）TN-C 系统。整个系统的中性导体与保护导体是合一的，如图 6-39b 所示。

3）TN-C-S 系统。系统中有一部分线路的中性导体与保护导体是合一的，称为保护中性导体（PEN 线），如图 6-39c 所示。

TN 系统中，设备外露可接近导体通过保护导体或保护中性导体接地，这种接地形式我国习惯称为"保护接零"。

TN 系统中的设备发生单相碰壳漏电故障时，就形成单相短路回路，因该回路内不包含任何接地电阻，整个回路的阻抗就很小，故障电流 $I_k^{(1)}$ 很大，足以保证在最短的时间内使熔丝熔断、保护装置或断路器跳闸，从而切除故障设备的电源，保障人身安全。

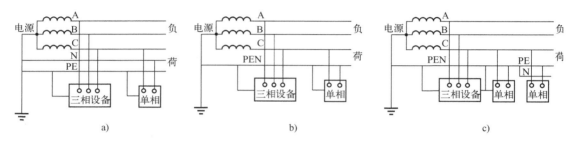

图 6-39　低压配电的 TN 系统

（2）TT 系统

电力系统中有一点直接接地，电气设备的外露可接近导体通过保护接地线接至与电力系统接地点无关的接地极，如图 6-40a 所示。

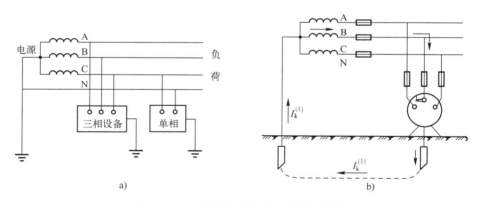

图 6-40　TT 系统及保护接地功能的说明

当设备发生一相接地故障时，就会通过保护接地装置形成单相短路电流 $I_k^{(1)}$（见图 6-40b）；由于电源相电压为 220 V，如按电源中性点工作接地电阻为 4 Ω、保护接地电阻为 4 Ω 计算，则故障回路将产生 27.5 A 的电流。这么大的故障电流，对于容量较小的电气设备，所选用的熔丝会熔断或使断路器跳闸，从而切断电源，可以保障人身安全。但是，对于容量较大的电气设备，因所选用的熔丝或断路器的额定电流较大，所以不能保证切断电源，也就无法保障人身安全了，这是保护接地方式的局限性，但可通过加装剩余电流保护器来弥补，以完善保护接地的功能。

（3）IT 系统

电力系统与大地间不直接连接，属于三相三线制系统，电气装置的外露可接近导体通过保护接导体与接地极连接，如图 6-41a 所示。

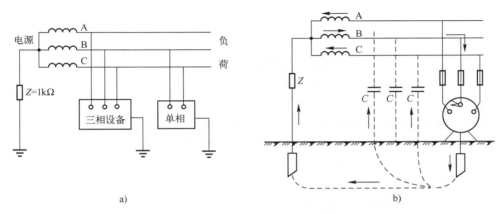

图 6-41　IT 系统及一相接地时的故障电流

当设备发生一相接地故障时，就会通过接地装置、大地、两非故障相对地电容及电源中性点接地装置（如采取中性点经阻抗接地时）形成单相接地故障电流（见图 6-41b），这时人体若触及漏电设备外壳，因人体电阻与接地电阻并联，且 R_{man} 远大于 R_E（人体电阻比接地电阻大 200 倍以上），由于分流作用，通过人体的故障电流将远小于流经 R_E 的故障电流，极大地减小了触电的危害程度。

注意，在同一低压配电系统中，保护接地与保护接零不能混用；否则，当采取保护接地的设备发生单相接地故障时，危险电压将通过大地窜至零线及采用保护接零的设备外壳上。

3. 重复接地

将保护中性线上的一处或多处通过接地装置与大地再次连接，称为重复接地。在架空线路终端及沿线每 1 km 处、电缆或架空线引入建筑物处都要重复接地。如不重复接地，当零线万一断线而同时断点之后某一设备发生单相碰壳时，断点之后的接零设备外壳都将出现较高的接触电压，即 $U_E \approx U_\varphi$，如图 6-42a 所示，这将十分危险。如重复接地，接触电压大大降低，$U_E = I_E R_R \ll U_\varphi$，如图 6-42b 所示，危险则大为降低。

4. 变配电所和车间的接地装置

由于单根接地体周围地面电位分布不均匀，在接地电流或接地电阻较大时，容易使人受到危险的接触电压或跨步电压的威胁。采用接地体埋设点距被保护设备较远的外引式接地时，情况就更严重（若相距 20 m 以上，则加到人体上的电压将为设备外壳的全部对地电压）。此外，单根接地体或外引式接地的可靠性也较差，万一引线断开就极不安全。因此，变配电所和车间的接地装置一般采用环路式接地装置，如图 6-43 所示。

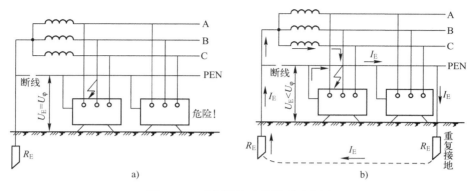

图 6-42　重复接地功能说明示意图

a) 没有重复接地 PE 线或 PEN 线断线时　b) 采取重复接地 PE 线或 PEN 线断线时

环路式接地装置在变配电所和车间建筑物四周，距墙脚 2~3 m 打入一圈接地体，再用扁钢连成环路，外缘各角应做成圆弧形，圆弧半径不宜小于均压带间距的一半。这样，接地体间的散流电场将相互重叠而使地面上的电位分布较为均匀，跨步电压及接触电压很低。当接地体之间距离为接地体长度的 2~3 倍时，这种效应就更明显。若接地区域范围较大，可在环路式接地装置范围内，每隔 5~10 m 宽度增设一条水平接地带作为均压带，该均压带还可作为接

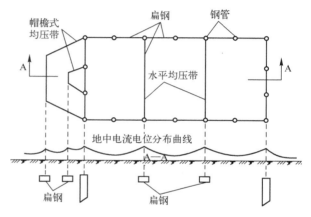

图 6-43　加装均压带的环路式接地网

地干线用，以使各被保护设备的接地线连接更为方便可靠。在经常有人出入的地方，应加装帽檐式均压带或采用高绝缘路面。

5. 低压配电系统的等电位联结

多个可导电部分间为达到等电位进行的联结称为等电位联结。等电位联结可以更有效地降低接触电压值，还可以防止由建筑物外传入的故障电压对人身造成危害，提高电气安全水平。

（1）等电位联结的分类

按用途分，等电位联结分为保护等电位联结（Protective-equipotential Bonding）和功能等电位联结（Functional-equipotential Bonding）。保护等电位联结是指为了安全目的进行的等电位联结，功能等电位联结是指为保证正常运行进行的等电位联结。

按位置分，等电位联结分为总等电位联结（Main Equipotential Bonding，MEB）、辅助等电位联结（Supplementary Equipotential Bonding，SEB）和局部等电位联结（Local Equipotential Bonding，LEB）。

GB50054—2011《低压配电设计规范》规定：采用接地故障保护时，应在建筑物内做总等电位联结。当电气装置或其某一部分的接地故障后，间接接触的保护电器不能满足自动切

断电源的要求时，尚应在局部范围内将可导电部分做局部等电位联结，亦可将伸臂范围内能同时触及的两个可导电部分做辅助等电位联结。

接地可视为以大地作为参考电位的等电位联结，为防电击而设的等电位联结一般均做接地，与地电位一致，有利于人身安全。

1）总等电位联结。总等电位联结是在保护等电位联结中，将总保护导体、总接地导体或总接地端子、建筑物内的金属管道和可利用的建筑物金属结构等可导电部分联结到一起，使它们都具有基本相等的电位，如图 6-44 所示。

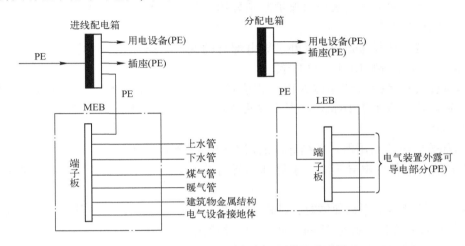

图 6-44　总等电位联结和局部等电位联结

MEB—总等电位联结　LEB—局部等电位联结

建筑物内的总等电位联结，应符合下列规定：

① 每个建筑物中的总保护导体（保护导体、保护接地中性导体）、电气装置总接地导体或总接地端子排、建筑物内的金属管道（水管、燃气管、采暖和空调管道等）和可接用的建筑物金属结构部分应做总等电位联结。

② 来自建筑物外部的可导电部分，应在建筑物内距离引入点最近的地方做总等电位联结。

③ 总等电位联结导体应符合相关规定。

2）辅助等电位联结。辅助等电位联结是在导电部分间用导体直接联结，使其电位相等或接近，而实施的保护等电位联结。

3）局部等电位联结。局部等电位联结是在一局部范围内将各导电部分连通，而实施的保护等电位联结。

总等电位联结虽能大大降低接触电压，但如果建筑物离电源较远，建筑物内保护线路过长，则保护电器的动作时间和接触电压都可能超过规定的限值。这时应在局部范围内再做一次局部等电位联结，作为总等电位联结的一种补充，如图 6-44 所示。通常在容易触电的浴室、卫生间及安全要求极高的胸腔手术室等地，宜做局部等电位联结。

（2）等电位联结导体的选择

1）总等电位联结用保护联结导体的截面积，不应小于保护线路的最大保护导体（PE线）截面积的 1/2，其保护联结导体截面积的最小值和最大值应符合表 6-7 的规定。

表 6-7　总等电位联结用保护联结导体截面积的最小值和最大值　　　　　（单位：mm²）

导体材料	最小值	最大值
钢	6	25
铝	16	按载波量与 25 mm² 铜导体的载流量相同确定
钢	50	

2）辅助等电位联结用保护联结导体的截面积符合下列规定：

① 联结两个外露可导电部分的保护联结导体，其电导不应小于接到外露可导电部分的较小的保护导体的电导。

② 联结外露可导电部分和装置外可导电部分的保护联结导体，其电导不应小于相应保护导体截面积 1/2 的导体所具有的电导。

③ 单独敷设的保护联结导体的截面积应符合：有机械损伤防护时，铜导体不应小于 2.5 mm²，铝导体不应小于 16 mm²；无机械损伤防护时，铜导体不应小于 4 mm²，铝导体不应小于 16 mm²。

3）局部等电位联结用保护联结导体的截面积应符合下列规定：

① 保护联结导体的电导不应小于局部场所内最大保护导体截面积 1/2 的导体所具有的电导。

② 保护联结导体采用铜导体时，其截面积最大值为 25 mm²；采用其他金属导体时，其截面积最大值应按其载流量与 25 mm² 铜导体的载流量相同确定。

③ 单独敷设的保护联结导体的截面积应符合：有机械损伤防护时，铜导体不应小于 2.5 mm²，铝导体不应小于 16 mm²；无机械损伤防护时，铜导体不应小于 4 mm²，铝导体不应小于 16 mm²。

6.2.5　接地电阻及其计算

接地体与土壤之间的接触电阻及土壤的电阻之和称为散流电阻；散流电阻加接地体和接地线本身的电阻称为接地电阻。

1. 接地电阻的要求

对接地装置的接地电阻进行限定，实际上就是限制接触电压和跨步电压，保证人身安全。电力装置的工作接地电阻应满足以下几个要求：

1）电压为 1000 V 以上的中性点接地系统中，电气设备实行保护接地。由于系统中性点接地，故电气设备绝缘击穿而发生接地故障时，将形成单相短路，由继电保护装置将故障部分切除，为确保可靠动作，此时接地电阻 $R_E \leqslant 0.5\,\Omega$。

2）电压为 1000 V 以上的中性点不接地系统中，由于系统中性点不接地，当电气设备绝缘击穿而发生接地故障时，一般不跳闸而是发出接地信号。此时，电气设备外壳对地电压为 $R_E I_E$，I_E 为接地电容电流，当接地装置单独用于 1000 V 以上的电气设备时，为确保人身安全，取 $R_E I_E$ 为 250 V，同时还应满足设备本身对接地电阻的要求，即

$$R_E \leqslant 250/I_E,\ 同时满足\ R_E \leqslant 10\,\Omega \tag{6-7}$$

当接地装置与 1000 V 以下的电气设备共用时，考虑到 1000 V 以下设备分布广、安全要求高的特点，所以取

$$R_E \leqslant 125/I_E \qquad (6-8)$$

同时还应满足下述 1000 V 以下设备本身对接地电阻的要求：

3）电压为 1000 V 以下的中性点不接地系统中，考虑到其对地电容通常都很小，因此，规定 $R_E \leqslant 4\,\Omega$，即可保证安全。

对于总容量不超过 100 kV·A 的变压器或发电机供电的小型供电系统，接地电容电流更小，所以规定 $R_E \leqslant 10\,\Omega$。

4）电压为 1000 V 以下的中性点接地系统中，电气设备实行保护接零，电气设备发生接地故障时，由保护装置切除故障部分，但为了防止零线中断时产生危害，仍要求有较小的接地电阻，规定 $R_E \leqslant 4\,\Omega$。同样对总容量不超过 100 kV·A 的小系统，可采用 $R_E \leqslant 10\,\Omega$。

2. 接地电阻的计算

（1）工频接地电阻

工频接地电流流经接地装置所呈现的接地电阻，称为工频接地电阻，可按表 6-8 中的公式进行计算。工频接地电阻一般简称为接地电阻，只在需区分冲击接地电阻时才注明工频接地电阻。

表 6-8　接地电阻计算公式

接地体形式			计算公式	说　明
人工接地体	垂直式	单根	$R_{E(1)} \approx \dfrac{\rho}{l}$	ρ 为土壤电阻率（$\Omega \cdot$m），l 为接地体长度（m），单位下同
		多根	$R_E = \dfrac{R_{E(1)}}{n\eta_E}$	n 为垂直接地体根数，η_E 为接地体的利用系数，由管间距 a 与管长 l 之比及管子数目 n 确定，可查附表 11
	水平式	单根	$R_{E(1)} \approx \dfrac{2\rho}{l}$	ρ 为土壤电阻率，l 为接地体长度
		多根	$R_E \approx \dfrac{0.062\rho}{n+1.2}$	n 为放射形水平接地带根数（$n \leqslant 12$），每根长度 $l = 60$ m
	复合式接地网		$R_E \approx \dfrac{\rho}{4r} + \dfrac{\rho}{l}$	r 为与接地网面积等值的圆半径（即等效半径）；l 为接地体总长度，包括垂直接地体
	环形		$R_{\sim} \approx \dfrac{0.6\rho}{\sqrt{S}}$	S 为接地体所包围的土壤面积（m²）
自然接地体	钢筋混凝土基础		$R_E \approx \dfrac{0.2\rho}{\sqrt[3]{V}}$	V 为钢筋混凝土基础体积（m³）
	电缆金属外皮、金属管道		$R_E \approx \dfrac{2\rho}{l}$	l 为电缆及金属管道埋地长度

（2）冲击接地电阻

雷电流经接地装置泄放入地时所呈现的接地电阻，称为冲击接地电阻。由于强大的雷电流泄放入地时，土壤被雷电波击穿并产生火花，使散流电阻显著降低。因此，冲击接地电阻一般小于工频接地电阻。

冲击接地电阻 R_{Esh} 与工频接地电阻 R_E 的换算应按下式计算：

$$R_E = AR_{Esh} \qquad (6-9)$$

式中，R_E 为接地装置各支线的长度取值小于或等于接地体的有效长度 l_e 或者有支线大于 l_e 而取其等于 l_e 时的工频接地电阻（Ω）；A 为换算系数，其值宜按图 6-45 确定。

接地体的有效长度 l_e 应按下式计算（单位为 m）：

$$l_e = 2\sqrt{\rho} \qquad (6\text{-}10)$$

式中，ρ 为敷设接地体处的土壤电阻率（$\Omega \cdot m$）。

接地体的长度和有效长度计量如图 6-46 所示；单根接地体时，l 为其实际长度；有分支线的接地体，l 为其最长分支线的长度；环形接地体，l 为其周长的一半。一般 $l_e > l$，因此 $l/l_e > l$。若 $l > l_e$，取 $l = l_e$，即 $A = 1$，$R_E = R_{Esh}$。

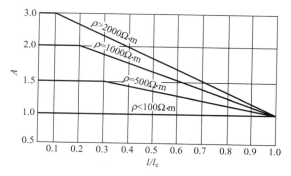

图 6-45　确定换算系数 A 的曲线

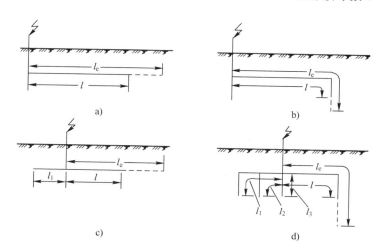

图 6-46　接地体的长度和有效长度

a）单根水平接地体　b）末端接垂直接地体的单根水平接地体
c）多根水平接地体　d）接多根垂直接地体的多根水平接地体（$l_1 \leqslant l$，$l_2 \leqslant l$，$l_3 \leqslant l$）

（3）接地装置的设计计算

在已知接地电阻要求值的前提下，所需接地体根数的计算可按下列步骤进行：

1）按设计规范要求，确定允许的接地电阻值 R_E。

2）实测或估算可以利用的自然接地体的接地电阻 $R_{E(nat)}$。

3）计算需要补充的人工接地体的接地电阻

$$R_{E(man)} = \frac{R_{E(nat)} R_E}{R_{E(nat)} - R_E} \qquad (6\text{-}11)$$

若不考虑自然接地体，则 $R_{E(man)} = R_E$。

4）根据设计经验，初步安排接地体的布置、确定接地体和连接导线的尺寸。

5）计算单根接地体的接地电阻 $R_{E(1)}$。

6）用逐步渐近法计算接地体的数量

$$n = \frac{R_{E(1)}}{\eta_E R_{E(man)}} \qquad (6\text{-}12)$$

7）校验短路热稳定度。对于大接地电流系统的接地装置，应进行单相短路热稳定校验。

由于钢线的热稳定系数 $C=70$，接地钢线的最小允许截面（mm^2）为

$$S_{th.min} = I_K^{(1)} \frac{\sqrt{t_K}}{70} \tag{6-13}$$

式中，$I_K^{(1)}$ 为单相接地短路电流，为计算方便，可取 $I''^{(3)}$（A）；t_K 为短路电流持续时间（s）。

【例 6-1】 某车间变电所变压器容量为 630 kV·A。电压为 10 kV/0.4 kV，接线组为 Yyn0，与变压器高压侧有电联系的架空线路长 100 km，电缆线路长 10 km，装设地土质为黄土，可利用的自然接地体电阻实测为 20 Ω，试确定此变电所公共接地装置的垂直接地钢管和连接扁钢。

解：（1）确定接地电阻要求值

接地电流近似计算为

$$I_E = \frac{U_N(L_{oh}+35L_{cab})}{350} = \frac{10 \times (100+35 \times 10)}{350} A = 12.9 \ A$$

按附表 12 可确定，此变电所公共接地装置的接地电阻应满足以下两个条件

$$R_E \leq 120/I_E = 120/12.9 \ \Omega = 9.3 \ \Omega$$

$$R_E \leq 4 \ \Omega$$

比较上两式，总接地电阻应满足 $R_E \leq 4 \ \Omega$。

（2）计算需要补充的人工接地体的接地电阻

$$R_{E(man)} = \frac{R_{E(nat)}R_E}{R_{E(nat)}-R_E} = \frac{20 \times 4}{20-4} \ \Omega = 5 \ \Omega$$

（3）接地装置方案初选

采用环路式接地网，初步考虑围绕变电所建筑四周，打入一圈钢管接地体，钢管直径为 50 mm，长 2.5 m，间距为 7.5 m，管间用 40×4 mm^2 的扁钢连接。

（4）计算单根钢管接地电阻

查附表 13 得，黄土的电阻率 $\rho = 200 \ \Omega \cdot m$。

单根钢管接地电阻 $R_{E(1)} = \rho/l = 200/2.5 \ \Omega = 80 \ \Omega$。

（5）确定接地钢管数和最后接地方案

根据 $R_{E(1)}/R_{E(man)} = 80/5 = 16$，同时考虑到管间屏蔽效应，初选 24 根钢管做接地体。以 $n=24$ 和 $a/l=3$ 去查附表 11，得 $\eta_E \approx 0.70$。因此

$$n = \frac{R_{E(1)}}{\eta_E R_{E(man)}} = \frac{80}{0.70 \times 5} \approx 23$$

考虑到接地体的均匀对称布置，最后确定用 24 根直径为 50 mm、长为 2.5 m 的钢管做接地体，管间距为 7.5 m，用 40×4 mm^2 的扁钢连接，环形布置，附加均压带。

3. 降低接地电阻的方法

在高土壤电阻率场地，可采取下列方法降低接地电阻：

1）将垂直接地体深埋到低电阻率的土壤中或扩大接地体与土壤的接触面积。

2）置换成低电阻率的土壤。

3）采用降阻剂或新型接地材料。

4）在永冻土地区和采用深孔（井）技术的降阻方法，应符合现行国家标准 GB50169—

2011《电气装置安装工程接地装置施工及验收规范》规定。

5）采用多根导体外引接地装置，外引长度不应大于有效长度。

4. 接地电阻的测量

接地装置施工完成后，使用之前应测量接地电阻的实际值，以判断其是否符合要求。若不符合要求，则需补打接地体。每年雷雨季到来之前还需要重新检查测量。接地电阻的测量有电桥法、补偿法、电流-电压表法和接地电阻测量仪法，这里介绍接地电阻测量仪法。

接地电阻测量仪，俗称接地摇表，其自身能产生交变的接地电流，使用简单，携带方便，而且抗干扰性能较好，应用十分广泛。

接地电阻测量仪（ZC-8 型）法的接线如图 6-47 所示，接线端子 E、P、C 分别接于被测接地体（E′）、电压极（P′）和电流极（C′）。以大约 120 r/min 的速度转动手柄时，测量仪内产生的交变电流将沿被测接地体和电流极形成回路，调节粗调旋钮及细调拨盘，使表针指在中间位置，这时便可读出被测接地电阻。

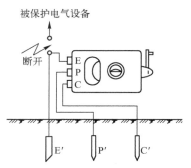

图 6-47　接地电阻仪接线图

具体测量步骤如下：

1）拆开接地干线与接地体的连接点。

2）将两支测量接地棒分别插入离接地体 20 m 与 40 m 远的地中，深度约 400 mm。

3）把接地电阻测量仪放置于接地体附近平整的地方，然后用最短的一根连接线连接接线柱 E 和被测接地体 E′，用较长的一根连接线连接接线柱 P 和 20 m 远处的接地棒 P′，用最长的一根连接线连接接线柱 C 和 40 m 远处的接地棒 C′。

4）根据被测接地体的估计电阻值，调节好粗调旋钮。

5）以约 120 r/min 的转速摇动手柄，当表针偏离中心时，边摇动手柄边调节细调拨盘，直至表针居中并稳定后为止。

6）微调拨盘的读数×粗调旋钮倍数，即得被测接地体的接地电阻。

6.2.6　电气安全

电气安全包括人身安全和设备安全两个方面。人身安全是指电气从业人员或其他人员的安全；设备安全是指包括电气设备及其所拖动的机械设备的安全。

电气设备应用广泛，如果设计不合理，安装不妥当，使用不正确，维修不及时，尤其是电气人员缺乏必要的安全知识与安全技能，麻痹大意，就可能引发各类事故，如触电伤亡、设备损坏、停电，甚至引起火灾或爆炸等严重后果。因此，必须采取切实有效的措施，杜绝事故的发生。一旦发生事故，也应懂得现场应急处理的方法。

1. 电气安全措施

1）建立完整的安全管理机构。

2）健全各项安全规程，并严格执行。

3）严格遵循设计、安装规范。电气设备和线路的设计、安装应严格遵循相关的国家标准，做到精心设计，按图施工，确保质量，绝不留下事故隐患。

4）加强运行维护和检修试验工作。应定期测量在用电气设备的绝缘电阻及接地装置的接地电阻，确保处于合格状态；对安全用具、避雷器、保护电器，也应定期检查、测试，确保其性能良好、工作可靠。

5）按规定正确使用电气安全用具。电气安全用具分为绝缘安全用具和防护安全用具，绝缘安全用具又分为基本安全用具和辅助安全用具两类。

6）采用安全电压和符合安全要求的电器。为防止触电事故而采用的由特定电源供电的电压系列，称为安全电压。对于容易触电及有触电危险的场所，应按表6-9中的规定采用相应的安全电压。

7）普及安全用电知识。

表6-9 安全电压

安全电压（交流有效值)/V		选用举例
额定值	空载上限值	
42	50	在有触电危险的场所使用的手持式电动工具等
36	43	在矿井、多导电粉尘等场所使用的行灯
24	29	工作空间狭窄，操作者容易大面积接触带电体，如在锅炉、金属容器内
12	15	人体可能经常触及的带电导体
6	8	

注：某些重负载的电气设备，对表中列出的额定值虽然符合规定，但空载时电压都很高，若超过空载上限值仍不能认为是安全的。

2. 电气防火和防爆

当电气设备、线路处于短路、过载、接触不良、散热不良的不正常运行状态时，其发热量增加，温度升高，容易引起火灾。在有爆炸性混合物的场合，电火花、电弧还会引发爆炸。

（1）防火防爆的措施

1）选择适当的电气设备及保护装置，应根据具体环境、危险场所的区域等级选用相应的防爆电气设备和配线方式，所选用的防爆电气设备的级别应不低于该爆炸场所内爆炸性混合物的级别。

2）保持必要的防火间距及良好的通风。

（2）电气火灾的特点

1）着火的电气设备可能是带电的，如不注意可能引起触电事故。

2）有些电气设备（如油浸式变压器、油断路器）本身充有大量的油，可能发生喷油甚至爆炸事故，扩大火灾范围。

（3）电气失火的处理

电气失火后应首先切断电源，但有时为争取时间，来不及断电或因生产需要等原因不允许断电时，则需带电灭火，带电灭火必须注意以下几点：

1）选择适当的灭火器。二氧化碳（CO_2）、四氯化碳（CCl_4）、二氟一氯一溴甲烷（F_2ClBr，俗称"1211"）或干粉灭火器的灭火剂均不导电，可用于带电灭火。二氧化碳（干冰）灭火器使用时要打开门窗，离火区2～3m喷射，勿使干冰沾着皮肤，以防冻伤。四氯化碳灭火器灭火要防止中毒，应打开门窗，有条件时最好戴上防毒面具，因为四氯化碳与氧气在热作用下会起化学反应，生成有毒的光气（$COCl_2$）和氯气（Cl_2）。不能使用一般的泡沫灭火器，因为其灭火剂（水溶液）具有一定的导电性，而且对电气设备具有腐蚀作用。

2）小范围带电灭火，可使用干砂覆盖。

3）专业灭火人员用水枪灭火时，宜采用喷雾水枪，这种水枪通过水柱的泄漏电流较小，带电灭火比较安全，用普通直流水枪灭火时，为防止泄漏电流流过人体，可将水枪喷嘴接地，也可让灭火人员穿戴绝缘手套、绝缘靴或穿戴均压服后进行灭火。

3. 触电及防护

（1）触电的概念及其危害

人体也是导体，当人体某部位接触一定电位时，就有电流流过人体，这就是触电。触电分为直接触电和间接触电两类。直接触电是指人体与带电导体接触的触电。间接触电是指人体与故障状况下变为带电的设备外露可接近导体（如金属外壳、框架等）接触的触电。

触电事故可分为"电击"与"电伤"两类。电击是指电流通过人体内部，破坏人的心脏、呼吸系统与神经系统，重则危及生命；电伤是指由电流的热效应、化学效应或机械效应对人体造成的伤害，它可伤及人体内部，甚至骨骼，还会在人体体表留下诸如电流印、电纹等触电伤痕。

触电事故引起死亡大都是由于电流刺激人体心脏，引起心室的纤维性颤动、停搏和电流引起呼吸中枢麻痹，导致呼吸停止而造成的。

安全电流是指人体触电后最大的摆脱电流。我国规定为 30 mA（50 Hz 交流），触电时间按不超过 1 s 计，即 30 mA·s。

电流对人体的危害程度与触电时间、电流的大小和性质及电流在人体中的路径有关，触电时间越长，电流越大，频率接近工作频率，对人体的危害越大，电流流过心脏最为危险。此外，还与人的体重、健康状况有关。

（2）触电防护

1）直接触电防护

① 将带电导体绝缘。带电导体应全部用绝缘层覆盖，其绝缘层应能长期承受在运行中遇到的机械、化学、电气及热的各种不利影响。

② 采用遮拦或外护物。设置防止人、畜意外触及带电导体的防护设施；在可能触及带电导体的开孔处，设置"禁止触及"的标志。

③ 采用阻挡物。当裸带电导体采用遮拦或外护物防护有困难时，在电气专用房间或区域宜采用栏杆或网状屏障等阻挡物防护。

④ 将人可能无意识同时触及的不同电位的可导电部分置于伸臂范围之外。

2）间接触电防护

① 将故障状况下变为带电的设备外露可接近导体接地或接零。

② 设置等电位联结。建筑物内的总等电位联结和局部等电位联结应符合相关规定。

③ 装设剩余电流保护电器，故障时自动切断电源。

④ 采用特低电压（ELV）供电。特低电压是指相间电压或相对地电压不超过交流方均根值 50 V 的电压。亦可采用 SELV（安全特低电压）系统和 PELV（保护特低电压）系统供电。

本章小结

本章介绍了二次接线原理图和安装接线图、二次接线的操作电源、高压断路器的控制与信号回路、过电压及防雷保护、供配电系统的接地保护、电气安全及触电的防护与救护。所有内容的实质都是安全问题。

1）变电所的二次设备是对一次设备进行监测、控制、调节和保护的电气设备，包括计量和测量表计、控制及信号、继电保护装置、自动装置、远动装置等。

2）二次回路按功能可分为断路器控制回路、信号回路、保护回路、监视和测量回路、自动装置回路、操作电源回路等；按电源性质可分为直流回路和交流回路。按用途来分，则有操作电源回路、测量表计回路、断路器控制和信号回路、中央信号回路、继电保护和自动装置回路等。

3）用国家规定的电气系统图形符号和相应的文字符号，表示继电保护、测量仪表、控制开关、信号装置、继电器、自动装置等的互相连接、安装布置的图纸，称为二次接线图。二次接线图可分为原理接线图、展开接线图、屏面布置图和安装接线图几种。

4）原理接线图是表示二次接线构成原理的基本图纸；屏面布置图是表现二次设备在屏面及屏内具体布置的图纸；安装接线图表明屏上各二次设备的内部接线及二次设备间的相互接线。

5）二次回路的操作电源是提供断路器控制回路、继电保护装置、信号回路、监测系统等二次回路所需的电源。二次回路的操作电源主要有直流操作电源和交流操作电源两类。

6）直流操作电源有蓄电池供电和硅整流直流电源供电两种；交流操作电源有电压互感器、电流互感器供电和所用电变压器供电两种。

7）所用变压器一般都接在电源的进线处，即使变电所母线或主变压器发生故障，所用变压器仍能取得电源，保证操作电源及其他用电的可靠性。所用电源不仅要在正常情况下能保证操作电源的供电，而且在全所停电或所用电源发生故障时，仍能实现对电源进线断路器的操作和事故照明的用电。

8）断路器的控制按其控制地点来分，有就地控制和集中控制。集中控制是指控制机构安装在距设备几十米或几百米以外的控制室内，控制屏上有相应的灯光信号反映出断路器的位置状态，控制机构与执行机构之间需通过控制电缆联络；就地控制是控制机构就安装在执行机构所在的高压开关柜上，因而无须控制电缆。

9）断路器控制回路的接线方式较多，按监视方式可分为灯光监视的控制回路与音响监视的控制回路。前者多用于中、小型变电所，后者常用于大型变电所。

10）变电所的进出线、变压器和母线等的保护装置或监测装置动作后，通过中央信号系统发出相应的信号来提示运行人员。这些信号主要有事故信号、预告信号、位置信号、指挥信号和联系信号。

11）中央事故信号是指在供电系统中，断路器事故跳闸后发出的音响信号，常采用蜂鸣器或电笛。中央事故信号回路按操作电源可分为交流和直流两类；按复归方法可分为就地复归和中央复归两种；按其能否重复动作分为不重复动作和重复动作两种。

12）过电压分为内部过电压和雷电过电压。内部过电压可分为操作过电压、弧光接地过电压及谐振过电压。雷电过电压也称外部过电压，有 3 种形式：直击雷过电压、感应雷过电压和雷电侵入波。

13）防雷装置由接闪器或避雷器、引下线和接地装置 3 部分组成。防雷设备有接闪器和避雷器。接闪器有接闪杆、接闪线、接闪带和接闪网。接闪器的实质是引雷作用，接闪杆和接闪线的保护范围按滚球法确定。避雷器的类型有阀型避雷器、管型避雷器、金属氧化物避雷器和保护间隙。

14）应重点对变配电所、架空线路、高压电动机和建筑物采取相应的防雷保护措施，为此，应选择适当的防雷设备和有效的接线方式。

15）接地分为工作接地、保护接地和重复接地。工作接地是指因正常工作需要而将电气设备的某点进行接地；保护接地是指将在故障情况下可能出现危险的对地电压的设备外壳进行接地；重复接地是将零线上的一处或多处进行接地。

16）低压配电系统的保护接地分为 TN 系统、TT 系统和 IT 系统 3 种形式。

17）采用接地故障保护时，应在建筑物内做总等电位联结。当电气装置或其某一部分的接地故障保护不能满足规定要求时，尚应在局部范围内做局部等电位联结。等电位联结是建筑物内电气装置的一项基本安全措施，可以降低接触电压，保障人员安全。在建筑物进线处做总等电位联结，在远离总等电位联结的潮湿、有腐蚀性物质、触电危险性大的地方可做局部等电位联结。

18）接地电阻应满足规定要求。设计接地装置时，应首先考虑利用自然接地体，如不足应补充人工接地体，竣工后和使用过程中，还应检查测量其接地电阻是否符合要求。

19）等电位联结是指多个可导电部分间为达到等电位进行的联结。等电位联结可降低接触电压值，还可防止由建筑物外传入的故障电压对人身造成危害，提高电气安全水平。等电位联结按用途分为保护等电位联结和功能等电位联结。等电位联结按位置分为总等电位联结、辅助等电位联结和局部等电位联结等。等电位联结导体的选择应符合相关规定。

20）安全是工厂供电的基本。在供电工作中，应保证人身和设备两方面的安全防，防止直接触电和间接触电。电气失火可能带电，还可能引起爆炸，所以应采取正确的火火方法，选择适当的灭火器材。

习题与思考题

6-1　什么是二次接线？二次回路图主要有哪些内容，各有何特点？

6-2　二次接线图的作用是什么？二次接线图分为哪几种？

6-3　原理接线图的特点是什么？

6-4　展开接线图的特点是什么？如何阅读？

6-5　什么是屏面布置图？

6-6　安装接线图的特点是什么？如何阅读？

6-7　变配所二次回路按功能分为哪几部分？各部分的作用是什么？

6-8　操作电源有哪几种，直流操作电源又有哪几种？各有何特点？

6-9　蓄电池有哪几种运行方式？

6-10　交流操作电源有哪些特点？可通过哪些途径获得电源？

6-11 什么叫过电压？雷电过电压有哪些形式？各是如何产生的？

6-12 避雷针是如何防护雷击的？避雷针、避雷线和避雷带（网）各主要用在哪些场所？

6-13 供电系统中常用的防雷装置有哪几种？它们各自的结构特点及作用是什么？

6-14 什么叫直击雷？什么叫入侵雷电波？雷电流波形的特点是什么？

6-15 变配电所有哪些防雷措施？架空线路又有哪些防雷措施？

6-16 简述避雷器伏秒特性的含义。避雷器与被保护电器设备的伏秒特性应如何配合才能起到保护？

6-17 在防止线路侵入波保护变压器时，对避雷器的选择及安装位置有何要求？为什么？在实现由线路入侵雷电冲击波的防护时，为什么避雷器必须尽量靠近变压器设置？

6-18 当雷电击中独立避雷针时，为什么会对附近设施产生"反击"？如何防止"反击"的产生？

6-19 某工厂的煤气储罐为圆柱形，直径为 10 m，高出地面 10 m，拟定离煤气罐壁 10 m 处设置避雷针，试计算避雷针的高度。

6-20 解释下列名词术语的物理意义：接地和接地装置、自然接地极和人工接地极、电气上的"零电位"。

6-21 简述接地电阻的物理含义。什么叫工频接地电阻和冲击接地电阻？

6-22 在供电系统中，什么叫安全保护接地？它分为哪些种类？各有何特点？

6-23 什么是共同接地和重复接地？为什么要采用共同接地和重复接地？

6-24 简述接触电压、跨步电压、对地电压的概念。

6-25 为什么由同一变压器供电的供电系统中不允许有的设备采取接地保护而另一些设备又采取接零保护？

6-26 为什么在 TN 系统中，采用剩余电流保护装置后，中性线不可再重复接地？

6-27 直流系统两点接地有何危害？试画图说明。

6-28 电气安全包括哪两方面？忽视电气安全有什么危害？

6-29 什么是安全电压和安全电流？

6-30 什么叫直接触电防护和间接触电防护？

6-31 电气火灾有何特点？如何正确选择灭火器材？

6-32 断路器的控制开关有哪 6 个操作位置？简述断路器手动合闸、分闸的操作过程。

6-33 断路器控制回路应满足哪些要求？

6-34 试述断路器控制回路中防跳闸回路的工作原理。

6-35 什么叫中央信号回路？事故音响信号和预告音响信号的声响有何区别？

6-36 试述能重复动作的中央复归式事故音响信号回路工作原理。

第7章 工厂继电保护

为保证一次系统的安全、可靠、经济运行，在变电所中设置了专门为一次系统服务的二次系统。本章主要介绍二次系统的保护作用、继电器的分类，阐述线路的电流电压保护、电网的方向电流保护、变压器保护、电动机保护和电容器保护的接线、原理及整定计算，以及低压配电系统的保护。

7.1 继电保护基本知识

7.1.1 继电保护的任务

继电保护装置是一种能反映电力系统中电气元件发生的故障或异常运行状态，并动作于断路器跳闸或发出信号的一种自动装置。它的基本任务是：

1) 自动、迅速、有选择地将故障元件从电力系统中切除，并保证无故障部分迅速恢复正常运行。

2) 正确反映电气设备的不正常状态，发出预告信号，以便操作人员采取措施，恢复电气设备的正常运行。

3) 与供电系统的自动装置（如自动重合闸装置、备用电源自动投入装置等）配合，提高供电系统的运行可靠性。

7.1.2 对继电保护的基本要求

对于电力系统继电保护装置应满足可靠性、选择性、灵敏性和速动性的基本要求。

（1）选择性

保护装置的选择性是指保护装置动作时，仅将故障元件从电力系统中切除，使停电范围尽量缩小，以保证电力系统中的无故障部分仍能继续安全运行。满足这一要求的动作称为"选择性动作"。

如图 7-1 所示，当线路 k_2 点发生短路时，保护 6 动作跳开断路器 QF_6，将故障切除，其余的正常运行，继电保护的这种动作是有选择性的。

（2）可靠性

保护装置的可靠性是指在规定的保护区内发生故障时，它不应该拒绝动作；而在正常运行或保护区外发生故障时，不应该误动作。如图 7-1 所示，当线路 k_2 点发生短路时，保护 6 不应该拒动作，保护 1、2、5 不应该误动作。

（3）速动性

发生故障时，继电保护应该尽快地动作，切除故障，减少故障引起的损失，提高电力系统的稳定性。

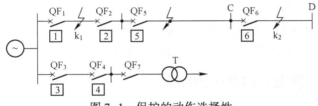

图 7-1　保护的动作选择性

（4）灵敏度

灵敏度是表征保护装置对其保护区内发生故障或异常运行状态的反应能力，如果保护装置对其保护区内极轻微的故障都能及时地反应，就说明灵敏度高。灵敏度表示为

$$S_{\mathrm{p}} = \frac{I_{\mathrm{k.min}}}{I_{\mathrm{op.1}}} \tag{7-1}$$

式中，$I_{\mathrm{k.min}}$ 为继电保护装置保护区内在电力系统最小运行方式下的最小短路电流；$I_{\mathrm{op.1}}$ 为继电保护装置动作电流换算到一次电路的值，称为一次动作电流。

以上所讲的对保护装置的四项基本要求，对某一个具体的保护装置而言，不一定同等重要，而往往有所偏重。

7.1.3　继电保护装置的组成

继电保护装置的构成原理虽然很多，但是在一般情况下，整套继电保护装置是由测量部分、逻辑部分和执行部分组成的。其原理结构如图 7-2 所示。

（1）测量部分

测量部分测量被保护设备的某物理量，并与给定的整定值进行比较，根据比较的结果，判断保护是否应该动作。

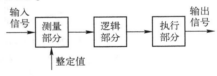

图 7-2　继电保护装置的构成原理

（2）逻辑部分

逻辑部分是根据测量部分各输出量的大小、性质、输出的逻辑状态、出现的顺序或它们的组合，使保护装置按一定的逻辑关系工作，然后确定是否应该使断路器跳闸或发出信号，并将有关命令传给执行部分。

（3）执行部分

执行部分是根据逻辑部分传送的信号，最后完成保护装置所担负的任务，如故障时动作于跳闸；异常运行时发出信号；正常运行时不动作等。

7.2　继电器分类

目前继电器按用途可分为控制继电器（Control Relay）和保护继电器（Protection Relay）两大类。本章中只讨论保护继电器。

保护继电器根据其反映物理量的不同，分为电流、电压、功率方向和阻抗等继电器。按作用原理分为电磁型、感应型、整流型、晶体管型、集成电路型和微机型等。根据测量元件与主回路连接方式不同，又分为一次作用式（直接与主回路连接）和二次作用式（经互感器连接）。根据执行元件作用于跳闸的方式不同分为直接动作式（由执行元件的电磁机构直接作用使开关跳闸）与间接作用式（经继电器接点接通跳闸线圈），后者的操作电源有直流与交流两种。按其在保护装置中的功能分，有起动继电器、时间继电器、信号继电器和中间（或出口）继电器等。下面就供电系统中常用的几种保护继电器给予介绍。

7.2.1　电磁式电流继电器和电压继电器

电磁式电流继电器（Electromagnetic Current Relay）和电压继电器（Voltage Relay）在继电保护装置中均为起动元件，属于测量继电器。电流继电器的文字符号为 KA，电压继电器的文字符号为 KV。

当前常用的 DL-10 系列电磁式电流继电器的基本结构如图 7-3 所示。其内部接线和图形符号如图 7-4 所示。

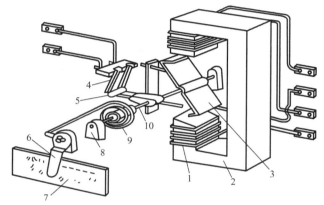

图 7-3　DL-10 系列电磁式电流继电器的基本结构

1—线圈　2—电磁铁　3—钢舌片　4—静触点　5—动触点　6—起动电流调节螺杆
7—标度盘　8—轴承　9—反作用弹簧　10—轴

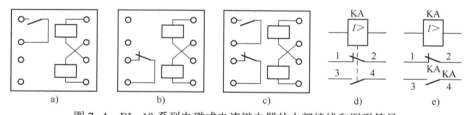

图 7-4　DL-10 系列电磁式电流继电器的内部接线和图形符号

a）DL-11 型　b）DL-12 型　c）DL-13 型　d）集中表示的图形　e）分开表示的图形
KA12—动断触点　KA34—动合触点

由图 7-3 可知，当继电器线圈 1 通过电流时，电磁铁 2 中产生磁通，力图使 Z 形钢舌片 3 向凸出磁极偏转。与此同时，轴 10 上的反作用弹簧 9 又力图阻止钢舌片偏转。当继电器线圈中的电流增大到使钢舌片所受的转矩大于弹簧的反作用力矩时，钢舌片便被吸近磁极，使动合触点闭合，动断触点断开，这就叫作继电器动作。

过电流继电器线圈中能够使继电器动作的最小电流，称为继电器的动作电流，用 I_{op} 表示。过电流继电器动作后，减小线圈电流到一定值时，钢舌片在弹簧的作用下返回起始位置。过电流继电器线圈中能够使继电器由动作状态返回的最大电流，称为继电器的返回电流，用 I_{re} 表示。继电器的返回电流与动作电流的比值，称为继电器的返回系数（Resetting

Ratio），用K_{re}表示，即

$$K_{re} = \frac{I_{re}}{I_{op}} \tag{7-2}$$

返回系数是继电器的一项重要质量指标。对于反应参数增加的继电器，如电磁式过电流继电器，返回系数K_{re}恒小于1；对于反应参数减少的继电器，如低电压继电器，其返回系数K_{re}总大于1。而在实际应用中，常常要求过电流继电器有较高的返回系数，希望K_{re}越接近1越好。对于过电流继电器，K_{re}应不小于0.85；对于低电压继电器，K_{re}应不大于1.25。为使K_{re}接近1，应尽量减少继电器运动系统的摩擦，并使电磁力矩与反作用力矩适当配合。

应该注意的是，当流过电流继电器线圈中的电流$I_r < I_{op}$时，继电器根本不动作，而当$I_r \geqslant I_{op}$时，则继电器能够突然迅速地动作，其动合触点闭合，动断触点断开。在继电器动作以后，只有当电流减小到$I_r \leqslant I_{op}$时，继电器又能立即突然地返回原位，动合触点断开，动断触点闭合。无论起动和返回，继电器的动作都是明确、干脆的，它不可能停留在某一个中间位置，这种特性称为继电特性。

电磁式电压继电器的结构和原理，与电磁式电流继电器极为类似，只是电压继电器的线圈为电压线圈并多做成低电压（欠电压）继电器。低电压继电器的动作电压U_{op}为其线圈上能够使继电器动作的最高电压，其返回电压U_{re}为能够使继电器由动作状态返回到起始位置的最低电压。

7.2.2 电磁式时间继电器

电磁式时间继电器（Time Delay Relay）在继电保护装置中，用来使保护装置获得所要求的延时（时限）。时间继电器的文字符号为KT。

在供电系统中常用的DS-110、120系列电磁式时间继电器的基本结构如图7-5所示，其内部接线和图形符号如图7-6所示。

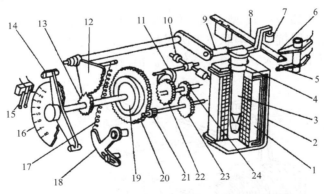

图7-5　DS-110、120系列时间继电器的基本结构

1—线圈　2—电磁铁　3—可动铁心　4—返回弹簧　5、6—瞬时静触点　7—绝缘件　8—瞬时动触点　9—压杆菌
10—平衡锤　11—摆动卡板　12—扇形齿轮　13—传动齿轮　14—主动触点　15—主静触点　16—标度盘　17—拉引弹簧
18—弹簧拉力调节器　19—摩擦离合器　20—主齿轮　21—小齿轮　22—掣轮　23、24—钟表机构传动齿轮

当继电器的线圈接上工作电压时，铁心被吸入，使被卡住的一套钟表机构被释放，同时切换瞬时触点。在拉引弹簧作用下，经过整定的时间，使主触点闭合。

继电器的延时，可借改变主静触点的位置（即它与主动触点的相对位置）来调整。调

整的时间范围，在标度盘上标出。

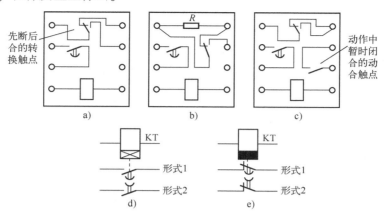

图 7-6 DS-110、120 系列时间继电器的内部接线和图形符号

a）DS-111、112、113、121、122、123 型 b）DS-111C、112C、113C 型 c）DS-115、116、125、126 型
d）时间继电器的缓吸线圈及延时闭合触点 e）时间继电器的缓放线圈及延时断开触点

当继电器的线圈断电时，继电器在弹簧的作用下返回起始位置。为了缩小继电器的尺寸和节约材料，时间继电器的线圈通常不按长时间接上额定电压来设计，因此凡需要长时间接上电压工作的时间继电器（如 DS-111C 型等），应在它动作后，利用其动断瞬时触点的断开，在其线圈中串入一个限流电阻，以限制线圈的电流，免使线圈过热烧毁，同时又能维持继电器的动作状态。

7.2.3 电磁式信号继电器

电磁式信号继电器（Signal Relay）在继电保护装置中用来发出指示信号，信号继电器的文字符号为 KS。

在供电系统中常用的 DX-11 型电磁式信号继电器，有电流型和电压型两种：电流型信号继电器线圈的特点是阻抗小，串联在二次回路内，不影响其他二次元件的动作；电压型信号继电器线圈的特点是阻抗大，必须并联使用。信号继电器的基本结构如图 7-7 所示，其

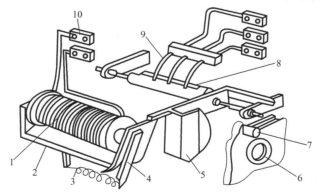

图 7-7 DX-11 型信号继电器的基本结构

1—线圈 2—电磁铁 3—弹簧 4—衔铁 5—信号牌
6—玻璃窗孔 7—复位旋钮 8—动触点 9—静触点 10—接线端子

内部接线和图形符号如图 7-8 所示。它在正常状态时，其信号牌是被衔铁支持住的。当继电器线圈通电时，衔铁被吸向铁心而使信号牌掉下，显示动作信号，同时带动转动轴旋转 90°，使固定在转轴上的动触点与静触点接通，从而接通信号回路，发出音响或灯光信号。要使信号停止，可旋动外壳上的复位旋钮，断开信号回路，同时使信号牌复位。

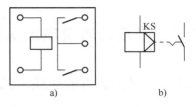

图 7-8　DX-11 型信号继电器内部接线和图形符号

a）内部接线　b）图形符号

7.2.4　电磁式中间继电器

电磁式中间继电器（Auxiliary Relay）在继电保护装置中用作辅助继电器，以弥补主继电器触点数量或触点容量的不足。其文字符号为 KM。

供电系统中常用的 DZ-10 系列中间继电器的基本结构如图 7-9 所示。当其线圈通电时，衔铁被快速吸向电磁铁，从而使触点切换。当线圈断电时，继电器快速释放衔铁，触点全部返回起始位置。这种快吸快放的电磁式中间继电器的内部接线和图形符号如图 7-10 所示。

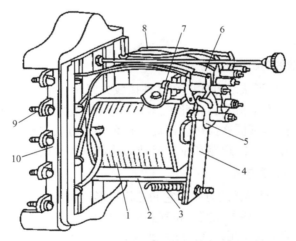

图 7-9　DZ-10 系列中间继电器的基本结构

1—线圈　2—电磁铁　3—弹簧　4—衔铁　5—动触点　6、7—静触点　8—连接线　9—接线端子　10—底座

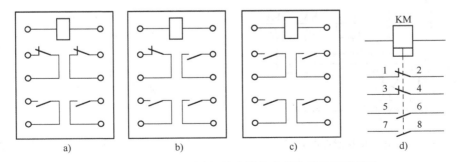

图 7-10　DZ-10 系列中间继电器的内部接线和图形符号

7.3 线路的电流电压保护

7.3.1 保护装置的接线方式

保护装置的接线方式，是指电流互感器与电流继电器之间的连接方式。对相间短路的电流保护，基本接线方式有三种：三相三继电器的完全星形接线方式、两相两继电器的不完全星形接线方式和两相一继电器的两相电流差接线方式。在这三种不同的接线方式中，流入继电器的电流 I_K 与电流互感器的二次电流 I_2 并不都相等。为此，引入一个接线系数 K_W，以表明在不同接线方式下 I_K 与 I_2 之间的关系。

在继电保护回路中，流入继电器中的电流 I_K 与对应电流互感器的二次电流 I_2 的比值，称为接线系数 K_W，即

$$K_W = \frac{I_K}{I_2} \tag{7-3}$$

设电流互感器的变比为 $K_i = I_1 / I_2$，若保护装置的动作电流为 I_{op}，则相应的电流继电器的动作电流为

$$I_{op,K} = \frac{K_W}{K_i} I_{op} \tag{7-4}$$

1. 三相完全星形接线方式

图 7-11 为三相完全星形接线方式。在这种接线方式中，流入继电器电流线圈的电流 I_K 总是等于电流互感器的二次电流 I_2，因此 $K_W = 1$。这种接线方式对各种故障都起作用，当短路电流相同时，对所有故障都同样灵敏。因此，这种接线方式主要用于大电流接地系统及大型发电机、变压器等，作为相间短路和单相接地短路的保护接线。

2. 两相不完全星形接线方式

图 7-12 为两相不完全星形接线方式，它和三相星形接线的主要区别在于 B 相上不装设电流互感器和电流继电器，它对各种相间短路都能起保护作用，但是在大电流接地系统当 B 相发生单相接地短路时，保护不起作用。其接线系数 $K_W = 1$。这种接线方式主要用于 6~35 kV 小电流接地系统的过电流保护装置中。

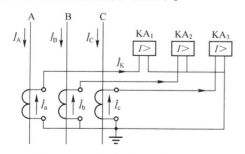

图 7-11　三相完全星形接线方式

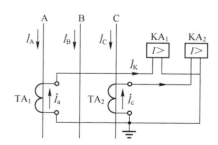

图 7-12　两相不完全星形接线方式

3. 两相电流差接线方式

图 7-13 为两相电流差接线方式，流入继电器中的电流等于 A、C 两相电流互感器二次

电流之差，即 $i_K = i_a - i_c$。

两相电流差接线方式的接线系数随电力系统短路类型的不同而改变，电流相量图如图 7-14 所示。

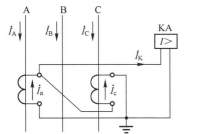

图 7-13　两相电流差接线方式

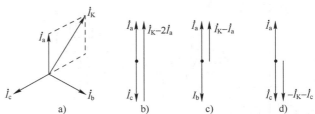

图 7-14　两相电流差接线方式在不同短路形式下的电流相量图

1）正常运行或三相短路时，因三相对称，各相电流的相位关系如图 7-14a 所示，故有

$$I_K = |i_a - i_c| = \sqrt{3} I_a \tag{7-5}$$

即流入继电器中的电流为电流互感器二次电流的 $\sqrt{3}$ 倍，其接线系数 $K_W = \sqrt{3}$。

2）当发生 A、C 两相短路时，电流的相位关系如图 7-14b 所示，故有

$$I_K = |i_a - i_c| = 2I_a \tag{7-6}$$

此时，流入继电器中的电流为电流互感器二次电流的 2 倍，其接线系数 $K_W = 2$。

3）当发生 A、B 或 B、C 两相短路时，电流的相位关系如图 7-14c、d 所示，故有

$$I_K = I_a \text{ 或 } I_K = I_c \tag{7-7}$$

此时，流入继电器中的电流为电流互感器二次电流，其接线系数 $K_W = 1$。

由以上分析可知，两相电流差接线方式能反映各种相间短路，但对各种相间短路的灵敏度是不同的，在保护整定计算时，必须按最坏的情况来校验。这种接线方式简单、价格便宜，在 6~10 kV 线路和小容量高压电动机的保护中被广泛采用。

7.3.2　过电流保护

1. 过电流保护的原理和组成

过电流保护的动作电流通常按躲过最大负荷电流来整定。正常运行时保护不会动作，当电网发生短路故障时，则能反映电流的增大而动作，并辅以时间元件的延时来保证动作的选择性。它不仅能保护本线路全长，作本线路的近后备保护，而且还能保护相邻线路全长，作相邻线路的远后备保护。过电流保护分为定时限和反时限两种。

（1）定时限过电流保护的动作原理和组成

定时限过电流保护的原理图和展开图如图 7-15 所示。电流互感器 TA_1、TA_2 采用不完全星形接线。其工作原理如下：当一次回路发生相间短路故障时，短路电流流经电流互感器的一次侧，该电流变换到电流互感器的二次侧使电流继电器 KA_1 和 KA_2 中至少有一个动作，其动合触点闭合、时间继电器 KT 起动，经预先整定的延时后，KT 的延时动合触点闭合，接通起动跳闸线圈 YR，于是断路器跳闸，切除故障，并起动信号继电器 KS 发出保护动作信号。断路器 QF 跳闸后，它的动合辅助触点跳开，切断了 YR 线圈回路的电流，防止因长

时间通电而烧毁 YR 线圈。

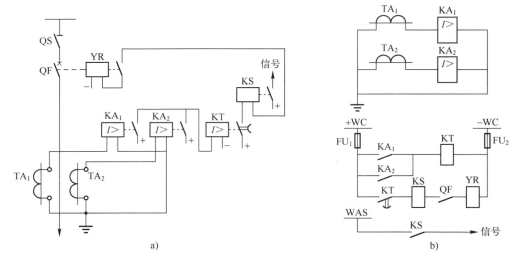

图 7-15　定时限过电流保护的原理图和展开图

a) 原理图　b) 展开图

（2）反时限过电流保护的动作原理和组成

反时限过电流保护采用 GL 型电流继电器，其原理图和展开图如图 7-16 所示。正常情况下，电流继电器 KA_1、KA_2 的动断触点将跳闸线圈短接，保护装置不动作。当一次回路发生相间短路故障时，继电器动作，其动合触点闭合，紧接着其动断触点打开，这时断路器因其跳闸线圈 YR_1、YR_2 去分流而跳闸，切除短路故障。在继电器去分流跳闸的同时，其信号牌掉下，指示保护装置已经动作。当故障被切除后，继电器自动返回，但其信号牌需手动才能复位。

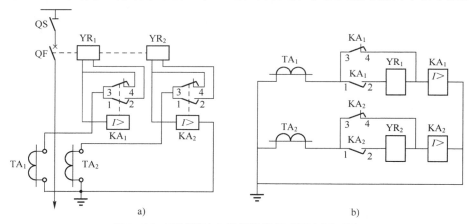

图 7-16　反时限过电流保护的原理图和展开图

a) 原理图　b) 展开图

2. 过电流保护装置的整定计算

（1）过电流保护装置的动作电流

过电流保护装置的动作电流必须满足以下两个条件：

1）为保证保护装置在正常运行情况下不动作，其动作电流 I_{op} 必须躲过线路上的最大负

荷电流 $I_{\mathrm{L,max}}$，即

$$I_{\mathrm{op}} > I_{\mathrm{L,max}} \tag{7-8}$$

2）保护装置在外部故障切除后应可靠返回到原始位置。例如，在图 7-17 所示的线路中，当 k 点短路时，保护 1 和保护 2 的电流继电器均起动，当保护 2 动作将故障切除后，接在变电所 B 母线上的电动机自起动，这时，保护 1 仍有很大的自起动电流 $K_{\mathrm{st}}I_{\mathrm{L,max}}$ 流过。为了保证选择性，要求此时已经起动的保护 1 能可靠返回，因此，要求保护 1 的返回电流 I_{re} 必须躲过外部短路切除后流过保护装置的最大自起动电流 $K_{\mathrm{st}}I_{\mathrm{L,max}}$，即

$$I_{\mathrm{re}} > K_{\mathrm{st}}I_{\mathrm{L,max}} \tag{7-9}$$

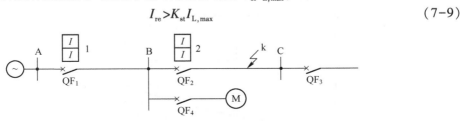

图 7-17　过电流保护的计算示意图

考虑 $I_{\mathrm{re}} < I_{\mathrm{op}}$，所以式（7-9）为计算条件。引入一个可靠系数 K_{rel} 后，式（7-9）可改写为

$$I_{\mathrm{re}} = K_{\mathrm{rel}}K_{\mathrm{st}}I_{\mathrm{L,max}} \tag{7-10}$$

由于 $K_{\mathrm{re}} = I_{\mathrm{re}}/I_{\mathrm{op}}$，因此，保护装置的动作电流为

$$I_{\mathrm{op}} = \frac{K_{\mathrm{rel}}K_{\mathrm{st}}}{K_{\mathrm{re}}}I_{\mathrm{L,max}} \tag{7-11}$$

则继电器的动作电流为

$$I_{\mathrm{op,K}} = \frac{K_{\mathrm{W}}K_{\mathrm{st}}}{K_{\mathrm{i}}}I_{\mathrm{op}} = \frac{K_{\mathrm{rel}}K_{\mathrm{st}}K_{\mathrm{W}}}{K_{\mathrm{re}}K_{\mathrm{i}}}I_{\mathrm{L,max}} \tag{7-12}$$

式中，K_{rel} 为可靠系数，电磁型继电器取 1.2，感应型继电器取 1.3；K_{st} 为电动机的自起动系数，其数值由负荷性质或网络的具体接线确定，一般取 1.5～3；K_{re} 为继电器的返回系数，电磁型继电器取 0.85，感应型继电器取 0.8；K_{W} 为接线系数，星形和不完全星形接线取 1，两相电流差接线取 $\sqrt{3}$；K_{i} 为电流互感器的电流比；$I_{\mathrm{L,max}}$ 为正常情况下流过被保护线路的最大负荷电流。

（2）过电流保护装置的动作时限

为了保证选择性，过电流保护装置的动作时限应按"阶梯原则"整定，即从负荷侧到电源侧，各保护的动作时间应逐级增加 Δt。例如，在图 7-18 所示网络中，当在线路 $\mathrm{WL_2}$ 的首端 k 点发生短路故障时，前一级保护的动作时间 t_1 应比后一级保护的动作时间 t_2 大 Δt，即 $t_1 = t_2 + \Delta t$。Δt 的大小应保证保护装置不误动作，它应包括断路器的跳闸时间、前一级保护的时间继电器可能提前动作的负误差、后一级保护的时间继电器可能推迟动作的正误差和一个裕度时间，对 GL 型继电器还要考虑一个惯性误差。一般来说，对定时限过电流保护，取 $\Delta t = 0.55\,\mathrm{s}$；对反时限过电流保护，取 $\Delta t = 0.7\,\mathrm{s}$。

定时限过电流保护的动作时间取决于时间继电器预先整定的时间，与短路电流的大小无关。反时限过电流保护的动作时间，由于 GL 型电流继电器的时限调节机构是按 10 倍动作电流

的动作时限来标度的，因此需要根据前后两级保护的 GL 型电流继电器的动作特性曲线来整定。假设在图 7-18a 所示线路中，后一级保护 KA_2 的 10 倍动作电流的动作时间已整定为 t_2，则前一级保护 KA_1 的 10 倍动作电流的动作时间 t_1 的整定方法步骤如下（见图 7-19）：

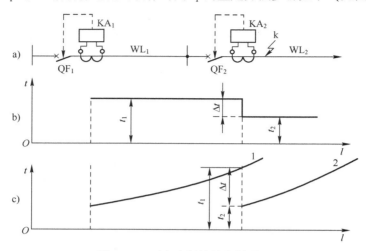

图 7-18　过电流保护整定说明图

a) 电路　b) 定时限过电流保护的时限整定　c) 反时限过电流保护的时限整定

1）计算 WL_2 首端的三相短路电流 I_K 反映到 KA_2 中的电流值

$$I'_{K(2)} = \frac{K_{W(2)}}{K_{i(2)}} I_K \qquad (7\text{-}13)$$

式中，$K_{W(2)}$ 为保护装置 2 的接线系数；$K_{i(2)}$ 为 KA_2 所连的电流互感器电流比。

2）计算 $K_{W(2)}$ 对 KA_2 的动作电流 $I_{op,K(2)}$ 的倍数，即

$$n_2 = \frac{I'_{K(2)}}{I_{op,K(2)}} \qquad (7\text{-}14)$$

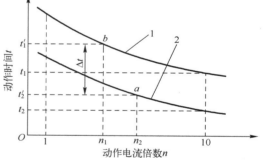

图 7-19　反时限过电流保护的动作时间整定

3）确定 KA_2 的实际动作时间。在图 7-19 所示 KA_2 的动作特性曲线的横坐标轴上找出 n_2 点，然后找到该曲线上的 a 点，该点所对应的纵坐标 t'_2 就是在通过 $I'_{K(2)}$ 时 KA_2 的实际动作时间。

4）计算 KA_1 的实际动作时间。根据保护选择性的要求，KA_1 的实际动作时间 $t'_1 = t'_2 + \Delta t$（取 $\Delta t = 0.7\,\mathrm{s}$）。

5）计算 WL_2 首端的三相短路电流 I_K 反映到 KA_1 中的电流值

$$I'_{K(1)} = \frac{K_{W(1)}}{K_{i(1)}} I_K \qquad (7\text{-}15)$$

式中，$K_{W(1)}$ 为保护装置 1 的接线系数；$K_{i(1)}$ 为 KA_1 所连的电流互感器电流比。

6）计算 $I_{K(1)}$ 对 KA_1 的动作电流 $I_{op,K(1)}$ 的倍数，即

$$n_1 = \frac{I'_{K(1)}}{I'_{op,K(1)}} \qquad (7\text{-}16)$$

7）确定 KA_2 的 10 倍动作电流的动作时间。在图 7-19 所示 KA_1 的动作特性曲线的横坐标轴上找出 n_1 点，从纵坐标轴上找出 t_1'，然后找到 n_1 与 t_1' 的交点 b 点，则从过点 b 所在的曲线上找出 $n=10$ 时对应的时间 t_1 即为所求。

（3）过电流保护装置的灵敏度校验

过电流保护装置的灵敏度应按系统最小运行方式下保护区末端的最小两相短路电流来校验，即

$$K_s = \frac{I_{k,min}^{(2)}}{I_{op}} \qquad (7-17)$$

式中，$I_{k,min}^{(2)}$ 为系统最小运行方式下本线路末端（作近后备时）或相邻线路末端（作远后备时）的两相短路电流。

规程规定，作为近后备时，要求 $K_s \geq 1.3 \sim 1.5$；作为远后备时，要求 $K_s \geq 1.2$。当灵敏度不满足要求时，必须采取措施提高灵敏度。方法之一就是加装低电压起动元件，即采用低电压起动的过电流保护来提高其灵敏度。

7.3.3　低电压起动的过电流保护

低电压起动的过电流保护单相原理接线图如图 7-20 所示。该保护装置有两个测量元件（过电流继电器 KA 和低电压继电器 KV），它们的触点串联，只有当两个继电器都动作时，整套保护装置才会起动，保护才能跳闸。

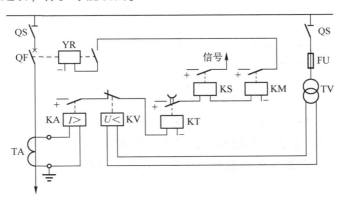

图 7-20　低电压起动的过电流保护单相原理接线图

正常运行时，不管负荷电流多大，母线上的电压都很高，低电压继电器不会动作（正常时其动断触点是断开的）。在此情况下，即使过电流继电器动作，保护也不会跳闸。因此，保护装置的动作电流可不按躲过最大负荷电流 $K_{st}I_{L,max}$ 来整定，而按躲过正常工作负荷电流 I_N（或计算电流 I_{30}）整定即可，即

$$I_{op,K} = \frac{K_{rel}K_W}{K_{re}K_i}I_{30} \qquad (7-18)$$

这样就大大减小了继电器的动作电流，从而提高了保护的灵敏度。

低电压继电器的动作电压按躲过母线的最小工作电压 $U_{w,min}$ 来整定，即

$$U_{op,K} = \frac{U_{w,min}}{K_{rel}K_{re}K_u} \qquad (7-19)$$

式中，$U_{w,min}$ 为母线的最小工作电压，取 $0.9U_N$；K_{re} 为返回系数，取 1.25；K_{rel} 为可靠系数，取 1.1~1.2；K_u 为电压互感器的电压比。

将以上数值代入式（7-19）中，可得低电压继电器的动作电压为 60~70 V。

7.3.4 无时限电流速断保护

1. 无时限电流速断保护的作用原理与整定计算

在保证选择性和可靠性要求的前提下，根据对继电保护快速性的要求，原则上应装设快速动作的保护装置，使切除故障的时间尽可能短。对于反应电流增大且不带时限（瞬时）动作的电流保护，称为无时限电流速断保护，简称电流速断保护。无时限电流速断保护的作用是保证任何情况下只切除本线路上的故障。其整定计算原理可由图 7-21 所示的单电源辐射网络来说明。

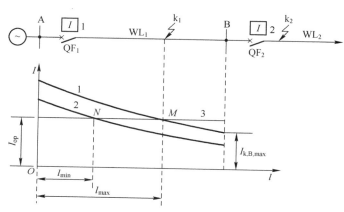

图 7-21　无时限电流速断保护原理说明图

设图 7-21 中线路 WL_1 和 WL_2 的首端装有无时限电流速断保护 1 和保护 2。为保证选择性，当线路 WL_2 首端 k_2 点发生短路时，保护 1 的电流速断保护不应该动作，所以，它的动作电流应躲过本保护区末端 B 处的最大短路电流 $I_{k,B,max}^{(3)}$，即

$$I_{op} = K_{rel}I_{k,B,max}^{(3)} \tag{7-20}$$

图 7-21 中的曲线 1 表示最大运行方式下三相短路时 $I_{k,max}^{(3)}=f(l)$ 的关系曲线。曲线 2 示最小运行方式下两相短路时 $I_{k,min}^{(2)}=f(l)$ 的关系曲线，直线 3 表示保护的动作电流。直线 3 与曲线 1 和曲线 2 分别相交于 M 点和 N 点，在交点以前发生短路时，由于短路电流大于动作电流，保护装置动作。而在交点以后发生短路时，由于短路电流小于动作电流，因此保护不动作。M 点对应的横坐标 l_{max} 为其最大保护范围，N 点对应的横坐标 l_{min} 为其最小保护范围。由此可见，无时限电流速断保护不能保护线路全长，这种保护装置不能保护的区域称为保护死区。

无时限电流速断保护的灵敏度，通常用保护范围来衡量，要求其最小保护范围 l_{min} 不小于线路全长的 15%~20%，该最小保护范围可用图解法或解析法求出。

另一种简便校验电流速断保护灵敏度的方法，是按本线路首端的最小两相短路电流来求它的灵敏度，以保护 1 为例，其灵敏系数为

$$K_s = \frac{I_{k,A,min}^{(2)}}{I_{op}} \qquad (7-21)$$

规程要求 $K_s \geqslant 2.0$。若灵敏度不满足要求，可采用电流电压联锁保护来提高保护的灵敏度。

2. 无时限电流速断保护的原理接线图

无时限电流速断保护的单相原理接线图如图 7-22 所示。图中，中间继电器的作用有两个：一是利用它的触点接通跳闸回路，起到增加电流继电器触点容量的作用；二是当线路上装有管型避雷器时，利用中间继电器来增大保护动作时间，以防止避雷器放电时速断保护误动作。因为避雷器放电相当于发生瞬时性的接地短路，但放电后线路立即恢复正常，所以保护不应该误动作。

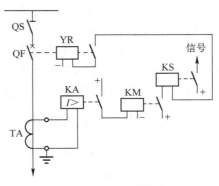

图 7-22 无时限电流速断保护的单相原理接线图

无时限电流速断保护的优点是简单可靠，动作迅速；其缺点是不能保护线路全长，且保护范围受系统运行方式的影响较大。

7.3.5 电流电压联锁速断保护

当系统运行方式变化很大时，电流速断保护的灵敏度有可能不满足要求，这时可采用电流电压联锁速断保护，如图 7-23 所示。它是兼用短路时电流增大和电压下降两种特征，来实现本线路故障时有较高的灵敏度，同时还可防止下一级线路故障时保护的误动作。

电流电压联锁速断保护的整定原则和无时限电流速断保护一样，按躲过线路末端故障来整定。为保证在经常出现的运行方式下有较大的保护范围，通常按正常运行方式下电流元件和电压元件的保护范围相等来进行整定计算。

设电流电压联锁速断保护在经常运行方式下的保护区等于线路全长的 75%，即 $l_1 = 0.75L$，则电流继电器的动作电流为

$$I_{op} = \frac{E_s}{X_s + x_1 l} \qquad (7-22)$$

式中，E_s、X_s 分别为系统的等效电动势和等效电抗；x_1 为被保护线路单位长度的正序电抗。

电压元件的动作电压为

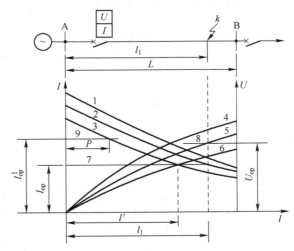

图 7-23 电流电压联锁保护原理说明图

$$U_{op} = \sqrt{3} I_{op} x_1 l \qquad (7-23)$$

在此情况下，两个继电器的保护范围是相等的。动作电流 I_{op} 和动作电压 U_{op} 分别用直线

7 和 8 表示在图 7-23 上。该图上的曲线 1、2 和 3 分别表示在最大、经常和最小运行方式下被保护线路各点短路时的短路电流变化曲线；曲线 4、5 和 6 分别表示在最大、经常和最小运行方式下被保护线路各点短路时母线 A 上的残余电压变化曲线；直线 9 表示无时限电流速断保护的动作电流 I_{op}^{I}。

由图 7-23 可以看出、在最大运行方式下，当下一级线路首端发生短路时，电流元件可能动作，但由于母线 A 处的残压较高，电压元件不会动作，故整套保护不会动作，保证了选择性。在最小运行方式下，当下一级线路首端发生短路时，电压元件可能动作，但电流元件不会动作，整套保护也不会动作，同样保证了选择性。因此这样整定后，电流电压联锁速断保护不会误动作，而且其最小保护范围比无时限电流速断保护的保护范围要大，即 $l_1' > l_1''$，所以电流电压联锁速断保护的灵敏度比无时限速断保护的灵敏度高。

7.3.6 带时限电流速断保护

由于无时限电流速断保护不能保护本线路全长，因此必须再装设一套带时限的电流速断保护，其主要任务是切除被保护线路上无时限电流速断保护区以外的故障。对带时限电流速断保护的要求是，在任何情况下都能可靠保护本线路全长，而且动作时间应尽可能短。为达到此目的，必须将其保护区延伸到相邻的下一级线路中。这样，当下一级线路出口短路时它就要起动，在这种情况下，为了保证动作的选择性，本线路的带时限电流速断保护的动作电流和动作时间均必须和相邻下一级线路的无时限电流速断保护配合。

带时限电流速断保护的作用原理可用图 7-24 来说明。图中每条线路首端均装有无时限电流速断保护和带时限电流速断保护。保护 1 带时限电流速断保护的保护区需要延伸到下一级相邻线路，但不能超过保护 2 无时限电流速断保护的保护区。因此，保护 1 带时限电流速断保护的动作电流 $I_{op.1}^{II}$ 应按下式整定：

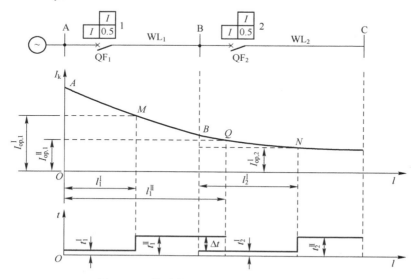

图 7-24 带时限电流速断保护原理说明图

$$I_{op,1}^{II} = K_{rel} I_{op,2}^{I} \tag{7-24}$$

式中，K_{rel} 为可靠系数，取 1.1~1.2；$I_{op,2}^{I}$ 为下一级相邻线路（保护 2）的无时限电流速断保护的动作电流；$I_{\text{op},1}^{\text{II}}$ 为本线路（保护 1）的带时限电流速断保护的动作电流。

保护 1 带时限电流速断保护的动作时限 t_1^{II} 应比保护 2 无时限电流速断保护的动作时限 t_2^{I} 大一个时限级差 Δt，即

$$t_1^{\text{II}} = t_2^{\text{I}} + \Delta t \tag{7-25}$$

在图 7-24 中，线路 WL_1 带时限电流速断保护延伸到线路 WL_2 的长度为 BQ，要求 BQ 小于 BN。当在 BQ 线段内发生短路时，线路 WL_2 的无时限电流速断保护和线路 WL_1 的带时限电流速断保护均起动，但因 WL_1 带时限电流速断保护比 WL_2 无时限电流速断保护的整定时间大 Δt，故 WL_2 的无时限电流速断保护先动作，切断故障线路，从而保证了选择性。

带时限电流速断保护的灵敏度应按最小运行方式下本线路末端的两相短路电流来校验，即

$$K_s = \frac{I_{\text{k,B,min}}^{(2)}}{I_{\text{op},1}^{\text{II}}} \tag{7-26}$$

式中，$I_{\text{k,B,min}}^{(2)}$ 为本线路末端（母线 B 处）的最小两相短路电流。

规程要求 $K_s \geqslant 1.3 \sim 1.5$。若灵敏度不满足要求，可适当减小动作电流，使其与下一级相邻线路的带时限电流速断保护相配合，它的动作时限也应比相邻线路带时限电流速断保护的动作时限大一个 Δt。

带时限电流速断保护的原理接线图和无时限电流速断保护（参见图 7-22）基本相同，只需用时间继电器代替原来的中间继电器，这样当电流继电器动作后，还必须经过时间继电器的延时（0.5 s）才能动作于跳闸。

7.3.7 三段式过电流保护

由于电流速断保护不能保护线路全长，限时电流速断又不能作为相邻线路的后备保护，因此输电线路通常采用三段式电流保护（Three Step Current Protection），即由电流速断作为第 I 段保护，限时电流速断作为第 II 段保护，定时限过电流作为第 III 段保护，构成一整套保护装置。

1. 三段式过电流保护的范围及时限配合

三段式过电流保护各段的保护范围和时限配合关系如图 7-25 所示。

三段式过电流保护必须处理好两个配合关系，即保护区和动作时限的相互配合。线路 WL_1 的第 I 段保护为无时限电流速断保护，其动作电流为 $I_{\text{op},1}^{\text{I}}$，保护范围为 l_1^{I}，动作时间 t_1^{I} 为继电器的固有动作时间，它只能保护本线路的一部分；第 II 段保护为带时限电流速断保护，其动作电流为 $I_{\text{op},1}^{\text{II}}$，保护范围为 l_1^{II}，它不仅能保护本线路的全长，而且向下一级相邻线路（WL_2）延伸了一段，其动作时限为 $t_1^{\text{II}} = t_2^{\text{I}} + \Delta t$；第 III 段为定时限过电流保护，其动作电流为 $I_{\text{op},1}^{\text{III}}$，保护范围为 l_1^{III}，它不仅保护了相邻线路 WL_2 的全长，而且延伸到再下一级线路（WL_3）一部分，其动作时限为 $t_1^{\text{III}} = t_2^{\text{II}} + \Delta t$。

第 I、II 段电流保护构成本线路的主保护，第 III 段电流保护既作为本线路主保护的后备（近后备），又作为下一级相邻线路保护的后备（远后备）。

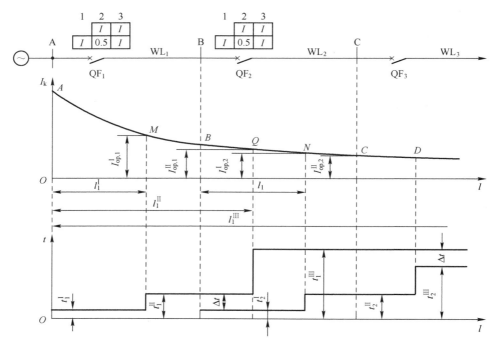

图 7-25　三段式过电流保护的保护范围和时限配合关系

2. 三段式过电流保护的构成

由电磁式电流继电器构成的三段式过电流保护的原理接线图和展开图如图 7-26 所示。保护采用不完全星形接线。它的第 I 段保护由电流继电器 KA_1、KA_2，中间继电器 KM 和信号继电器 KS_1 组成；第 II 段保护由电流继电器 KA_3、KA_4，时间继电器 KT_1 和信号继电器 KS_2 组成；第 III 段保护由电流继电器 KA_5、KA_6、KA_7，时间继电器 KT_2 和信号继电器 KS_3 组成。为了提高在 Yd 联结变压器后两相短路时第 III 段的灵敏度，该段采用了两相三继电器接线。

【例 7-1】试对图 7-25 所示网络中 WL_1 始端的三段式过电流保护进行整定计算（即求保护 1 各段的动作电流、动作时间和灵敏系数）。已知电源相电动势为 $37\sqrt{3}$ kV，$X_{S,max} = 8\ \Omega$，$X_{S,min} = 6\ \Omega$，$X_{AB} = 10\ \Omega$，$X_{BCx} = 24\ \Omega$，AB 线路的最大负荷电流为 $I_{L,max} = 165\ \Omega$，保护 3 的过电流保护动作时间为 1.5 s。

解：（1）无时限电流速断保护的整定计算

1）动作电流。线路 AB 末端的最大三相短路电流 $I_{k,B,max}^{(3)}$ 为

$$I_{k,B,max}^{(3)} = \frac{E_S}{X_{S,min} + X_{AB}} = \frac{37/\sqrt{3}}{6+10}\ kA = 1.335\ kA$$

取 $K_{rel}^{I} = 1.3$，则保护 1 的第 I 段动作电流为

$$I_{op,1}^{I} = K_{rel}^{I} I_{k,B,max}^{(3)} = 1.3 \times 1.335\ kA = 1.736\ kA$$

2）灵敏度校验。根据

$$I_{op,1}^{I} = \frac{\sqrt{3}}{2}\ \frac{E_S}{X_{S,max} + x_1 l_{min}}$$

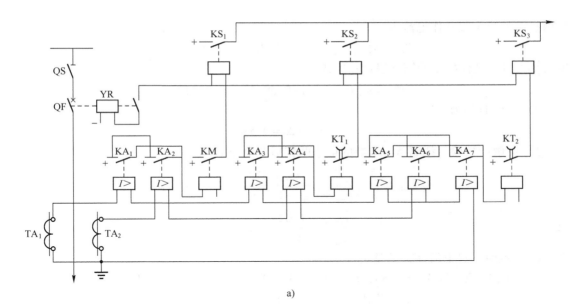

a)

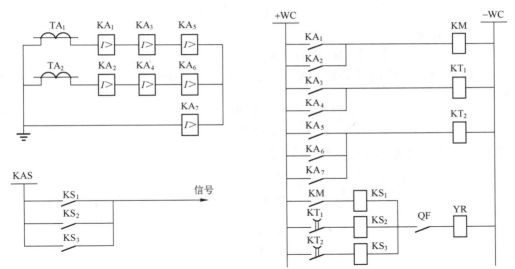

b)

图 7-26 三段式过电流保护的原理接线图和展开图

a) 原理接线图 b) 展开图

得

$$x_1 l_{\min} = \frac{\sqrt{3}}{2} \frac{E_S}{I_{\text{op},1}^{\text{I}}} - X_{S,\max} = \frac{\sqrt{3}}{2} \times \frac{37\sqrt{3}}{1.736} \, \Omega - 8 \, \Omega = 2.657 \, \Omega$$

因此

$$\frac{l_{\min}}{l_{AB}} = \frac{x_1 l_{\min}}{x_1 l_{AB}} = \frac{2.657}{10} \times 100\% = 26.57\% > 20\%$$

（2）带时限电流速断保护的整定计算

1）动作电流。线路 BC 末端的最大三相短路电流 $I_{k,C,\max}^{(3)}$ 为

$$I_{k,C,\max}^{(3)} = \frac{E_S}{X_{S,\min} + X_{AB} + X_{BC}} = \frac{37/\sqrt{3}}{6+10+24} \, \text{kA} = 0.534 \, \text{kA}$$

225

则保护 2 的第 I 段动作电流为

$$I_{op,2}^{I} = K_{rel}^{I} I_{k,C,max}^{(3)} = 1.3 \times 0.534\,kA = 0.694\,kA$$

取 $K_{rel}^{II} = 1.1$，则保护 1 的第 II 段动作电流为

$$I_{op,1}^{II} = K_{rel}^{II} I_{op,2}^{I} = 1.1 \times 0.694\,kA = 0.763\,kA$$

2）动作时限为

$$t_1^{II} = t_2^{I} + \Delta t = 0.5\,s$$

3）灵敏度校验。线路 AB 末端的最小两相短路电流 $I_{k,B,min}^{(2)}$ 为

$$I_{k,B,min}^{(2)} = \frac{\sqrt{3}}{2} \frac{E_S}{X_{S,max} + X_{AB}} = \frac{\sqrt{3}}{2} \frac{37/\sqrt{3}}{8+10}\,kA = 1.028\,kA$$

故

$$K_s = \frac{I_{k,B,min}^{(2)}}{I_{op,1}^{II}} = \frac{1.028}{0.763} = 1.35 > 1.3$$

（3）定时限过电流保护的整定计算

1）动作电流。取 $K_{rel} = 0.85$，$K_{rel}^{III} = 1.2$，$K_{st} = 1.5$，则保护 1 的第 III 段动作电流为

$$I_{op,1}^{III} = \frac{K_{rel} K_{st}}{K_{re}} I_{L,max} = \frac{1.2 \times 1.5}{0.85} \times 165\,A = 349.4\,A$$

2）动作时限为

$$t_1^{III} = t_2^{III} + \Delta t = t_3^{III} + 2\Delta t = 1.5\,s + 0.5\,s + 0.5\,s = 2.5\,s$$

3）灵敏度校验。作近后备时，按本线路 AB 末端的最小两相短路电流 $I_{k,B,min}^{(2)}$ 来检验，即

$$K_s = \frac{I_{k,B,min}^{(2)}}{I_{op,1}^{III}} = \frac{1.028 \times 10^3}{349.4} = 2.94 > 1.5$$

按相邻线路 BC 末端的最小两相短路电流 $I_{k,C,min}^{(2)}$ 来校验，由于

$$I_{k,C,min}^{(2)} = \frac{\sqrt{3}}{2} \frac{E_S}{X_{S,max} + X_{AB} + X_{BC}} = \frac{\sqrt{3}}{2} \frac{37/\sqrt{3}}{8+10+24}\,kA = 0.44\,kA$$

故

$$K_s = \frac{I_{k,C,min}^{(2)}}{I_{op,1}^{III}} = \frac{0.44 \times 10^3}{349.4} = 1.26 > 1.2$$

7.4 电力变压器保护

7.4.1 概述

变压器是供电系统的重要设备之一，它的故障将对供电可靠性和系统运行带来严重的影响。同时大容量的变压器也是十分贵重的设备，因此必须根据变压器容量和重要程度来装设性能良好、工作可靠的继电保护装置。

变压器的故障可分为油箱内部和油箱外部故障两种。油箱内部的故障包括绕组的相间短路、匝间短路，直接接地系统侧的绕组接地短路等。这些故障都是十分危险的，因为故障点的电弧不仅会烧坏绕组的绝缘和铁心，而且还能引起绝缘物质的剧烈汽化，从而使油箱发生爆炸。油箱外部的故障主要是套管和引出线上发生相间短路和接地短路。

变压器的不正常运行状态有过负荷、由外部相间短路引起的过电流、由于外部接地短路引起的过电流和中性点过电压、由于漏油等原因而引起的油面降低、绕组过电压或频率降低引起的过励磁等。

对于上述故障类型和不正常运行状态，根据《继电保护和安全自动装置技术规程》的规定，变压器应装设如下保护：

1）为反映油箱内部各种短路故障和油面降低，对于 0.8 MV·A 及以上的油浸变压器和户内 0.4 MV·A 以上的变压器应装设气体保护。

2）为反映变压器绕组和引出线的相间短路，以及中性点直接接地电网侧绕组和引出线的接地短路，应装设纵联差动保护（Longitudinal Differential Protection）或电流速断保护。对于 6.3 MV·A 及以上并列运行变压器和 10 MV·A 及以上单独运行变压器，以及 6.3 MV·A 及以上的厂用变压器，应装设纵联差动保护；对于 10 MV·A 以下变压器其过电流保护的时限大于 0.5 s 时，应装设电流速断保护；对于 2 MV·A 以上变压器，当电流速断保护的灵敏度不满足要求时，也应装设纵联差动保护。

3）为反映外部相间短路引起的过电流和作为气体、纵联差动保护（或电流速断保护）的后备保护，应装设过电流保护。

4）为反映直接接地系统外部接地短路，应装设零序电流保护。

5）为反映过负荷应装设过负荷保护。

6）为反映变压器过励磁应装设过励磁保护。

7.4.2 变压器的气体保护

当在变压器油箱内部发生故障（包括轻微的匝间短路和绝缘保护破坏引起的经电弧电阻的接地短路）时，由于故障点电流和电弧的作用，将使变压器油及绝缘材料因局部受热而产生气体，因气体比较轻，它们将从油箱流向储油柜的上部。当故障严重时，油会迅速膨胀并产生大量气体，此时将有剧烈的气体夹杂着油流冲向储油柜上部。利用油箱内部故障时的这一特点，可以构成反应于上述气体而动作的保护装置，称为气体保护（Buchholz Protection）。

气体继电器是构成气体保护的主要组件，它安装在油箱与储油柜之间的连接管道上，如图 7-27 所示，这样，油箱内产生的气体必须通过气体继电器才能流向储油柜。为了不妨碍气体的流通，变压器安装时应使顶盖沿气体继电器的方向与水平面具有 1%~1.5% 的升高坡度，通往继电器连接管具有 2%~4% 的升高坡度。

目前在我国电力系统中推广应用的是开口杯挡板式气体继电器，其内部结构如图 7-28 所示。正常运行时，上、下开口杯 3

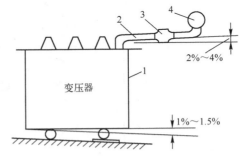

图 7-27 气体继电器安装示意图
1—变压器油箱　2—联通管
3—气体继电器　4—储油柜

和 7 都浸在油中，开口杯和附件在油内的重力所产生的力矩小于平衡锤 15 或 12 所产生的力矩，因此开口杯向上倾，触点 5 或 9 断开。当油箱内部发生轻微故障时，少量的气体上升后逐渐聚集在继电器的上部，迫使油面下降。而使上开口杯露出油面，此时由于浮力的减小，开口杯和附件在空气中的重力加上杯内的油重所产生的力矩大于平衡锤 15 所产生的力矩，于是上开口杯 3 顺时针方向转动，带动触点 5，使触点闭合，发生"轻气体"保护动作信号。当变压器油箱内部发生严重故障时，大量气体和油流直接冲击挡板 14，使下开口杯 7 顺时针方向旋转，带动触点 9 使之闭合，发出跳闸脉冲，表示"重气体"保护动作。当变压器出现严重漏油使油面逐渐降低时，首先是上开口杯露出油面，发出报警信号，使之下开口杯露出油面亦能动作，发出跳闸脉冲。

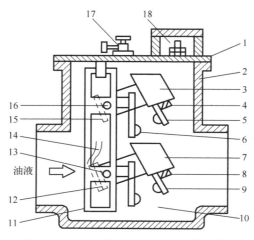

图 7-28　开口杯挡板式气体继电器结构图

1—盖　2—容器　3—上油杯　4—永久磁铁　5—上动触点　6—上静触点　7—下油杯
8—永久磁铁　9—下动触点　10—下静触点　11—支架　12—下油杯平衡锤　13—下油杯转轴
14—挡板　15—上油杯平衡锤　16—上油杯转轴　17—放气阀　18—接线盒

气体保护的原理接线如图 7-29 所示，上面的触点表示"轻气体保护"，动作后经延时发出报警信号。下面的触点表示"重气体保护"，动作后启动变压器保护的总出口继电器，使断路器跳闸。当油箱内部发生严重故障时，由于油流的不稳定可能造成干簧触点的抖动，

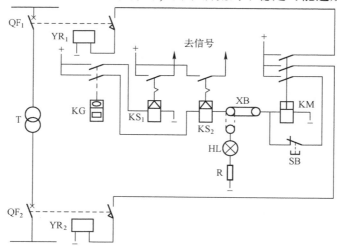

图 7-29　气体保护原理接线图

228

此时为使继电器能可靠跳闸，应选用自保持中间继电器（一般用 DZB-138 型），动作后由断路器的辅助触点来解除出口回路的自保持。此外，为防止变压器换油或进行试验时引起重气体保护误动作跳闸，可利用切换片 XB 将跳闸回路切换到信号回路。

气体保护的主要优点是动作迅速、灵敏度高、安装接线简单、能反映油箱内部发生的各种故障。其缺点则是不能反映油箱以外的套管及引出线等部位上发生的故障。因此气体保护可以作为变压器的主保护之一，与其他保护相互配合、相互补充，快速而灵敏地切除变压器油箱内、外及引出线上发生的各种故障。

7.4.3 变压器的电流速断保护

气体保护不能反映变压器外部故障，尤其是套管的故障。因而，对于较小容量的变压器，可以在电源侧装设电流速断保护，作为电源侧绕组、套管及引出线故障的主要保护，并用过电流保护作为变压器内部故障的后备保护。

图 7-30 为变压器电流速断保护的原理接线图，电流互感器装设于电源侧。电源侧为中性点直接接地系统时，保护采用完全星形接线方式，电源侧为中性点不接地或经消弧电抗器接地的系统时，则采用两相不完全星形接线。

速断保护的动作电流 I_{opT}，按躲过变压器外部故障（如 k_1 点）的最大短路电流整定，即

$$I_{opT} = K_{rel} I_{k1,max} \quad (7-27)$$

式中，$I_{k1,max}$ 为 k_1 点短路时流过保护的最大三相短路电流；K_{rel} 为可靠系数，取 1.2 ~1.3。

变压器电流速断保护的灵敏系数按保护安装处（k_2 点）的最小两相电流校验，即

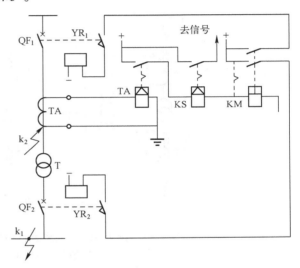

图 7-30　变压器电流速断保护的原理接线图

$$K_{s,min} = I_{k2,min}^{(2)} / I_{opT} > 2 \quad (7-28)$$

式中，$I_{k2,min}^{(2)}$ 为保护装置安装处（k_2 点）最小运行方式时的两相短路电流。

电流速断保护的优点是接线简单，动作迅速。但作为变压器内部故障的保护它存在以下缺点：

1）当系统容量不大时，保护区很短，灵敏度达不到要求。

2）在无电源一侧，套管引出线的故障不能保护，要依靠过电流保护，这样切除故障时间长，对系统安全运行影响较大。

3）对于并列运行的变压器，负荷侧故障时，如无母联保护，过电流保护将无选择性地切除所有变压器。

所以，对并列运行的变压器，容量大于 6300 kV · A 和单独运行容量大于 10000 kV · A 的变压器，不采用电流速断，而采用纵联差动保护。对于 2000~6300 kV · A 的变压器，当

电流速断保护灵敏度小于 2 时，也可采用纵联差动保护。

7.4.4 变压器的纵联差动保护

1. 保护原理及不平衡电流

差动保护能正确区分被保护元件保护区内外故障，并能瞬时切除保护区内的故障。变压器差动保护用来反映变压器绕组、引出线及套管上各种短路故障，是变压器的主保护。对双绕组和三绕组变压器实现纵联差动保护的原理接线如图 7-31 所示。以双绕组的变压器保护为例，在正常运行和外部故障时，流入继电器的电流为两侧电流之差，即 $\dot{I}_r = \dot{I}_1 - \dot{I}_2 \approx 0$，其值很小，继电器不动作。当变压器内部发生故障时，若双侧电源供电，则 $\dot{I}_r = \dot{I}_1 + \dot{I}_2$，则继电器动作，使两侧短路器跳闸；若仅一侧有电源（如 I 侧），则 $\dot{I}_r = \dot{I}_1$，继电器同样动作使两侧断路器跳闸。

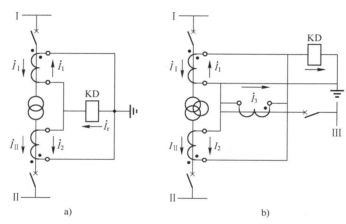

图 7-31 变压器差动保护单相原理接线

a）双绕组变压器 b）三绕组变压器

由于变压器高压侧和低压侧的额定电流不同，因此，为了保证差动保护的正确工作，就必须适当选择两侧电流互感器的电流比，使得在正常运行和外部故障时，两个二次电流相等，例如在图 7-31a 中，应使

$$I_1 = I_2 = \frac{I_{\mathrm{I}}}{K_{\mathrm{TA},1}} = \frac{I_{\mathrm{II}}}{K_{\mathrm{TA},2}}$$

即

$$\frac{K_{\mathrm{TA},2}}{K_{\mathrm{TA},1}} = \frac{I_{\mathrm{II}}}{I_{\mathrm{I}}} = K_{\mathrm{T}} \tag{7-29}$$

式中，$K_{\mathrm{TA},1}$ 为变压器高压侧电流互感器 TA_1 的电流比；$K_{\mathrm{TA},2}$ 为变压器低压侧电流互感器 TA_2 的电流比；K_{T} 为变压器的电压比。

由此可见，在变压器的纵联差动保护中，要适当地选择两侧电流互感器的电流比，使其等于变压器的电压比。但即使如此，由于许多因素的影响，在正常运行和外部故障情况下，仍将有某些电流流入差动回路的继电器中，此电流称为不平衡电流，并会直接影响差动保护的灵敏度。下面分析不平衡电流产生的原因和克服的办法。

（1）电流互感器的影响

由于变压器高压侧和低压侧的额定电压不同，装设的电流互感器型式便不同，它们的饱和特性、励磁电流（归算至同一侧）也就不一样，因此在差动回路引起的不平衡电流就比较大。

由于变压器高、低压两侧选择的电流互感器都是根据产品目录选取标准的电流比，而变压器的电压比也是一定的，因此三者的关系很难满足式（7-29）的要求，由此也将在差动回路产生不平衡电流。

（2）变压器励磁涌流的影响

变压器的励磁电流只流过电源侧绕组，因此通过电流互感器反映到差动回路中不能被平衡，造成差动回路中的不平衡电流。在变压器正常运行时，励磁电流为其额定电流的 3%～5%。在外部短路时，由于变压器电压降低，此时的励磁电流减小，其影响就更小了。在变压器空载投入或外部短路故障切除后电压恢复时，可能产生很大的励磁电流。这种瞬时过程中出现的变压器励磁电流称为励磁涌流（Magnetizing Inrush Current），其数值可达额定电流的 6～8 倍。

（3）由变压器两侧电流相位不同而产生的不平衡电流

对于电力系统常用的 Yd11 接线方式的变压器，其两侧电流之间有 30° 相位差。如果此时变压器两侧的电流互感器仍采用相同的接线方式，则二次电流由于相位不同，也会有一个差动电流流入继电器。为消除相位差造成的不平衡电流，通常采用相位补偿的方法，即变压器星形侧的 3 个电流互感器二次接成三角形，而将变压器三角侧的 3 个电流互感器接成星形，使相位得到校正，如图 7-32 所示。

按图 7-32 接线进行相位校正后，高压侧保护臂中电流比该侧电流互感器二次电流大 $\sqrt{3}$ 倍，为使正常负荷时两侧保护臂中电流相等，故此时选择电压比的条件是

$$K_T = \frac{K_{TA,2}}{K_{TA,1}/\sqrt{3}} \tag{7-30}$$

综上所述，由于变压器两侧电流相位不同而产生的不平衡电流和由于计算电压比与实际电压比不同而产生的不平衡电流，可采用适当地选择电流互感器二次线圈的接线形式和电流比，以及采用平衡线圈的方法，使其降到最小。但是由于励磁涌流、变压器两侧电流互感器的型号不同以及由于变压器带负荷调整分接头而产生的不平衡电流是不可能完全消除的，因此变压器的差动保护必须躲开这些不平衡电流的影响。由于在满足选择性的同时，还要保证内部故障时有足够的灵敏度，这就是构成的变压器差动保护的主要困难。

2. 变压器差动保护的整定计算

（1）差动保护起动电流的整定原则

1）在正常运行情况下，为防止电流互感器二次回路断线时引起差动保护误动作，保护装置的动作电流应大于变压器的最大负荷电流。当负荷电流不能确定时，可采用变压器的额定电流，则保护装置的动作电流为

$$I_{op.\,d1} = K_{rel}I_{L,\,max} \tag{7-31}$$

式中，K_{rel} 为可靠系数，采用 1.3。

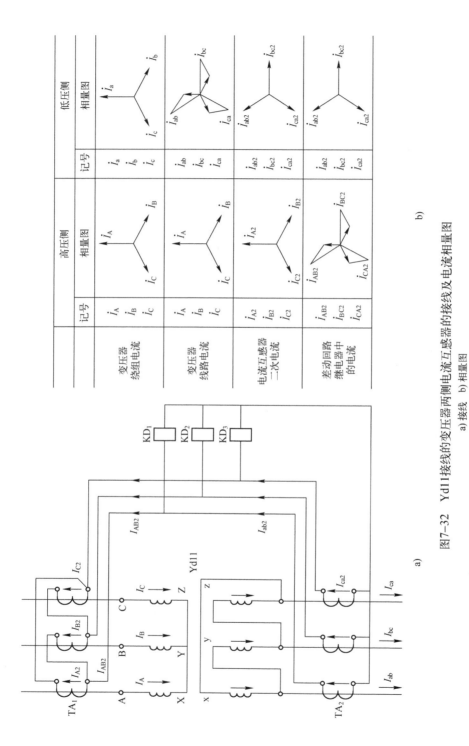

图7-32 Yd11接线的变压器两侧电流互感器的接线及电流相量图

a) 接线　b) 相量图

	高压侧			低压侧	
	记号	相量图		记号	相量图
变压器绕组电流	$\dot{I}_A$ $\dot{I}_B$ $\dot{I}_C$			$\dot{I}_a$ $\dot{I}_b$ $\dot{I}_c$	
变压器线路电流	$\dot{I}_A$ $\dot{I}_B$ $\dot{I}_C$			$\dot{I}_{ab}$ $\dot{I}_{bc}$ $\dot{I}_{ca}$	
电流互感器二次电流	$\dot{I}_{A2}$ $\dot{I}_{B2}$ $\dot{I}_{C2}$			$\dot{I}_{ab2}$ $\dot{I}_{bc2}$ $\dot{I}_{ca2}$	
差动回路继电器中的电流	$\dot{I}_{AB2}$ $\dot{I}_{BC2}$ $\dot{I}_{CA2}$			$\dot{I}_{ab2}$ $\dot{I}_{bc2}$ $\dot{I}_{ca2}$	

b)

2）躲开保护范围外部短路时的最大不平衡电流，此时继电器的启动电流应为

$$I_{op.d2} = K_{rel}I_{unb,max} \tag{7-32}$$

式中，K_{rel} 为可靠系数，采用 1.3；$I_{unb,max}$ 为保护范围外部短路时的最大不平衡电流，可按下式来确定：

$$I_{unb,max} = (K_{st}K_{i.er} + \Delta U + \Delta f_s)I_{k,max} \tag{7-33}$$

其中，$K_{i.er}$ 为电流互感器容许的最大相对误差，取 0.1；K_{st} 为电流互感器的同型系数，取 1；ΔU 为由带负荷调压所引起的相对误差，如果电流互感器二次电流在相当于被调节变压器额定抽头的情况下平衡时，则等于电压调整范围的一半；Δf_s 为由于所采用的互感器电流比或平衡线圈的匝数与计算值不同，所引起的相对误差，取实际计算值；$I_{k,max}$ 为保护范围外部最大短路电流归算到二次侧的数值。

3）躲开变压器励磁涌流的影响，即

$$I_{op.d3} = K_{rel}I_{N.T} \tag{7-34}$$

式中，K_{rel} 为可靠系数，采用 1.3；$I_{N.T}$ 为变压器额定电流。

选用以上 3 个条件算得的最大动作电流作为计算值，即

$$I_{op.d} = \max(I_{op.d1}, I_{op.d2}, I_{op.d3})$$

在以上的计算中，所有短路电流值都是归算到某一侧（基本侧）的值，所求出的动作电流值也是指该侧的动作电流计算值。

（2）差动保护灵敏系数的校验

变压器差动保护的灵敏系数可按下式来校验：

$$K_s = \frac{I_{kB,min}}{I_{op.d}} \tag{7-35}$$

式中，$I_{kB,min}$ 为保护范围内部两相故障时流过继电器的最小短路电流。灵敏系数一般不应低于 2。当不能满足要求时，则需要采用具有制动特性的差动继电器。必须指出的是，即使灵敏系数的校验能够满足要求，但对变压器内部的匝间短路、轻微故障等情况，差动保护往往不能迅速动作。常常是气体保护首先动作，然后待故障进一步发展，差动保护才能动作。可见，差动保护的整定值越大，则对变压器故障的反应能力也就越低。

7.5 电力电容器保护

7.5.1 概述

本节讨论的电力电容器主要是指用于改善电网功率因数的并联补偿电容器组。电力电容器的故障主要是短路、接地和容量变化。短路故障和接地故障的保护与一般电力元件一样考虑。容量的变化是指电容器内部元件断线造成容抗增加和元件内部短路造成的容抗减少。故障类型不同，采用的保护方式也不同。

1. 电容器故障类型及其保护方式

（1）电容器组与断路器之间连线的短路

电容器组与断路器之间连线的短路故障应采用带时限的过电流保护而不宜采用电流速断

保护。因为速断保护要考虑躲过电容器组合闸时冲击电流及对外放电电流的影响，其保护范围和效果不能充分利用。

（2）单台电容器内部极间短路

对于单台电容器内部绝缘损坏而发生的极间短路，通常是对每台电容器分别装设专用的熔断器，其熔丝的额定电流可以取电容器额定电流的2倍，有的制造厂已将熔断器装在电容器壳内。单台电容器内部由若干带埋入式熔丝和电容元件并联组成。一个元件故障，由熔丝熔断自动切除，不影响电容器的运行，因此对单台电容器内部极间短路，理论上可以不安装外部熔断器，但是为防止电容器箱壳爆炸，一般都装设外部熔断器。

（3）电容器组多台电容器故障

它包括电容器的内部故障及电容器之间连线上的故障。如果仅一台电容器故障，由其专用的熔断器切除，而对整个电容器组无多大的影响，因为电容器具有一定的过载能力。但是当多台电容器故障并切除后，就可能使留下来继续运行的电容器严重过载或过电压，这是不允许的。电容器之间连线上的故障同样会产生严重的后果。为此，需要考虑保护措施。

电容器组的继电保护方式随其接线方案的不同而异。但要尽量采用简单、可靠而又灵敏的接线把故障检测出来。常用的保护方式有零序电压保护、电压差动保护、中性点不平衡电流或不平衡电压保护、横联差动保护等。

2. 电容器组的不正常运行及其保护方式

（1）电容器组的过负荷

电容器过负荷是由系统过电压及高次谐波所引起的。根据国家标准规定，电容器在有效值为1.3倍额定电流下长期运行，对于具有最大正偏差的电容器，过电流允许达到1.43倍额定电流。由于按照规定电容器组必须装设反映母线电压稳态升高的过电压保护，又由于大容量电容器组一般需要装设抑制高次谐波的串联电抗器，因而可以不装设过负荷保护。仅当系统高次谐波含量较高，或电容器组投运后经过实测在其回路中的电流超过允许值时，才装设过负荷保护，保护延时动作于信号。为了与电容器的过载特性相配合，宜采用反时限特性的继电器。

（2）母线电压升高

电容器组只能允许在不大于1.1倍额定电压的电压下长期运行，因此，当系统引起母线稳态电压升高时，为保护电容器组不致损坏，应装设母线过电压保护，且延时动作于信号或跳闸。

（3）电容器组失压

当系统故障线路断开引起电容器组失去电源，而线路重合又使母线带电，电容器端子上残余电压又没有放电到0.1倍的额定电压时，可能使电容器组承受超过长期允许电压（1.1倍额定电压）的合闸过电压而使电容器组损坏，因此应装设失压保护。

7.5.2 电容器组与断路器之间连线短路故障时的电流保护

电容器组与断路器之间连线的短路故障应装设反映外部故障的过电流保护，图7-33为采用三相三继电器式接线的过电流保护原理接线图。

当电容器组与断路器之间连线发生短路故障时，故障电流使电流继电器动作，经过时间继电器延时后使KM动作并接通断路器跳闸线圈，使断路器跳闸。

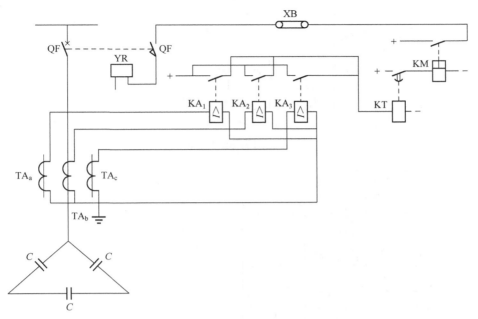

图 7-33　电容器组采用三相三继电器式接线的过电流保护原理接线

过电流保护也可用作电容器内部故障的后备保护，但只有在一台电容器内部串联元件全部击穿而发展成相间故障时，才能动作。电流继电器的动作电流可按照下式整定：

$$I_{op} = \frac{K_{rel}K_{con}}{K_{TA}}I_{NC} \tag{7-36}$$

式中，K_{rel} 为可靠系数，动作时限在 0.5 s 以下时，由于要考虑电容器冲击电流的影响，取 2 ~2.5，较长时限时可取 1.3；K_{con} 为接线系数，完全星形接线为 1，两相电流差接线为 $\sqrt{3}$；K_{TA} 为电流互感器电流比；I_{NC} 为电容器组的额定电流。

保护装置的灵敏系数可按下式进行校验：

$$K_{s,min} = \frac{I_{k,min}^{(2)}}{K_{TA}I_{op}} \tag{7-37}$$

式中，$I_{k,min}^{(2)}$ 为最小运行方式下，电容器首端两相短路电流。

7.5.3　电容器组的横联差动保护

双三角形连接电容器组的内部故障，常采用如图 7-34 所示的横联差动保护（Transverse Differential Protection）。

在 A、B、C 三相中，每相都分成两个臂，在每一个臂中接入一个电流互感器，同一相两臂电流互感器二次侧按电流差接线。要求电容器组每相的两臂容量尽量相同。各相差动保护是分相装设的，而三相电流继电器差动接成并联方式。

在正常运行方式下，同一相两臂的电容量基本相等，流过的电流也相等，电流互感器的二次电流差为零，所以电流继电器都不会动作。如果在运行中任意一个臂的某一台电容器的内部发生故障，则该臂的电流增大或减小，则两臂的电流失去平衡，使互感器二次产生差流。当两臂的电流差值大于整定值时，电流继电器动作，经过延时后作用于跳闸，将电源

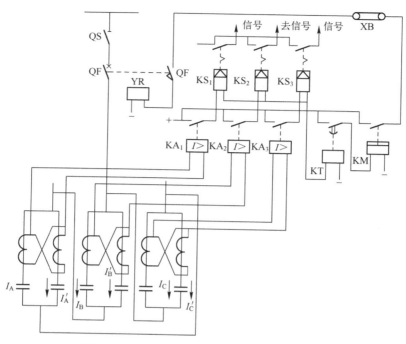

图 7-34 电容器组的横联差动保护原理接线图

断开。

电流继电器的动作值可按以下两个原则计算：

1）为了防止误动作，电流继电器的整定值必须躲开正常运行时电流互感器二次回路中由于各臂的电容量不一致而引起的最大不平衡电流，即

$$I_{op} = K_{rel} I_{unb,max} \tag{7-38}$$

式中，K_{rel} 为可靠系数，取 2；$I_{unb,max}$ 为正常运行时二次回路最大不平衡电流。

2）在某台电容器内部有 50%~70% 串联元件击穿时，保证装置有足够的灵敏系数，即

$$I_{op} = \frac{I_{unb}}{K_{s,min}} \tag{7-39}$$

式中，$K_{s,min}$ 为横联差动保护的灵敏系数，取 1.8；I_{unb} 为一台电容器内部有 50%~70% 串联元件击穿时，电流互感器二次回路中的不平衡电流。

为了躲开电容器投入合闸瞬间的充电电流，以免引起保护的误动作，在接线中采用了延时的时间继电器。

横联差动保护的优点是原理简单、灵敏系数高，动作可靠、不受母线电压变化的影响，因而得到了广泛的利用。其缺点是装置的电流互感器较多，接线较复杂。

7.6 高压电动机保护

7.6.1 概述

作为电气主设备，高压异步电动机是数量最多的一种，一个现代化的企业往往拥有几十

台至几百台电动机。可以说，电动机及其保护的运行正常与否，直接关系到企业的运转与人民生活。电动机的主要故障是定子绕组的相间短路，其次是单相接地故障。

定子绕组的相间短路是电动机最严重的故障，它会引起时机本身的严重损坏，使供电网络的电压显著下降，破坏其他用电设备的正常工作。因此，对于容量为2000kW及其以上的电动机，或容量小于2000kW但有6个引出线的重要电动机，都应该装设纵联差动保护。对一般高压电动机则应该装设两相式电流速断保护，以便尽快地将故障电动机切除。

单相接地对电机的危害程度取决于供电网络中性点的接地方式。对于小接地电流系统中的高压电动机，当接地电容电流大于5~10A时，若发生接地故障就会烧坏绕组和铁心，因此应该装设接地保护，当接地电流小于10A时动作于信号，当接地电流大于10A时动作于跳闸。

电动机的不正常状态，主要是过负荷运行。主要原因是，所带机械负荷过大；供电网络电压和频率过低而使转速下降；由于熔断器一相熔断造成两相运行；电动机起动或自起动时间过长等。较长时间的过负荷会使电动机温升超过它的允许值，这就加速了绕组绝缘的老化，甚至使电动机绕组烧毁。因此对于容易发生过负荷的电动机应该装设过负荷保护，动作于信号，以便及时进行处理。

电动机电源电压因某种原因下降时，其转速下降，当电压恢复时，由于电动机自起动，将从系统中吸取很大的无功功率，造成电源电压不能恢复。为保护重要电动机的自起动，应装设低电压保护。

7.6.2 电动机的相间短路保护

目前中小容量的电动机广泛采用电流速断保护作为防御相间短路的主保护。

电动机的电流速断保护通常用两相式接线，如图7-35a所示。当灵敏度允许时，可采用两相电流差的接线方式，如图7-35b所示。

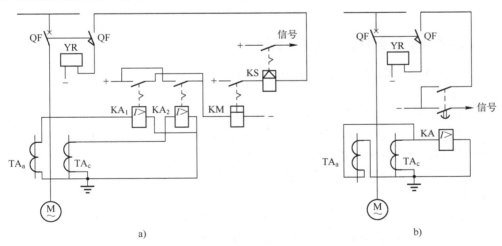

图 7-35　电动机的电流速断保护原理

对于不容易产生过负荷的电动机，接线中可以采用电磁型电流继电器；对于容易产生过负荷的电动机，则可采用感应型的电流继电器。其反时限部分用作过负荷保护，一般作用于信号；其速断部分用作相间短路保护，作用于跳闸。

电流速断的动作电流可按下式计算：

$$I_{op} = \frac{K_{rel}K_{con}}{K_{TA}}I_{ss} \qquad (7-40)$$

式中，K_{rel}为可靠系数，对 DL 型和晶体管型继电器取 1.4~1.6，GL 型取 1.8~2；K_{con}为接线系数，不完全星形接线为 1，两相电流差接线为$\sqrt{3}$；K_{TA}为电流互感器电流比；I_{ss}为电动机起动电流。

保护装置的灵敏系数可按下式进行校验：

$$K_{s,min} = \frac{I_{k,min}^{(2)}}{K_{TA}I_{op}} \qquad (7-41)$$

式中，$I_{k,min}^{(2)}$为最小运行方式下，电动机出口两相短路电流。

7.6.3 电动机的过负荷保护

作为过负荷保护，一般可采用一相一继电器式的接线。过负荷保护的动作电流按躲开电动机的额定电流整定，即

$$I_{op} = \frac{K_{rel}K_{con}}{K_{re}K_{TA}}I_{NM} \qquad (7-42)$$

式中，K_{rel}为可靠系数，动作于信号时取 1.4~1.6，动作于跳闸时取 1.2~1.4；K_{con}为接线系数；K_{re}为继电器返回系数，取 0.85；K_{TA}为电流互感器电流比；I_{NM}为电动机的额定电流。

过负荷保护动作时限的整定，应大于电动机的起动时间，一般取 10~15 s。对于起动困难的电动机，可按躲开实际的起动时间来整定。

7.7 低压配电系统保护

7.7.1 220 V/380 V 低压配电系统特点

1）应用范围广。现在工业与民用用电除矿井、医疗危险品库外，均为 220 V/380 V，所以应用范围非常广泛。

2）低压配电系统一般均为 TN-S 或 TN-C-S 系统。TN-C 系统为三个相线（A、B、C）与一个中性线（N），N 线在变压器中性点接地或在建筑物进户处重复接地。输电线为四根线，电缆为四芯，没有保护地线（PE），少一根线。设备外壳、金属导电部分保护接地接在中性线（N）上，称为接零系统，接零系统安全性较差，对电子设备干扰大，设计规范已规定不再采用。

TN-S 系统为三个相线、一个中性线（N）与一个保护地线（PE）。N 线与 PE 线在变压器中性点集中接地或在建筑物进户线处重复接地。输电线为五根，电缆为五芯。中性线（N）与保护地线（PE）在接地点处连接在一起后，再不能有任何连接，因此中性线（N）也必须用绝缘线。中性线（N）引出后如果不用绝缘对地绝缘，或引出后又与保护地线有连接，虽然用了五根线，也为 TN-C 系统，这一点应特别引起注意。TN-S 或 TN-C-S 系统安全性好，对电子设备干扰小，可以共用接地线（CPE），采用等电位联结后安全性更好、干

扰更小。所以设计规范规定除特殊场所外，均采用 TN-S 或 TN-C-S 系统。

3）220 V/380 V 低压配电系统的保护现在仍采用低压断路器或熔断器，所以 220 V/380 V 系统只有监控没有保护。监控包括电流、电压、电度、频率、功率、功率因数、温度等测量（遥测）；开关运行状态，事故跳闸，报警与事故预告（过负荷、超温等）报警（遥信），与电动开关远方合分闸操作（遥控）等三个内容（简称三遥），而没有保护。

4）220 V/380 V 低压配电系统一次回路一般均为单母线或单母线分段，两台以上变压器均为单母线分段，有几台变压器就分几段。因为用户变电站变压器一般不采用并列运行，这是为了减小短路电流，降低短路容量，否则，低压断路器的断开容量就要加大。

5）220 V/380 V 低压配电系统进线、母联、大负荷出线与低压联络线因容量较大，一般一路（一个断路器）占用一个低压柜。根据供电负荷电流大小不同，一个低压开关柜内有两路出线（安装两个断路器），四路出线（安装四个断路器），以及五、六、八与十路出线，不像高压配电系统一个断路器占用一个开关柜。因此低压监控单元就有用于一路、两路或多路之分，设计时要根据每个低压开关的出线回路数与低压监控单元的规格来进行设计。

6）低压断路器除手动操作外，还可以选用电动操作。大容量低压断路器一般均有手动与电动操作，设计时应选用带遥控的低压监控单元；小容量低压断路器，设计时，大多数都选用只有手动操作的断路器，这样低压监控单元的遥控出口就可以不接线，或选用不带遥控的低压监控单元。

7.7.2 低压熔断器保护

熔断器是最简单和最早采用的一种保护装置，用它来使供电系统中的电气设备免遭过负荷电流和短路电流的损害，当流过电气设备的电流显著地大于熔体额定电流时熔体就被熔断，切除故障。

由于熔断器价格便宜、结构及维修简单、体积小，因此在 1 kV 以下低压系统的电气设备上及 1 kV 以上的高压配电变电站得到广泛的应用。在高压配电变电站还常用作 35 kV 及其以下电压互感器的保护。

熔断器的缺点是熔体熔化后必须更换新熔体；而对于有填料管式（RT）熔断器，熔体熔断后，整个熔断器报废，这就造成被保护设备的短时停电。再有，熔断器不能进行正常运行时的切断或接通电路，必须与其他电器配合使用。

下列电气设备允许短时停电时，可采用低压熔断器作为保护装置：

1）容量小于 400 kV·A 的变压器。

2）低压配电线路及照明负荷。

3）低压电动机及电力电容器组。

熔断器应分别装设在被保护设备的三相上；单相负荷装设在相线上。在三相四线制的接地中性线（零线）上，不允许装设熔断器，以免零线断路时，使所有接零的设备外壳带电，危及人身安全。

熔断器的选择主要是熔断器熔体额定电流的选择，它应同时满足正常工作电流和起动尖峰电流两个条件的要求，并按短路电流校验其动作的灵敏性。

（1）熔断器的选择

熔断器熔体电流按以下原则进行选择：

1）正常工作时，熔断器不应该熔断，即要躲过最大负荷电流 I_{ca}：

$$I_{NF} \geqslant I_{ca} \tag{7-43}$$

2）在电动机起动时，熔断器也不应该熔断，即要躲过电动机起动时的短时尖峰电流：

$$I_{NF} \geqslant kI_{pe} \tag{7-44}$$

k 为计算系数，一般按电动机的起动时间取值。即：轻负载起动时，起动时间在 3 s 以下，k 取 0.25~0.4；重负载起动时，起动时间在 3~8 s，k 取 0.35~0.5；频繁起动、反接制动、起动时间在 8 s 以上的重负荷起动，k 取 0.5~0.6。

I_{pe} 为电动机起动尖峰电流。单台电动机起动时，其尖峰电流为

$$I_{pe} = I_{st} = K_{st}I_{NM} \tag{7-45}$$

当配电干线上，多台电动机起动时，取最大一台的起动电流和其他 $n-1$ 台计算电流之和，即

$$I_{pe} = I_{30} + (K_{st} - 1)I_{NM} \tag{7-46}$$

式中，K_{st} 为电动机起动电流倍数。

另外，为保证熔断器可靠工作，熔断器的额定电流必须大于熔体熔断电流，才能保证故障时熔体熔断而熔断器不被损坏。熔断器的额定电流还必须与导线允许载流能力相配合，才能有效保护线路。

（2）熔断器的选用

1）熔断器的保护特性要同保护对象的过载能力相匹配，使保护对象在全范围内得到可靠的保护。

2）为防止发生越级熔断、扩大停电事故范围，各级熔断器间应有良好的协调配合，使下一级熔断器比上一级的先熔断，而且在它熔断后上一级的熔断器能够自动复原。

3）如果电网容量不是太大，预期短路电流也不是太大，而且故障率又较高，则从经济上考虑，可优先选用熔体是用户可以方便地自行拆装的类型的熔断器。

4）在预期短路电流较大的配电网路中，应选用分断能力较高的熔断器，有时甚至要选用有很好限流作用的熔断器。但有限流作用的熔断器也不是任何时候都能限流，只有当预期短路电流与额定电流的比值超过一定倍数后，才起限流作用。例如，选用 100 A 熔断器的电路，只有预期短路电流大于 4000 A 时才能考虑选用有限流作用的产品，否则，宁可选无限流作用的，以节省投资。

5）电动机过电流保护用的熔断器，通常并不要求有大的容量和限流作用，而是希望熔化系数适当小些，所以宜选用具有锌质熔体和铅锡合金熔体的产品。

具体选用时可参照下述方法进行：

1）熔断器的额定电压应根据其所在电网的额定电压确定。

2）电路保护用熔断器的额定电流基本上可以按电路的额定负载电流选择，但其额定分断能力必须大于电路中可能出现的最大故障电流。

3）电动机保护用的熔断器应参照制造厂提供的选用表选择。若无选用表，则按下达原则选用，以免熔体在电动机起动过程中熔断：在不经常起动或起动时间不长的场合（如一般金属切削机床），熔体的额定电流取为电动机起动电流的 $2^{1/3 \sim 1/2}$；若起动频繁或起动时间较长（如吊车电动机），则熔体额定电流取为电动机起动电流的 $2^{1/2 \sim 3/5}$。

（3）选择性的配合

如图 7-36 所示，当 k 发生短路时，短路电流 I_k 同时流过 FU_1 和 FU_2，应该 FU_2 首先熔断，而 FU_1 不应该熔断，以缩小故障停电范围，因此要求有一个熔断时限的配合。

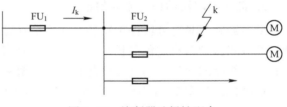

图 7-36　熔断器选择性配合

熔断器的实际熔断时间与标准安-秒特性曲线查得的熔断时间可能有 50% 的误差，因此要求在前一级熔断器（如 FU_1）的熔断时间提前 50%，而后一级熔断器（如 FU_2）的熔断时间延迟 50% 的情况下，仍能保证选择性的要求，前后两级熔断器的熔断时间相差两级以上，即

$$t_1 > 3t_2 \qquad\qquad (7\text{-}47)$$

7.7.3　低压断路器保护

1. 低压断路器的原理

低压断路器既能在正常运行时接通或切断电路，又能在过负荷、短路和电压降低或消失时自动跳闸，兼有开关和保护两种功能，主要用于配电线路和电气设备的过载、失压、欠压和短路保护。低压断路器的保护功能是通过脱扣器实现的。

配电用低压断路器分为选择型和非选择型两种。选择型低压断路器必须装有短延时脱扣器，非选择型低压断路器的脱扣器组合则只有瞬时动作和瞬时动作加长延时两种。

脱扣器的"长延时"具有反时限特征，延时为 0.1 s，它的切断能力受触点热稳定和灭弧能力等限制，只能切断中等程度的短路电流"瞬时"动作。

低压断路器的结构原理如图 7-37 所示。当一次电路出现短路故障时，其过电流脱扣器动作，使开关跳闸；如出现过负荷时，串联在一次电路的加热电阻丝加热，双金属片弯曲，也使开关跳闸；当一次电路电压严重下降或失去电压时，其失压脱扣器动作，也作用于开关

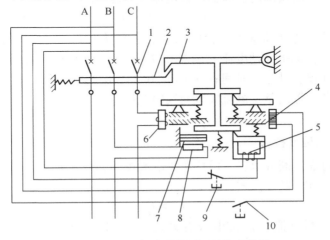

图 7-37　低压断路器的原理结构和接线

1—主触头　2—跳沟　3—锁扣　4—分励脱扣器　5—失压脱扣器
6—过电流脱扣器　7—热脱扣器　8—加热电阻丝　9、10—脱扣按钮

跳闸；如按下按钮 9 或按钮 10，使失压脱扣器断电或使分励脱扣器通电，可使开关远距离跳闸。

2. 低压断路器动作电流的整定

低压断路器具有分段保护特性，使保护具有选择性，可分为两段式保护和三段式保护两种。两段式保护具有过负荷长延时、短路瞬时或短路短延时三种动作特性，常用于电动机保护和照明线路的保护。具有过负荷长延时、短路短延时和短路瞬时三种动作特性的，称为三段保护特性，如图 7-38 所示，常用于 200~4000 A 的配电线路保护。

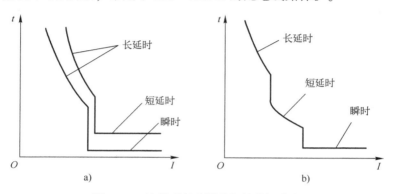

图 7-38　选择型断路器的保护特性曲线
a）两段保护式　b）三段保护式

（1）长延时过电流脱扣器动作电流

长延时过电流脱扣器主要用于过负荷保护，其动作电流应按正常工作电流整定，即躲过最大负荷电流。

$$I_{ac1} \geqslant 1.1 I_{30} \tag{7-48}$$

（2）短延时或瞬时脱扣器动作电流

作线路保护的短延时或瞬时脱扣器动作电流，应躲过配电线路上的尖峰电流。

$$I_{ac1} = K_{\infty} I_{pe} = K_{\infty} (I'_{st,max} + I_{30(n-1)}) \tag{7-49}$$

式中，$I'_{st,max}$ 为线路中工作负荷最大一台电动机的全起动电流，它包括周期分量和非周期分量，其值可近似取该电动机起动电流 $I_{st,max}$ 的 1.7 倍；K_{∞} 为可靠系数，通常取 1.2。

对于短延时脱扣器，其分断时间有 0.1 s 或 0.2 s、0.4 s 和 0.6 s 三种。

另外，过电流脱扣器的整定电流应该与线路允许持续电流相配合，保证线路不致因过热而损坏。

3. 断流能力与灵敏度校验

为使断路器能可靠地断开电路，应按短路电流校验其分断能力。

分断时间大于 0.02 s 的断路器，有

$$I_{fdz} \geqslant I_k \tag{7-50}$$

式中，I_{fdz} 为断路器开断电流（冲击电流有效值）；I_k 为短路开始第一周期内的全电流有效值。

分断时间小于 0.02 s 的断路器，有

$$I_{kdz} \geqslant I_{ch} \tag{7-51}$$

式中，I_{kdz} 为以交流电流周期分量有效值表示的低压断路器的极限分断能力；I_{ch} 为被保护线路最大三相短路电流周期分量有效值。

低压断路器作过电流保护时，其灵敏度要求：

$$K_s = \frac{I_{k,min}}{I_{ac}} \geqslant 1.5 \tag{7-52}$$

式中，$I_{k,min}$ 为被保护线路最小运行方式下的短路电流。

本章小结

1）继电保护装置的任务是自动、迅速、有选择地将故障元件从系统中切除，正确反映电气设备的不正常运行状况，因此，继电保护应满足选择性、速动性、灵敏性和可靠性的要求。

2）继电器是构成继电保护装置的基本元件，供配电系统中常用的继电器有电流继电器、电压继电器、时间继电器、中间继电器、信号继电器、功率继电器、阻抗继电器、差动继电器和气体继电器等。

3）保护装置常用的接线方式有三相完全星形接线、两相不完全星形接线和两相电流差接线，可根据不同要求进行选择。前两种接线方式无论发生何种相间短路，其接线系数都等于 1；而对于两相电流差接线，不同形式的相间短路，其接线系数有所不同。

4）输电线路的电流保护主要是三段式过电流保护。第 I 段（无时限电流速断保护）按线路末端最大三相短路电流整定，按始端最小两相短路电流校验灵敏度，由动作电流满足选择性要求，但在线路末端有死区，不能保护线路全长；第 II 段（带时限电流速断保护）按下级线路第 I 段保护动作电流整定，按本线路末端最小两相短路电流校验灵敏度，动作时间与下级线路 I 段保护配合；第 III 段（定时限过电流保护）按最大负荷电流整定，按本级和下级线路末端最小两相短路电流校验灵敏度，动作时间按阶梯原则整定，由动作时间满足选择性要求。在多电源系统中，为满足选择性要求，可装设方向电流保护。

5）大电流接地系统的接地保护通常采用三段式零序电流保护，其工作原理及动作电流整定方法与三段式过电流保护相似；小电流接地系统的接地保护分为无选择性的单相接地保护（绝缘监视装置）和有选择性的单相接地保护（零序电流保护）。

6）电力变压器的继电保护是根据变压器的容量和重要程度确定的，变压器的故障分为内部故障和外部故障。变压器的保护一般有气体保护、纵联差动或电流速断保护、过电流保护、过负荷保护和接地保护（大电流接地系统中的变压器）等。

7）高压电动机通常装设有电流速断或纵联差动保护、单相接地保护、过负荷保护和低压保护；电力电容器通常装设有过电流保护、横联差动保护、过电压保护等。

习题与思考题

7-1 理解对继电保护的 4 个基本要求以及它们之间相互矛盾和统一的辩证关系。

7-2 什么叫过电流继电器的动作电流、返回电流和返回系数？

7-3 过电流保护装置的动作电流和动作时间应如何整定？如何提高过电流保护的灵

敏度？

7-4 变压器差动保护产生不平衡电流的原因是什么？如何减小不平衡电流？

7-5 如图 7-39 所示 35 kV 系统中，已知 A 母线处发生三相短路时的最大短路电流为 5.25 kA，最小短路电流为 2.5 kA，线路 AB、BC 的长度分别为 50 km 和 40 km，单位长度电抗取 0.4 Ω/km。试求：

1）保护 1 的电流 I 段的整定值及最小保护范围。

2）保护 1 的电流 II 段的整定值及灵敏系数。

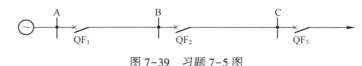

图 7-39 习题 7-5 图

7-6 有一台 S9-6300/35 型电力变压器，Yd11 接线，额定电压为 35 kV/10.5 kV，试选择两侧电流互感器的接线方式和电流比，并求出正常运行时差动保护回路中的不平衡电流。

7-7 试选择降压变压器差动保护的有关参数。已知 $S_N = 16000$ kV·A，35(1±2×2.5%)kV/11 kV，Yd11 接线，$U_k\% = 8$；35 kV 母线短路电流 $I_{k1.max}^{(3)} = 3.57$ kA，$I_{k1.min}^{(3)} = 2.14$ kA；10 kV 母线短路电流 $I_{k2.max}^{(3)} = 5.87$ kA，$I_{k2.min}^{(3)} = 4.47$ kA，10 kV 侧 $I_{L.max} = 1000$ A。

7-8 某企业总降压变电所装有一台 35 kV/10.5 kV、2500 kV·A 的变压器，已知变压器一次侧母线（35kV 侧）的最大、最小三相短路电流分别为 $I_{k1.max}^{(3)} = 1.42$ kA 和 $I_{k1.min}^{(3)} = 1.3$ kA，二次侧母线（10 kV 侧）的最大、最小三相短路电流分别为 $I_{k2.max}^{(3)} = 1.49$ kA 和 $I_{k2.min}^{(3)} = 1.45$ kA，保护采用两相两继电器接线，电流互感器电流比为 75/5，变电所 10kV 出线过电流保护动作时间为 1 s，试对该变压器的定时限过电流保护和电流速断保护进行整定计算。

第8章　工厂电气照明

8.1　电气照明的基本概念

电气照明是工厂供电的一个组成部分，良好的照明是保证安全生产、提高工作效率、保护工作人员视力、创造舒适环境的必要条件。为了获得良好的照明就必须有合理的照明设计，合理的照明设计应符合适用、安全、保护视力和经济的要求，并力求得到舒适的照明环境。

1. 光

光是能引起视觉的辐射能，它以电磁波的形式在空间传播。

在电磁波的辐射谱中，光谱的大致范围包括：

红外线——波长 780 nm ~ 340 μm；

可见光——波长 380 ~ 780 nm；

紫外线——波长 100 ~ 380 nm。

可见光谱中的不同部分引起不同颜色的感受。实验证明，正常人对于波长为 555 nm 的黄、绿色光最敏感，也就是这种波长的辐射能引起人眼最大的视觉。因此波长越偏离 555 nm 的辐射，可见度越小。

2. 光通量

光源在单位时间内，向周围空间辐射出的使人眼产生光感的能量，称为光通量，简称光通，符号为 Φ，单位为 lm（流明）。

3. 发光强度

光源在某一特定方向上单位立体角内辐射的光通量，称为光源在该方向上的发光强度，简称光强，符号为 I，单位为 cd（坎德拉）。

对向各方向均匀辐射光通量的光源，各方向的光强相等。其值为

$$I = \frac{\Phi}{\omega} \tag{8-1}$$

式中，Φ 为光源在 ω 立体角内所辐射出的总光通量（lm）；ω 为光源发光范围的立体角，$\omega = A/r^2$，r 为球的半径（m），A 是与立体角相对应的球表面积（m^2）。

4. 照度

受照物体单位面积上接收到的光通量称为照度，符号为 E，单位为 lx（勒克斯）。

被光均匀照射的平面照度为

$$E = \frac{\Phi}{A} \tag{8-2}$$

式中，Φ 为均匀投射到物体表面的光通量（lm）；A 为受照表面积（m^2）。

5. 亮度

人眼对明暗的感觉不是直接取决于受照物体（间接发光体）的照度，而是取决于物体在眼睛视网膜上成像的照度，所以亮度的物理意义可理解为发光体在视线方向单位投影面上的发光强度。符号为 L。

亮度的单位为 cd/m^2（坎德拉每平方米），过去非法定单位为 nt（尼特），$1\,cd/m^2 = 1\,nt$，即 $1\,cd/m^2$ 表示在每平方米的表面积上，沿法线方向（$\theta = 0$）产生 $1\,cd$ 的光强。

亮度的定义对于一次光源和被照物体是同等适用的。亮度是一个客观量，但它直接影响人眼的主观感觉。目前在国际上有些国家将亮度作为照明设计的内容之一。

亮度通常用发光体在视线方向单位投影面上的发光强度来度量。如图 8-1 所示，设发光体表面法线方向的光强为 I，而人眼视线与发光体表面法线夹角为 α，因此视线方向的光强为 $I_\alpha = I\cos\alpha$。而视线方向发光体的投影面为 $A_\alpha = A\cos\alpha$，其中 A 为发光体面积。因此发光体在视线方向的亮度为

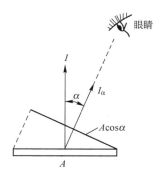

$$L = I_\alpha/A_\alpha = I\cos\alpha/(A\cos\alpha)$$

即
$$L = I/A \qquad (8-3)$$

式（8-3）说明，发光体的亮度值实际上与人眼的视线方向无关。而且可以看出，在发光体光线一定的条件下，发光面越大，则其亮度越小，因此为降低发光体亮度对人眼的刺激作用，可设法增大发光体表面的面积。

图 8-1 亮度概念的说明

8.2 照明电光源和照明灯具

8.2.1 照明电光源

电光源按其发光原理可分为热辐射光源和气体放电光源两大类。

1. 热辐射光源

热辐射光源是利用物体加热到白炽状态时辐射发光的原理制成的光源，如白炽灯、卤钨灯等。

（1）白炽灯

白炽灯结构如图 8-2 所示，它是由钨丝、玻璃泡、灯头、支架和填充气体等构成的。白炽灯是利用钨质灯丝通电加热到白炽状态时辐射发光的原理制成的光源。

灯丝是白炽灯的发光主要部件，是灯的发光体，常用的灯丝形状有直线灯丝、单螺旋灯丝、双螺旋灯丝等。特殊用途的白炽灯甚至还采用了三螺旋形状的灯丝，根据白炽灯规格的不同，灯丝具有不同的直径和长度。灯丝的形状和尺寸大小对于白炽灯的寿命、发光效率都有直接的影响，同样长短粗细的钨丝绕成双螺旋形比绕成单螺旋形的光效高。一般来说，灯丝结构紧凑，发光点小，利用率就高。

灯头是白炽灯与外电路的连接部位，它有不同的形式，常见灯头有插口（B15、B22）与螺口（E14、E27、E40）两种。

白炽灯对电压的变化很敏感，如电压升高5%，它的使用寿命降低一半；电压降低5%，白炽灯的光通量下降18%。白炽灯光电参数与电压的关系如图8-3所示。

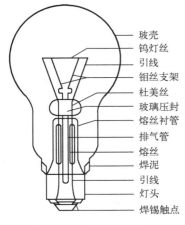

图 8-2　白炽灯的结构图

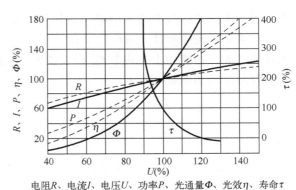

电阻R、电流I、电压U、功率P、光通量Φ、光效η、寿命τ

图 8-3　白炽灯的电参数与电压的关系

白炽灯的特点是结构简单、成本低、使用方便、显色性较好、启动迅速、无频闪效应，而且显色性能好，因此使用较为广泛；但发光效率较低，使用寿命较短且不耐震。普通白炽灯的光电参数见表8-1，主要技术数据见附表14。

表 8-1　常见普通白炽灯的光电参数

光 源 型 号	电压/V	功率/W	初始光通量/lm	平均寿命/h	灯 头 型 号
PZ 220-15		15	110		E27 或 B22
25		25	220		
40		40	350		
100		100	1250		
500		500	8300		E40/45
PZS 220-36		36	350		E27 或 B22
60		60	715		
100	220	100	1350		
PZM 220-15		15	107	1000	E27 或 B22
40		40	340		
60		60	611		
100		100	1212		
PZQ 220-40		40	345		E27
60		60	620		
100		100	1240		
JZS 36-40	36	40	550		E27
60		60	880		

注：PZ指普通白炽灯，PZS指双螺旋普通白炽灯，PZM指蘑菇形普通白炽灯，PZQ指球形普通白炽灯，JZS指双螺旋低压36V普通白炽灯。

白炽灯按用途分为普通照明白炽灯和特殊照明白炽灯。

普通照明白炽灯又分为普通灯、装饰灯和反射型灯等三种。白炽灯按玻璃壳外形分为梨形、蘑菇形等。玻璃壳大多是透明的，也有磨砂玻璃壳、涂乳白色等多种颜色的玻璃壳。

（2）卤钨灯

卤钨灯是在白炽灯泡中充入微量含有卤族元素（碘、溴等）或卤化物的气体，利用卤钨循环原理来提高光效和使用寿命的一种新光源。这种光源可以达到既提高光效又延长使用寿命的目的，而且在使用上与白炽灯一样方便。最常用的卤钨灯是灯内充有微量碘的碘钨灯。卤钨灯的结构如图 8-4 所示。

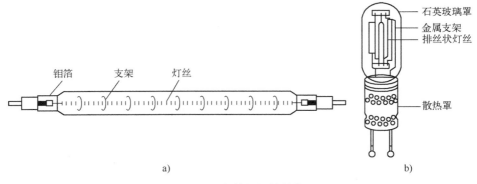

图 8-4　卤钨灯灯管结构

2. 气体放电光源

气体放电光源是利用气体放电时发光的原理所制成的光源，如荧光灯、高强度气体放电灯（高压汞灯、高压钠灯、金属卤化物灯和氙灯等）。

（1）荧光灯

荧光灯是一种低气压汞蒸气弧光放电灯，是利用汞蒸气在外加电压作用下产生弧光放电时发出可见光和紫外线，紫外线又激励管内壁的荧光粉而发出大量可见光的光源。荧光灯发光效率比白炽灯高得多，使用寿命也比白炽灯长得多。但荧光灯的显色性较差（其中日光色显色性较好），有频闪效应，不宜在有旋转机械的车间作照明。另外荧光灯属于低气压放电灯，工作在弧光放电区，此时灯管具有负的伏安特性，要求外加电压比较稳定。

荧光灯由灯头、阴极和内壁涂有荧光粉的玻璃管组成，灯管内充入汞粒和稀有气体，如图 8-5 所示。它有很低的管壁负荷、较低的表面亮度，加工方便，根据管内壁所涂荧光粉的不同，可制成不同光色的灯管。

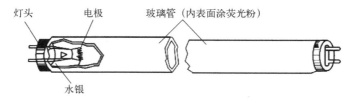

图 8-5　荧光灯灯管结构图

荧光灯的附属设备有启辉器和镇流器，其工作原理电路如图 8-6 所示。启辉器 S 内有两个电极，其中一个弯成 U 字形的电极是双金属片，当荧光灯接上电压后，启辉器首先产生辉光放电，致使双金属片受热伸开，造成两极短接，从而使电流通过灯丝。灯丝发热后发射电子，并使管内少量汞得以汽化。图中 L 是镇流器，其实质是铁心电感线圈。当启辉器两极短接使灯丝加热后，由于启辉器辉光放电停止，双金属片冷却收缩，从而突然断开灯丝回路，这就使串联在灯丝回路中的镇流器两端感生出很高的电动势，连同电源电压加在灯管两端，使充满汞蒸气的灯管击穿，产生弧光放电。由于灯管启燃后，管内电压降很小，因此又需借助镇流器产生很大一部分电压降，来维持灯管一定的电流。为提高功率因数，一般荧光灯并联一个电容器。荧光灯在未并联电容器 C 时，功率因数只有 0.5 左右；并联电容器 C 后，功率因数可提高到 0.95 左右。

荧光灯的类型很多，按用途分为普通照明荧光灯、特殊用途荧光灯、装饰用途的荧光灯；按灯管形状和结构分为直管型荧光灯、异型荧光灯（环形、U 形、紧凑型等）、反射式荧光灯、彩色荧光灯等。常见的紧凑型荧光灯如图 8-7 所示。

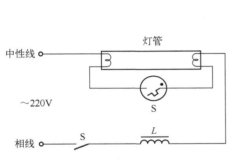

图 8-6 荧光灯的工作原理电路

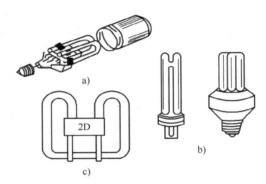

图 8-7 常见的紧凑型荧光灯

新型荧光灯采用电子镇流器取代了老式铁心线圈镇流器和启辉器。电子镇流器的特点是节电、启动电压宽、无频闪现象、有利于保护视力、无噪声、启动时间短、适应范围宽、效率高、寿命长等。

（2）高强度气体放电灯（HID）

根据管壁温度建立发光电弧，发光管表面负荷超过 $3\ \mathrm{W/mm^2}$ 的放电灯被称为高强度气体放电灯（HID 灯），它是一种高效光源，如荧光高压汞灯、高压钠灯、金属卤化物灯、高压氙灯等。HID 光源结构示意图如图 8-8 所示。

1）荧光高压汞灯。高压汞灯是一种高气压（压强可达 $10^2\ \mathrm{Pa}$ 以上）的汞蒸气放电光源。该灯采用耐高压、高温的透明石英玻璃作放电管，管内除充有汞外，还充有氩气。放电管两端用铝箔封装电极，电极材料为钨，并在其中填充有碱土氧化物作为电子发射物质。外玻璃壳内壁涂有荧光粉，它能将壳内的石英玻璃汞蒸气放电管辐射的紫外线转变为可见光，以改变光色，提高光效。荧光高压汞灯的结构如图 8-8a 所示。

高压汞灯的启动通常采用辅助电极的方法，如图 8-9 所示。当灯接入电源后，先在引燃电极 E_3 和主电极 E_2 之间产生辉光放电，然后过渡到主电极 E_1、E_2 之间的弧光放电，使管内的荧光粉受到激励而产生大量的可见光。灯点燃的初始阶段电流较大，待 5~10 min 后，放电趋向稳定，灯进入正常状态。电阻的作用是限制辉光放电电流。

另外还有一种高压汞灯，即自镇流高压汞灯，它用自身的钨丝兼作镇流器。

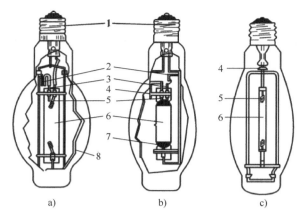

图 8-8　HID 光源结构示意图

a）荧光高压汞灯　b）金属卤化物灯　c）高压钠灯

1—灯头　2—启动电阻　3—启动电极　4—消气剂　5—主电极

6—放电管　7—保温膜　8—内壁荧光粉

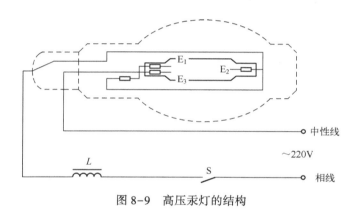

图 8-9　高压汞灯的结构

　　高压汞灯是利用高压汞蒸气、白炽体和荧光粉三种发光物质同时发光的复合光源，所以光效较高，使用寿命也较长；但启动时间较长（4~8 min），汞灯的光色为蓝青色，显色性差，并且光效较低。由于汞灯使用一定量的汞，不利于环保，普通汞灯已逐步被钠灯取代和淘汰。

　　2）金属卤化物灯。金属卤化物灯是在高压汞灯的基础上为改善光色而发展起来的新型电光源，金属卤化物灯的发光主要依靠金属卤化物中金属原子的辐射，以获得比高压汞灯更高的光效和显色性能。

　　金属卤化物的放电管采用透明石英管，管内除充有汞和稀有气体外，还充有金属卤化物（以碘化物为主）作为发光物质，金属卤化物灯的结构示意图如图 8-8b 所示。它的发光原理是，在高压汞灯内添加某些金属卤化物，靠金属卤化物的循环作用，不断向电弧提供相应的金属蒸气，在弧光放电的激励下辐射出该金属的特征光谱线。选择适当的金属卤化物并控制它们的比例，可制成不同光色的金属卤化物灯。

　　金属卤化物灯的放电管中由于没有辅助电极，故不能自行启燃，因此金属卤化物灯的工作电路需接入专用的触发器，以便产生启燃的高压脉冲。通常采用电子触发器来实现。为稳定工作电源，工作电路中还需要镇流器。

目前我国应用的金属卤化物灯主要有三种：

① 充入钠、铊、铟碘化物的钠铊铟灯。

② 充入镝、铊、铟碘化物的镝灯。

③ 充入钪、钠碘化物的钪钠灯。

金属卤化物灯自20世纪60年代问世以来，经过科研人员30多年的努力，已进入成熟阶段，目前已有几百个品种规格。它的突出优点是发光效率高（130 lm/W）、显色性高（R_a >90）、寿命长（$1\times10^4 \sim 2\times10^4$ h），功率有几十瓦到上百瓦，应用范围广泛。

3）高压钠灯。高压钠灯是一种利用高压钠蒸气放电发光的高强度气体放电光源。高压钠灯的放电管采用半透明单晶或多晶氧化铝陶瓷管，它能耐高温，对于高压钠蒸气具有稳定的化学性能。放电管内充入钠、汞气体，并放入氙或氖、氩混合气体作为启动气体，以改善启动性能，高压钠灯的结构示意图如图8-8c所示。钠灯的光色呈黄色，光效比高压汞灯高一倍左右，使用寿命也比较长，但显色性较差，且启动时间长。其接线与高压汞灯相同。

4）氙灯。氙灯是一种在放电管内充有氙气的高功率（高达100 kW）气体放电光源。氙灯按其电弧长短可分为长弧氙灯与短弧氙灯。长弧氙灯的放电管为圆柱形透明石英管，为防止爆炸，其工作气压约为10^5 Pa；短弧氙灯的结构如图8-10所示，这是一种球形强电流弧光放电灯，两电极间距仅为几毫米，管内的工作气压约为10^6 Pa。

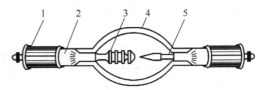

图8-10　短弧氙灯的结构
1—灯头　2—铝箔　3—钨阳极
4—石英玻壳　5—锑钨阳极

氙灯具有光色很好（接近日光）、发光效率高的特点，广泛适用于需正确辨色的工作场所的照明。又由于其功率大，可用于广场、车站、码头、机场、大型车间等大面积照明场所的照明。

氙灯在启燃时也需借助专用触发器。为稳定工作电流，工作电路中还应接入镇流器。

3. 照明电光源的选用

选用电光源首先要满足照明设施的使用要求，如照度、显色性、色温、启动和再启动时间等，尽量优先选择新型、节能型电光源；其次按环境条件要求选用电光源类型和型号，如光源安装位置、考虑装饰和美化环境的灯光艺术效果等；最后综合考虑初投资与年运行费用。

（1）按照明设施的目的和用途选择电光源

不同场所照明设施的目的和用途不同，对显色性要求较高的场所应选用平均显色指数为80的光源。如美术馆、商店、化学分析实验室、印染车间等常选用荧光灯、金属卤化物灯等。

对照度要求较低时（一般小于100 lx），宜适用低色温光源。照度要求较高时（大于200 lx），宜采用高色温光源，例如，室外广告照明、城市夜景照明、体育馆等高照度照明常选用高压气体放电灯。

1）在下列工作场所可选用白炽灯：

① 局部照明场所。如金属加工工作台的重点区域。

② 无电磁波干扰的照明场所。如电子、无线电工作室。

③ 照度不高，且经常开关灯的照明场所。如地下室。

④ 应急照明。

⑤ 要求温暖、华丽的艺术照明场所。如大厅、会客室、宴会厅、饭店、咖啡厅、卧室等。

2）由于高压钠灯的发光效率很高，但光色偏黄色，在下列工作场所可选用高压钠灯：

① 显色性要求不高的照明场所。如仓库、广场等。

② 多尘、多雾的照明场所。如码头、车站。

③ 城市道路照明。

（2）按环境要求选择电光源

环境条件常常限制了某些电光源的使用。在选择电光源时必须考虑环境条件是否许可该类型电光源。如低压钠灯的发光效率很高，但显色性极差，所以低压钠灯不适合要求显色性很高的场所。根据视觉作业对颜色辨别的要求，选用不同显色性的光源，其显色类别参数及适用场所见表8-2。

表8-2　光源的一般显色指数类别

显 色 类 别		一般显色指数范围	适用场所举例
I	A	$R_a \geqslant 90$	颜色匹配、颜色检验
	B	$90 > R_a \geqslant 80$	印刷、食品分拣、油漆等
II		$80 > R_a \geqslant 60$	机电装配、表面处理、控制室等
III		$60 > R_a \geqslant 40$	机械加工、热处理、铸造等
IV		$40 > R_a \geqslant 20$	仓库、大件金属库等

低温场所不宜选用电感镇流器的荧光灯和卤钨灯，以免启动困难。在空调的房间内不宜选用发热量大的白炽灯、卤钨灯等，以减少空调用电量。在转动的工件旁不宜采用气体放电灯作为局部照明，以免产生频闪效应，造成事故。有振动的照明场所不宜采用卤钨灯（灯丝细长而脆）等。

在有爆炸危险的场所，应根据爆炸危险的介质分类等级选择相应的防爆灯。在多灰尘的房间，应根据灰尘的数量和性质选用灯具，如限制尘埃进入的防尘灯具。在使用有压力的水冲洗灯具的场所，必须采用防溅型灯具。在有腐蚀性气体的场所，宜采用耐腐蚀材料制成的密封灯具。

一般生产车间、辅助车间、仓库、站房以及非生产性建筑物、办公楼、宿舍、厂区道路等，应优先选用结构简单、价格低廉的白炽灯和和高效气体放电光源。

对识别颜色要求较高、照度要求较高、视线条件要求较好的场所，如设计室、图书室、试验室、印染车间和印刷车间以及其他一些非生产性建筑如办公室、宿舍等，宜采用荧光灯。

悬挂高度在4m以上的场所宜采用高压汞灯或高压钠灯；有高挂条件并需大面积照明的场所应采用金属卤化物灯或氙灯。

悬挂高度在 4 m 以下的一般工作场所，考虑到电能的节约，宜优先采用荧光灯。当采用一种光源不能满足光色或显色性要求时，可考虑采用两种或多种光源混合照明，以改善光色。

混光光源的选择，主要根据使用场所对光源的亮度及色度等技术参数要求而定，如对于光色有较高要求的体育馆等照明，通常选用金属卤化物灯与高压钠灯混合照明，可获得良好的照明效果以满足比赛和转播的要求。对于光色要求不高的较高大厂房，选用荧光高压汞灯与普通高压钠灯的混光较为适宜。因为这种混合照明可满足提高光效和节电的要求，同时具有寿命长和改善显色性的优点。混光光源的混光光通比及显色指数见表 8-3。

表 8-3 混光光源的混光光通比及显色系数

级 数	混光光源	光通量比	一级显色系数
I	DDG+NGX	0.4~0.6	≥80
	DDG+NG	0.6~0.8	
II	KNG+NG	0.5~0.8	60~70
	DDG+NG	0.3~0.6	60~80
	KNG+NGX	0.4~0.6	70~80
	GGY+NGX	0.3~0.4	60~70
	ZJD+NGX	0.4~0.6	70~80
III	GGY+NG	0.4~0.6	40~50
	KNG+NG	0.3~0.5	40~60
	GGY+NGX	0.4~0.6	40~60
	ZJD+NG	0.3~0.4	40~50

注：1. GGY—荧光高压汞灯；DDG—镝灯；KNG—钪钠灯；NG—高压钠灯；NGX—中显色性高压钠灯；ZJD—高光效高效金属卤化物灯。

2. 混光光通比指前一种光源光通量与两种光源光通量的和之比。

（3）按投资与年运行费选择电光源

选择电光源时，在保证满足使用功能和照明质量的要求下，应重点考虑光源的效率和经济性，并进行初始投资费、年运行费和维修费的综合计算。其中，初始投资费包括电光源的购置费、配套设备和材料费、安装费等；年运行费包括每年的电费和管理费；维修费包括电光源检修和更换费用等。

在经济条件比较好的地区，可设计选用发光效率高、寿命长的新型电光源，并综合各种因素考虑整个照明系统，进行一次性较大投资，以降低年运行费和维修费用。

8.2.2 照明灯具

灯具是能透光、分配和改变光强分布的器具。其主要作用是固定光源；将光源发出的光通量进行重新再分配；防止光源引起的眩光；保护光源不受外力的破坏和外界潮湿气体的影响等。

1. 灯具的特性

灯具的特性主要有配光曲线、保护角、效率等三项。

（1）灯具的配光曲线

配光曲线是表示灯具在空间各个方向上发光强度的曲线。配光曲线是衡量灯具光学特性的主要指标，它是确定照明布置及照度计算的依据。配光曲线一般有三种表示的方法，即极坐标法、直角坐标法和等光强曲线。

1）极坐标配光曲线。极坐标法是应用最多的一种光强空间分布的表示方法。它是在通过光源中心的测光平面上，测出灯具在不同角度的光强值，从某一规定的方向起，以角度的函数，将各个角度的光强用矢量表示出来，连接矢量顶端的连线就是灯具配光的极坐标曲线。配照型灯具的极坐标配光曲线如图 8-11 所示。

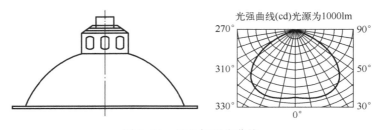

图 8-11　极坐标配光曲线

极坐标配光曲线通常采用光源光通量为 1000 lm 的假想光源来绘制，如果被测光源不是 1000 lm 时，可用下式进行换算：

$$I_\theta = \frac{1000}{\Phi_S} I'_\theta \tag{8-4}$$

式中，I_θ 为换算成光源光通量为 1000 lm 时 θ 方向的光强（cd）；I'_θ 为灯具在 θ 方向上的实际光强（cd）；Φ_S 为灯具内实际配用的光源的光通量（lm）。

2）直角坐标配光曲线。对于光束集中于狭小的立体角内的灯具（如聚光型投光灯），因为它的光束角很小，用极坐标表示时光强读数很困难，故通常用直角坐标表示，用纵坐标表示光强 I，横坐标表示光束的投射角 θ。投光灯的直角坐标配光曲线如图 8-12 所示。

3）等光强曲线图。对于不对称配光的灯具，需要多平面配光曲线才能表示光强在空间的分布，为了正确地表示发光体在空间的光强分布，通常用

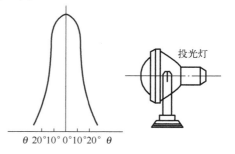

图 8-12　投光灯的直角坐标配光曲线

等光强配光曲线表示。等光强曲线就是设想将光源（满足点光源条件）放在标有地球径、纬度的一个球体中心，发光体射向空间每根光线都可以用球体上每点坐标表示，将光源射向球体上光强相同的各方向的点用线连接起来，即为等光强曲线。用球体表示的空间等光强曲线如图 8-13 所示。在曲线道路照明等照明计算时常用空间等照度曲线计算，如图 8-14 所示。

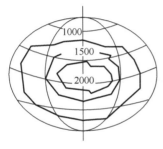

图 8-13　等光强曲线图

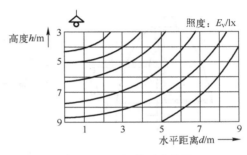

图 8-14　空间等照度曲线

（2）灯具的保护角

1）眩光。眩光是使眼睛产生的不舒适或刺眼之光。眩光可分为直射眩光和反射眩光。直射眩光是由发光体直接引起的；反射眩光是由照明器或其他反射面反射发光所形成的。眩光对人的生理和心理都有明显的危害，它能引起人的视觉疲劳，不仅影响劳动效率，甚至会造成严重事故。眩光作用的强弱与视线角度的相对位置有关，其关系如图 8-15 所示。眩光对视力的影响很大，它是评价照明质量的重要指标之

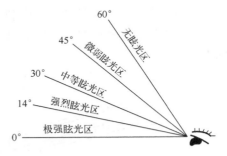

图 8-15　眩光作用与视线角度的关系

一。在电气照明中，采取了许多技术措施来限制或消除眩光的影响。但有些情况下，却利用眩光来创造一些气氛，如花灯、串灯利用眩光衬托富丽堂皇的环境；投光灯把光投射在装饰物上，以产生金碧辉煌的感觉。

我国建筑照明设计标准（GB 50034—2013）规定直接眩光限制的质量等级分为三级，其相应的眩光程度和应用场所举例见表 8-4。工业企业照明眩光限制等级分为五级。

2）灯具的保护角。灯具的保护角是根据眩光作用的强弱与视线角度的关系，为使眼睛免受光源的直射而设计的。因此，在规定的灯具最低悬挂高度下，保护角能把光源在强眩光视线角度区内隐藏起来，从而避免了直射眩光。

表 8-4　眩光限制质量等级

质 量 等 级	眩 光 程 度	适 用 场 所 举 例
I	高质量	无眩光感	有特殊要求的高质量照明房间，如计算机房，制图室等
II	中等质量	有轻微眩光	照明质量要求一般的房间，如办公室和候车、候船室等
III	低质量	有眩光感	照明质量要求不高的房间，如仓库，厨房等

灯具的保护角如图 8-16 所示，是指由灯丝（或发光体）最边缘点和灯具出光口连线与通过灯丝（或发光体）中心的水平线之间的夹角 α。

保护角的计算公式如下：

$$\alpha = \arctan \frac{h}{R+r} \qquad (8-5)$$

式中，α 为灯具的保护角；h 为发光体中心至灯具出光沿口平面的垂直距离；R 为灯具横断面开口宽度的一半；r 为发光体半径或最边位置光源中心至灯具横截面中心的距离。

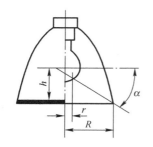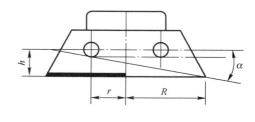

图 8-16　灯具的保护角

灯具具有一定的保护角，是限制直射眩光的最常用办法。对避免直射眩光要求较高的场所，还可采用格栅型灯具。如图 8-17 所示是一种带格栅的多管荧光灯，图 8-18 是格栅的保护角。

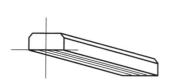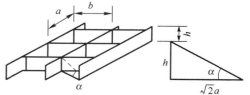

图 8-17　带格栅的多管荧光灯　　　　　图 8-18　格栅的保护角

直接型灯具应根据灯的亮度和限制眩光等级选择适当的保护角（遮光角），我国建筑照明设计标准（GB 50034—2013）规定的最小保护角见表 8-5。选择时，直接型照明器的保护角不应小于该表中所规定。

表 8-5　直接型灯具最小保护角

灯具出光口的平均亮度 L (10^3 cd/m²)	直接眩光等级			应用光源举例
	I	II	III	
$L \leq 20$	20°	15°		荧光灯管
$20 < L \leq 500$	25°	20°	15°	涂荧光粉或漫射光玻璃壳的高光强气体放电灯
$L > 500$	30°	25°	20°	透明玻璃壳的高光强气体放电灯，透明玻璃壳的白炽灯、卤钨灯

由于灯具造型复杂等原因，且保护角与灯具的安装高度密切相关。当房间长与宽一定时，灯具安装得越高，产生眩光的可能性就越小。为了限制眩光，可通过限制灯具的最低悬挂高度来限制直接眩光。

（3）灯具效率

灯具效率是指灯具内辐射出的光通量 Φ_2 与光源发出总光通量 Φ_1 的比值。即

$$\eta = \frac{\Phi_2}{\Phi_1} \times 100\% \tag{8-6}$$

由于灯具在对光源发出的光通量作再分配时，光通量必然会损失一些（如材料的透射与吸收），所以 η 总是小于 1。

灯具效率表明灯具对光源发光光通量的利用程度，灯具效率越高，那么利用光源的光通量就越大。在选择灯具时，根据照明场所的情况和要求，尽可能选用效率较高的灯具。

敞开式灯具的效率取决于灯具开口面积 A_0 与反射罩面积 A 的比值，为了尽量减少灯光

在灯具内部的损失，A_0/A 越大越好。反射罩的形状不要造成灯光在灯罩内的多次反射。

如果灯具效率在 0.5 以下，说明光源发出的光通量有一部分被灯具吸收。灯具效率一般在 0.8 以上。

2. 灯具的类型

由于照明工程有各种不同的要求，照明灯具行业生产了各种各样灯具。其照明灯具的分类方法很多，本节主要介绍按光通量在空间分配特性分类，按灯具的结构分类和按灯具的安装方式和用途分类。

（1）按光通量在空间分配特性分类

以照明灯具光通量在上下空间的分配比例进行分类，则灯具可分为直接型、半直接型、均匀漫射型、半间接型和间接型 5 种，其灯具材料及配光曲线等见表 8-6。

表 8-6　灯具的分类

类型	直接型	半直接型	均匀漫射型	半间接型	间接型
配光曲线					
光通分布	上半球：0%~10% 下半球：100%~90%	上半球：10%~40% 下半球：90%~60%	上半球：40%~60% 下半球：60%~40%	上半球：60%~90% 下半球：40%~10%	上半球：90%~100% 下半球：10%~0%
灯罩材料	不透光材料	半透光材料	漫射光材料	半透光材料	不透光材料

1）直接型灯具。直接型灯具的用途最广泛。因为 90% 以上的光通量向下照射，所以灯具的光通量利用率最高。如果灯具是敞口的，一般来说灯具的效率也相当高。工作环境照明应当优先采用这种灯具。

直接型灯具又可按其配光曲线的形状分为广照型、均匀配照型、配照型、深照型和特深照型 5 种，它们的配光曲线如图 8-19 所示。直接型灯具的外形如图 8-20 所示。

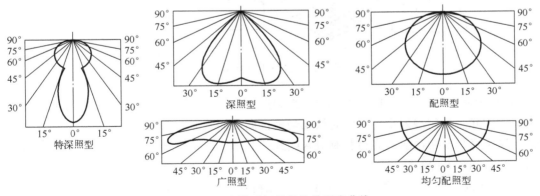

图 8-19　直接型灯具的几种配光曲线

深照型灯具和特深照型灯具，由于它们的光线集中，适应于高大厂房或要求工作面上有高照度的场所。这种灯具配备镜面反射罩并以大功率的高压钠灯、金属卤化物灯、高压汞灯作光源，能将光控制在狭窄的范围内，获得很高的轴线光强。在这种灯具照射下，水平照度高，阴影很浓。

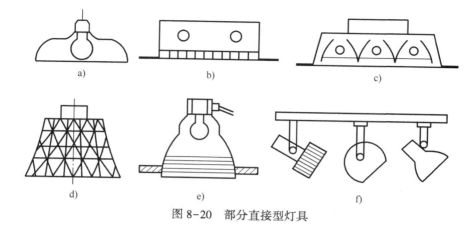

图 8-20　部分直接型灯具

配照型灯具适用于厂房和仓库等场所。

广照型灯具一般作路灯照明,但近年来在室内照明领域也很流行。这是因为广照型灯具具有直接眩光区亮度低,直接眩光小;灯具间距大时也有均匀的水平照度,便于使用光通输出高的高效光源,减少灯具数量,同时产生光幕反射的概率亦相应减小。

直接型灯具效率高,但灯具的上半部几乎没有光线,顶棚很暗,与明亮的灯光容易形成对比眩光。又由于它的光线集中,方向性较强,产生的阴影也较浓。

2)半直接型灯具。它能将较多的光线照射到工作面上,又能发出少量的光线照射顶棚,减小了灯具与顶棚间的强烈对比,使室内环境亮度更舒适。这种灯具常用半透明材料制成开口的样式。如外包半透明散光罩的荧光吸顶灯具和上方留有较大的通风、透光空隙的荧光灯以及玻璃菱形罩、玻璃碗形罩等灯具,都属于半直接型灯具。半直接型灯具也有较高的光通量利用率,部分半直接型灯具如图 8-21 所示。

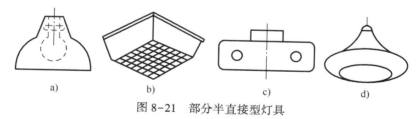

图 8-21　部分半直接型灯具

3)均匀漫射型灯具。典型的是乳白玻璃球形灯,其他各种形状漫射透光的封闭灯罩也有类似的配光。均匀漫射型灯具将光线均匀地投向四面八方,对工作面而言,光通量利用率较低。这类灯具是用漫射透光材料制成封闭式的灯罩,造型美观,光线柔和均匀。部分均匀漫射型灯具如图 8-22 所示。

4)半间接型灯具。这类灯具上半部用逆光材料制成,下半部用漫射透光材料制成。由于大部分光线投向顶棚和上部墙面,增加了室内的间接光,光线更为柔和宜人。在使用过程中,上半部容易积灰尘,会影响灯具的效率。部分半间接型灯具如图 8-23 所示,半间接型灯具主要用于民用建筑的装饰照明。

5)间接型灯具。这类灯具将光线全部投向顶棚,使顶棚成为二次光源。因此,室内光线扩散性极好,光线均匀柔和,几乎没有阴影和光幕反射,也不会产生直接眩光。但光通损

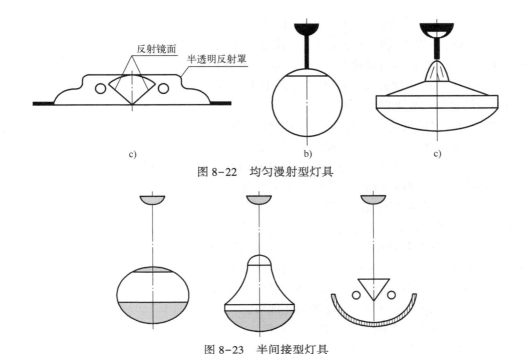

图 8-22　均匀漫射型灯具

图 8-23　半间接型灯具

失较大，不经济。使用这种灯具要注意经常保持房间表面和灯具的清洁，避免因积尘污染而降低照明效果。间接型灯具适用于剧场、美术馆和医院的一般照明，通常还和其他类型的灯具配合使用。

（2）按灯具的结构分类

1）开启型灯具。光源裸露在外的灯具，光源与外界空间直接相通，无罩包合。

2）闭合型灯具。透光罩将光源包围起来的灯具，但罩内外的空气能自由流通，尘埃易进入透光照内，如半圆形天棚灯和乳白玻璃球形灯等。

3）封闭型灯具。透光罩接合处加以一般封闭，使尘埃不易进入透光罩内，但当内外气压不同时仍有空气流通。

4）密闭型灯具。透光罩接合处严密封闭，罩内外空气相互隔绝，如防水防尘灯具和防水防压灯具。

5）防爆型灯具。透光罩及接合处、灯具外壳均能承受要求的压力，可安全使用在有爆炸危险性质的场所。

6）隔爆型灯具。在灯具内部发生爆炸时，火焰经过一定间隙的防爆面后，不会引起灯具外部爆炸。

7）安全型灯具。在正常工作时不产生火花、电弧，或在部件上采用安全措施，以提高其安全程度。

（3）按安装方式分类

根据安装方式的不同，灯具大致可分为以下几类：

1）壁灯。壁灯是将灯具安装在墙壁上、庭柱上，主要用于局部照明、装饰照明或不适于在顶棚安装灯具或没有顶棚的场所。

2）吸顶灯。吸顶灯是将灯具吸贴在顶棚面上，主要用于顶棚比较光洁而且房间不高的建筑内。

3）嵌入式灯。嵌入式灯分为完全嵌入式和半嵌入式两种，完全嵌入式就是将灯具完全嵌入到顶棚内，其灯具口与顶棚在一个平面上，半嵌入式灯具的一半或一部分嵌入顶棚内，另一半或一部分露在顶棚外面，嵌入式灯适用于有吊顶的房间，这种灯具能有效地消除眩光，与吊顶结合能形成美观的装饰艺术效果。

4）悬挂灯。悬挂灯是最普通的一种灯具安装方式，也是运用最广泛的一种。它主要是利用吊杆、吊链、吊管、吊灯线来吊装灯具，以达到不同的效果。悬挂的目的是使光源离工作面近一些，提高照明经济性，主要用于建筑物内的一般照明。

5）地脚灯。地脚灯均暗装在墙内，一般距地面高度 0.2~0.4m。地脚灯的光源采用白炽灯，外壳由透明或半透明玻璃或塑料制成，有的还带金属防护网。主要应用于医院病房、宾馆客房、公共走廊、卧室等场所。地脚灯的主要作用是照明走道，便于人员行走。

6）台灯。台灯主要放在写字台、工作台、阅览桌上，作为书写阅读之用。台灯的种类很多，目前市场上流行的主要有变光调光台灯、荧光台灯等。目前还流行一类装饰性台灯，如将其放在装饰架上或电话桌上，能起到很好的装饰效果。台灯一般在设计图上不标出，只在办公桌、工作台旁设置一至两个电源插座即可。

7）落地灯。落地灯多用于高级客房、宾馆、带茶几沙发的房间以及家庭的床头或书架旁。落地灯有的单独使用，有的与落地式台扇组合使用，还有的与衣架组合使用。一般在需要局部照明或装饰照明的空间安装较多。一般只留插座，不在设计图中标出。

8）庭院灯。庭院灯灯头或灯罩多数向上安装，灯管和灯架多数安装在庭院地坪上，特别适用于公园、街心花园、宾馆以及工矿企业、机关学校的庭院等场所。

9）道路广场灯。道路广场灯主要用于夜间的通行照明。道路灯有高杆球形路灯、高压汞灯、路灯、双管荧光灯路灯、高压钠灯路灯、双腰鼓路灯和飘形高压汞灯等；广场灯有广场塔灯、六叉广场灯、碘钨反光灯、圆球柱灯、高压钠柱灯、高压钠投光灯、深照卤钨灯、搪瓷斜照卤钨灯、搪瓷配照卤钨灯等。

道路照明一般使用高压钠灯、荧光高压汞灯等，目的是给车辆、行人提供必要的视觉条件，预防交通事故。

广场灯用于车站前广场、机场前广场、港口码头、公共汽车站广场、立交桥、停车场、集合广场、室外体育场等，广场灯应根据广场的形状、面积使用特点来选择。

10）移动式灯。移动式灯具常用于室内、外移动性的工作场所以及室外电视、电影的摄影等场所。

移动式灯具主要有深照型持挂灯、广照型带有防护网的防水防尘灯、平面灯、移动式投光灯等。移动式灯具都有金属防护网罩或塑料防护罩。

11）自动应急照明灯。自动应急照明灯适用于宾馆、饭店、医院、影剧院、商场、银行、邮电、地下室、会议室、计算机房、动力站房、人防工事、隧道等公共场所。应急灯作应急照明之用，也可用于紧急疏散、安全防灾等重要场所。

自动应急照明灯的线路比较先进，性能稳定，安全可靠。当交流电接通时，电源正常供电，应急灯中的蓄电池被缓慢充电；当交流电源因故停电时，应急灯中的自动切换系统将蓄电池电源自动接通，供光源照明，有的灯具同时放音，发出带有指示性的疏散语音，为人员安全撤离指示方向。

自动应急照明灯应按国家标准设计制造，应符合现行《建筑照明设计标准》《消防安全标志设置要求》等的有关规定。

自动应急灯的种类有照明型、放音指示型、字符图样标志型等。按其安装方式可分为吊灯、壁灯、挂灯、吸顶灯、筒灯、投光灯、转弯指示灯等多种样式。

3. 常用灯具类型的选择

在照明设计中，常用灯具的选择应考虑以下主要因素：

1）配光要求。灯具表面亮度、显色性能、眩光等。

2）环境条件。使用环境对防护形式的要求。

3）协调性。灯具外形是否与建筑物和室内装饰协调。

4）经济性。如灯具效率、电功率消耗、投资运行费用。

（1）按配光特性选择灯具

1）一般生活用房和公共建筑物内多采用半直接型、均匀扩散型灯具或荧光灯（裸露的或带罩的），使顶棚和墙壁均有一定的亮度，整个室内空间照度分布较均匀。

2）生产厂房采用直接型灯具较多，使光通全部投射到下方的工作面上。若工作位置集中或灯具悬挂高度较高时，宜采用深照型灯具。一般生产场所采用配照型灯具。

3）当要求垂直照度时，可采用倾斜安装的灯具，或选用不对称配光的灯具，如教室黑板照明等。

4）大厅、门厅、会议室、礼堂、宾馆等处的照明，除满足照明功能外，还应考虑照明灯具的装饰艺术效果。对于家庭的客厅、卧室等，随着人们生活水平的不断提高，也应做以上考虑。特殊用房，应根据需要选配专用灯具，如舞厅、舞台、手术室、摄影棚等。

（2）按环境条件选择灯具

1）干燥房间内，采用开启式灯具。

2）潮湿房间内，采用瓷质灯头的开启式灯具，湿度较大的场所，要用防水灯头的灯具。特别潮湿的房间，要用防水防尘密封式灯具或在隔壁不潮湿的房间通过玻璃向潮湿房间照明。

3）含有大量尘埃的场所，采用瓷质灯头金属罩开启式灯具或防水防尘灯具。

4）在有易燃易爆气体的场所，采用防爆或隔爆式灯具。

5）室外露天场所，采用各种防雨、防冰雹、防晒的灯具。

6）有机械碰撞的地方，应采用带有防护罩的灯具。

7）在有水溅或水冲洗的场所，应采用防溅型或防水防尘灯具。

8）在食品加工、制作场所，应当采用带有保护玻璃的灯具，以防灯泡破碎污染食品。

9）在有腐蚀性气体和容易产生化学侵蚀的场所，应当采用防腐蚀灯具。铝不耐酸也不耐碱，钢对酸不稳定但却耐碱；塑料、玻璃、陶瓷等在大多数化学腐蚀情况下均较金属要稳定和耐腐蚀；钢板冲压结构上挂搪瓷比较耐腐蚀，但搪瓷损坏后易破坏，灯具结构最好是铝合金材料。

10）在卫生条件要求较高的场所，如医院手术室、器械室，无线电工业中的电子元件生产、装配、调试车间，电子计算机房，重要科研、试验场所等，应选择带整体扩散器的灯具，密闭、防污染、易清扫等。

4. 室内灯具的悬挂高度及布置方案

（1）室内灯具的悬挂高度

室内灯具的悬挂高度主要应从保证照度的均匀性，尽量减少眩光、阴影，维护方便、安全经济、与建筑空间协调等方面考虑。

（2）室内灯具的布置方案

室内灯具的布置，与房间的结构、照明的要求、光源和灯具的选择等很多因素有关，即既要考虑到照明技术上的合理性，又要尽可能协调、美观。一般室内灯具采用两种布置方案：

1）均匀布置。即在布置灯具时，不考虑室内设施及具体工作面的位置，而将灯具均匀地有规律地排列，以使工作面上获得均匀的照度。均匀布置一般可将灯具排列成正方形或矩形，如图 8-24a 所示。矩形布置时，也应尽量使灯距 l 与 l' 接近。为了使照度更为均匀，也可将灯具排列成菱形，如图 8-24b 所示。

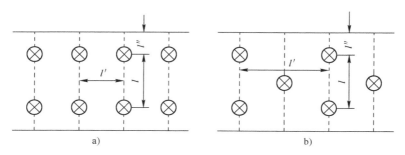

图 8-24　均匀布置的灯具

等边三角形的菱形布置，照度最为均匀，其 $l'=\sqrt{3}\,l$。

为了使工作面上获得均匀的照度，除了保证合理的灯具布置、均匀的灯间距离外，根据灯具的类型，还必须确定合理的灯具悬挂高度。各种灯具的技术参数中都给出了最大距高比（灯间距离 l 与灯在工作面上的悬挂高度 h 之比），在确定灯具的悬挂高度时，一般不要超过规定的最大距高比。例如 GC1-A/B-1 型配照灯，其最大距高比为 1.25（参见附表 15）。其他灯具的最大距高比可参看有关设计手册。

考虑灯具的布置方案时，最边缘一列灯具离墙的距离 l'' 应根据工作位置与墙的相对位置决定（见图 8-24）：

靠墙有工作面时，可取 $l''=(0.25\sim0.3)l$；

靠墙为通道时，可取 $l''=(0.4\sim0.5)l$；

式中，l 为灯具间距离；对矩形布置，可取其纵横两向灯距的方均根值。

2）选择布置。灯具的布置与生产设备的位置或工作位置有关，大多对称于工作面，以力求使工作面能获得最有利的光通方向及最大限度地减少在工作面上的阴影。

由于均匀布置较之选择布置更为美观，且使整个车间照度较为均匀，所以在既有一般照明又有局部照明的室内，一般多采用均匀布置方式；只有当设备分布很不均匀、设备高大而复杂，采用均匀布置达不到照度要求或达不到照度均匀分布的情况下才采用选择布置方式。

本章小结

1）照明技术的基本概念中主要介绍了以下几个常用的知识和光度量。

① 光和光谱。光是物质的一种形态，是一种电磁辐射能，在电磁波其宽广的范围内，可见光的光波只占很小一部分（波长在 380~780 nm 之间的电磁辐射能为可见光），把光线中不同度的单色光按波长长短依次排列，可画出电磁波波谱图，简称光谱。

② 光通量。光通量是在单位时间内，光源向周围空间辐射出的能使人眼产生光感的能量。符号为 Φ，单位为 lm（流明）。在照明工程中，光通量是说明光源发光能力的基本量。

③ 发光强度。发光强度是光源在周围空间给定方向上辐射的光通量，符号为 I，单位为 cd（坎德拉）。发光强度常用于说明光源或灯具发出的光通量在空间各方向或选定方向上的分布密度。

④ 照度和亮度。照度是用来表示被照面工作面上光的强弱，通常用其被照面积内所接受的光通量的密度来表示，符号为 E，单位为 lx（勒克斯）。

亮度通常用发光体在视线方向单位投影面上的发光强度来度量，符号为 L，单位为 cd/m²（坎德拉每平方米），亮度是一个客观量，但它直接影响人眼的主观感觉。目前在国际上有些国家将亮度作为照明设计的内容之一。

⑤ 物体的光照性能和光源的显色性能。物体的光照性能即光在真空或均匀介质中传播时，总是沿直线方向行进。当光在行进过程中遇到不同的介质时，都可能发生光的反射、光的透射和光的吸收现象，把光在传播过程中所遇到的这种现象称为物体的光照性能。

光源的显色性能，是指某光源照射下物体的颜色。如果光源照射下物体显现的颜色与日光照射下该物体颜色相符合或比较接近，说明光源的显色性能比较好，反之则较差。光源的显色性能通常用显色指数 R_a 来衡量，一般将日光或与日光相当的参考光源的显色指数 R_a 定为 100。当光源的显色指数越接近 100，说明该光源的显色性能越好，物体颜色的失真度越小。

2）照明常用的电光源的类型有热辐射光源和气体放电光源。

① 热辐射光源是利用物体加热到白炽状态时辐射发光的原理制成的光源，常用的有白炽灯、卤钨灯等。白炽灯显色性能好，无频闪效应，启动迅速，价格较低，但发光效率较低，多用于对显色性要求较高的场所照明。

卤钨灯具有良好的色温和显色性，寿命长，输出光通量稳定，输出功率大，故被广泛地应用在大面积照明与定向投影照明。

② 气体放电光源是利用气体放电时发光的原理所制成的光源，如荧光灯、高强度气体放电灯（高压汞灯、高压钠灯、金属卤化物灯和氙灯）等。气体放电光源发光效率高，多用于大面积照明场所。

③ 照明灯具是能透光、分配和改变光强分布的器具。其主要作用是固定光源；将光源发出的光通量进行重新再分配；防止光源引起的眩光；保护光源不受外力的破坏和外界潮湿气体的影响等。

灯具的特性主要有配光曲线、保护角、效率等三项。照明灯具的选择应根据照明场所的环境条件、照明灯具的特性和要求来考虑。

照明灯具的布置方法通常有均匀布置和选择性布置。

习题与思考题

8-1 可见光的波长范围是多少？哪种波长的什么颜色光可引起人眼睛的最大视觉？

8-2 何为光通、光强和照度？单位各是什么？

8-3 何为光源的显色指数？白炽灯与荧光灯相比，哪一光源显色性能好？

8-4 何为热辐射光源和气体放电光源？试以白炽灯和荧光灯为例，说明各自的发光原理和性能。

8-5 何为混合照明？采用混合照明有什么优越性？

8-6 车间照明设计中为什么一般都采用混合照明？

8-7 按灯具的结构特点来分，灯具可分为哪几类？选择灯具时应考虑哪些因素？

第9章　电力系统的 MATLAB/SIMULINK 建模与仿真

电力系统一般由发电机、变压器、电力线路和电力负荷构成，电力系统的数学模型一般是由电力系统元件的数学模型构成。MATLAB 为电力系统的建模提供了简洁的工具，通过绘制电力系统的电路图，可以自动生成数学模型。

9.1　电力系统常用仿真软件简介

电力系统是一个大规模、时变的复杂系统，在国民经济中有着非常重要的作用。电力系统数字仿真已成为电力系统研究、规划、运行、设计等各个方面不可或缺的工具，特别是电力系统新技术的开发研究、新装置的设计、参数的确定更是需要通过仿真来确认。

目前常用的电力系统的仿真软件有：

1）邦纳维尔电力局（Bonneville Power Administration，BPA）开发的 BPA 程序和 EMTP（Electromagnetic Transients Program）程序。

2）曼尼托巴高压直流输电研究中心（Manitoba HVDC Research Center）开发的 PSCAD／EMTDC（Power System Computer Aided Design/Electromagnetic Transients Program including Direct Current）程序。

3）德国西门子公司研制的电力系统仿真软件 NETOMAC（Network Torsion Machine Control）。

4）中国电力科学研究院开发的电力系统分析综合程序 PSASP（Power System Analysis Software Package）。

5）MathWorks 公司开发的科学与工程计算软件 MATLAB（Matrix Laboratory，矩阵实验室）。

电力系统分析软件除了以上几种，还有美国加州大学伯克利分校研制的 PSPICE（Simulation Program with Integrated Circuit Emphasis）、美国 PTI 公司开发的 PSS/E、美国 EPRI 公司开发的 ETMSP、ABB 公司开发的 SYMPOW 程序和美国 EDSA 公司开发的电力系统分析软件 EDSA 等。

以上各个电力系统仿真软件的结构和功能不同，它们各自的应用领域也有所侧重。EMTP 主要用来进行电磁暂态过程数字仿真，PSCAD/EMTDC、NETOMAC 主要用来进行电磁暂态和控制环节的仿真，BPA、PSASP 主要用来进行潮流和机电暂态数字仿真。

近年来，MATLAB 由于其完整的专业体系和先进的设计开发思路，在多个领域都有广泛的应用。

在设计研究单位和工业部门，MATLAB 被认为是进行高效研究和开发的首选软件工具。如美国 National Instruments 公司的信号测量、分析软件 LabVIEW，Cadence 公司的信号和通信分析设计软件 SPW 等，它们直接建筑在 MATLAB 之上，或者以 MATLAB 为主要支撑。

又如 HP 公司的 VXI 硬件，TM 公司的 DSP，Gage 公司的各种磁卡、仪器等都接受 MATLAB 的支持。MATLAB 在全球现在有超过 50 万的企业用户和上千万的个人用户，广泛地分布在航空航天、金融财务、机械化工、电信、教育等各个行业。

1998 年，MathWorks 公司推出了 MATLAB 5.2 版本，针对电力系统设计了电力系统模块集（Power System Block，PSB）。该模块集包含大量电力系统的常用元器件，如变应器、线路、电机和电力电子等，功能也比较全面，逐渐被电力系统的研究者接受，并将它作为高效的仿真分析软件。

9.2 MATLAB/SIMULINK 的特点

9.2.1 MATLAB 的特点

自从 MathWorks 公司推出 MATLAB 后，MATLAB 以其优秀的数值计算能力和卓越的数据可视化能力很快在数学软件中脱颖而出。随着版本的不断升级，它在数值计算及符号计算功能上得到了进一步完善。

MATLAB 的特点可概括为以下 7 点：

1）提供了便利的开发环境。MATLAB 提供了一组可供用户操作函数和文件的具有图形用户界面的工具，包括 MATLAB 主界面、命令窗口、历史命令、编辑和调试、在线浏览帮助、工作空间、搜索路径设置等可视化工具窗口。

2）提供了强大的数学应用功能。MATLAB 可进行包括基本函数、复杂算法、更高级的矩阵运算等非常丰富的数学应用功能，特别适合矩阵代数领域。它还具有许多高性能数值计算的高级算法，库函数极其丰富，使用方便灵活。

3）编程语言简易高效。MATLAB 提供了和 C 语言几乎一样多的运算符，灵活使用 MATLAB 的运算符将使程序变得极为简短。MATLAB 既具有结构化的控制语句（如 for 循环、while 循环、break 语句和 if 语句），又有面向对象编程的特性。MATLAB 程序书写形式自由，利用丰富的库函数避开繁杂的子程序编程任务，压缩了一切不必要的编程工作。程序限制不严格，程序设计自由度大，并且有很强的用户自定义函数的能力。

4）图形功能强大。在如 FORTRAN 和 C 等一般编程语言里，绘图都很不容易。但 MAT-LAB 提供了丰富的绘图函数命令，使得用户数据的可视化非常简单。MATLAB 还具有较强的编辑图形界面的能力，用户可方便地在可视化环境下进行个性化图形编辑和设置。

5）提供了功能强大的工具箱。MATLAB 包含两个部分：核心部分和各种可选的工具箱。核心部分中有数百个核心内部函数。工具箱又分为两类：功能性工具箱和学科性工具箱。功能性工具箱主要用来扩充其符号计算功能、图示建模仿真功能、文字处理功能以及与硬件实时交互功能。功能性工具箱用于多种学科。学科性工具箱专业性比较强，如 control、signal processing、commumnication、powersys toolbox 等，这些工具箱都是由相关领域内的专家编写的，所以用户无须编写自己学科范围内的基础程序，直接可以进行高、精、尖的研究。

6）应用程序接口功能强大。MATLAB 提供了方便的应用程序接口，用户可以使用 C 或 FORTRAN 等语言编程，实现与 MATLAB 程序的混合编程调用。

7）MATLAB 的缺点。和其他高级程序相比，MATLAB 程序的执行速度较慢。由于

MATLAB 的程序不用编译等预处理，也不生成可执行文件，程序为解释执行，因此速度较慢。

9.2.2 SIMULINK 的特点

SIMULINK 是一种强有力的仿真工具，它能让使用者在图形方式下以最小的代价来模拟真实动态系统的运行。SIMULINK 具有数百种预定义系统环节模型、最先进有效的积分算法和直观的图示化工具。依托 SIMULINK 强健的仿真能力，用户在原型机制造之前就可建立系统的模型，从而评估设计并修补瑕疵。SIMULINK 具有如下特点：

1）建立动态系统的模型并进行仿真。SIMULINK 是一种图形化的仿真工具，用于对动态系统建模和控制规律的研究制定。由于支持线性、非线性、连续、离散、多变量和混合式系统结构，SIMULINK 几乎可以分析任何一种类型的真实动态系统。

2）以直观的方式建模。利用 SIMULINK 可视化的建模方式，可迅速地建立动态系统的框图模型。只需在 SIMULINK 元件库中选出合适的模块并拖放到 SIMULINK 建模窗口，鼠标单击连接就可以了。SIMULINK 标准库拥有的模块超过 150 种，可用于构成各种不同种类的动态系统。模块包括输入信号源、动力学元件、代数函数和非线性函数、数据显示模块等。SIMULINK 模块可以被设定为触发和使能的，能用于模拟大模型系统中存在条件作用的子模型的行为。

3）增添定制模块元件和用户代码。SIMULINK 模块库是可定制的，能够扩展以包容用户自定义的系统环节模块。用户也可以修改已有模块的图标，重新设定对话框，甚至换用其他形式的弹出菜单和复选框。SIMULINK 允许用户把自己编写的 C、FORTRAN、Ada 代码直接植入 SIMULINK 模型中。

4）快速、准确地进行设计模拟。SIMULINK 优秀的积分算法给非线性系统仿真带来了极高的精度。先进的常微分方程求解器可用于求解刚性的和非刚性的系统、具有事件触发或不连续状态的系统和具有代数环的系统。SIMULINK 的求解器能确保连续系统或离散系统的仿真高速、准确地进行。同时，SIMULINK 还为用户准备了一个图形化的调试工具，以辅助用户进行系统开发。

5）分层次地表达复杂系统。SIMULINK 的分级建模能力使得体积庞大、结构复杂的模型构建也变得简便易行。根据需要，各种模块可以组织成若干子系统。在此基础上，整个系统可以按照自顶向下或自底向上的方式搭建。子模型的层次数量完全取决于所构建的系统，不受软件本身的限制。为方便大型复杂结构系统的操作，SIMULINK 还提供了模型结构浏览的功能。

6）交互式的仿真分析。SIMULINK 的示波器可以动画和图形显示数据，运行中可调整模型参数进行 What-if 分析，能够在仿真运算进行时监视仿真结果。这种交互式的特征可帮助用户快速评估不同的算法，进行参数优化。

由于 SIMULINK 完全集成于 MATLAB，在 SIMULINK 下计算的结果可保存到 MATLAB 的工作区间中，因而就能使用 MATLAB 所具有的众多分析、可视化及工具箱工具操作数据。

9.2.3 SimPowerSystems 库的特点

SimPowerSystems 4.0 中含有 130 多个模块，分布在 7 个可用子库中。这 7 个子库分别为"应用子库（Application Libraries）""电源子库（Electrical Sources）""元件子库（Elements）"、"附加子库（Extra Library）"、"电机子库（Machines）"、"测量子库（Measurements）"和"电力电子子库（Power Electronics）"。此外，SimPowerSystems 4.0 中还含有一个功能强大的图形用户分析工具 Powergui 和一个废弃的"相量子库"（Phasor Elements）。这些模块可以与标准的 SIMULINK 模块一起，建立包含电气系统和控制回路的模型，并且可以用附加的测量模块对电路进行信号提取、傅里叶分析和三相序分析。应用子库中含有适合于普通风能发电系统的分布式能源模型、特种电机模型和 FACTS 模型。电源子库中含有交流电压源、直流电压源、受控电压源和受控电流源模型。元件子库中含有 RLC 支路和负载、线性和饱和变压器、断路器、传输线模型和物理端口模型。电机子库中包含详细或简化形式的异步电机、同步电机、永磁同步电机、直流电机、励磁系统、水力与蒸汽涡轮-调速系统模型。电力电子子库中含有二极管、简化/复杂晶闸管、GTO、开关、MOSFET、IGBT 和通用桥式电路模型。测量子库中含有电压、电流、电抗测量模块，以及万用表测量模块。附加子库中包含内容较多，主要和系统离散化、控制、计算和测量有关，包括 RMS 测量、有效和无功功率计算、傅里叶分析、HVDC 控制、轴系变换、三相 V-I 测量、三相脉冲和信号发生、三相序列分析、三相 PLL 和连续/离散同步 6/12 脉冲发生器等。

SimPowerSystems 库具有如下特点：

1）使用标准电气符号进行电力系统的拓扑图形建模和仿真。

2）标准的 AC 和 DC 电机模型模块、变压器、输电线路、信号和脉冲发生器、HVDC 控制、IGBT 模块和大量设备模型。

3）使用 SIMULINK 强有力的变步长积分器和零点穿越检测功能，给出高度精确的电力系统仿真计算结果。

4）利用定步长梯形积分算法进行离散仿真计算，为快速仿真和实时仿真提供模型离散化方法。这一特性能够显著提高仿真计算的速度，尤其是那些带有电力电子设备的模型。另外，由于模型被离散化，因此可用 Real-time Workshop 生成模型的代码，进一步提高仿真的速度。

5）利用 Powergui 交互式工具模块可以修改模型的初始状态，从任何起始条件开始进行仿真分析，例如，计算电路的状态空间表达、计算电流和电压的稳态解、设定或恢复初始电流电压状态、电力系统的潮流计算等。

6）提供了扩展的电力系统设备模块，如电力机械、功率电子元件、控制测量模块和三相元器件。

7）提供大量功能演示模型，可直接运行仿真或进行案例学习。

打开电力系统仿真工具箱有以下 3 种方法：

1）通过 MATLAB 命令窗口打开。在 MATLAB 命令窗口中输入"powerlib"，将弹出 SimPowerSystems（电力系统仿真）工具箱，如图 9-1 所示。

2）通过 Simulink 库浏览器打开。单击 SimPowerSystems 标题前的田按钮，可逐级打开电力系统仿真工具箱的模块库。

3）通过 MATLAB 菜单命令打开。在 MATLAB 窗口中单击 Start 按钮，选择"Simulink"→"SimPowerSystems"→"Block Library"命令，就会打开如图 9-1 所示的电力系统仿真工具箱界面。

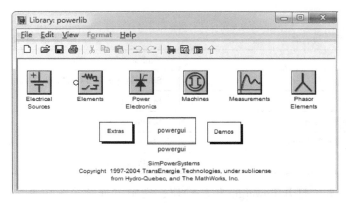

图 9-1　电力系统仿真工具箱界面

9.3　电力系统稳态仿真

9.3.1　连续系统仿真

【例 9-1】　一条 300 kV、50 Hz、300 km 的输电线路，其 $z = (0.1+\text{j}0.5)\,\Omega/\text{km}$，$y = \text{j}3.2 \times 10^{-6}\,\text{S/km}$。利用 Powergui 模块实现连续系统的稳态分析。

解：1）搭建图 9-2 所示仿真单相电路图。各模块的名称及提取路径见表 9-1。

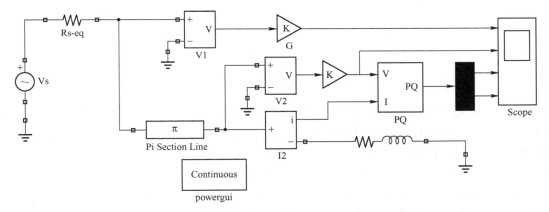

图 9-2　例 9-1 的系统仿真图

表 9-1　例 9-1 各模块的名称及提取路径

模　块　名	提　取　路　径
交流电压源 Vs	SimPowerSystems/Electrical Sources
串联 RLC 支路 Rs-eq	SimPowerSystems/Elements
PI 型等效电路 Pi Line	SimPowerSystems/Elements
串联 RLC 负荷 110Mvar	SimPowerSystems/Elements
接地模块 Ground	SimPowerSystems/Elements

模　块　名	提　取　路　径
电压测量模块 V1	SimPowerSystems/Measurements
增益模块 G	SimPowerSystems/Commonly Used Blocks
示波器 ScopeV1，V2	SimPowerSystems/Sinks
电力系统图形用户界面 Powergui	SimPowerSystems
有功功率–无功功率测量模块 PQ	SimPowerSystems/Extra library/Measurements
电流表模块 I2	SimPowerSystems/Measurements

2）Powergui 仿真。打开 Powergui 模块窗口，选中"连续系统仿真"（Continuous）单选框后，单击"稳态电压电流分析"按键，出现稳态电压电流分析窗口，如图9-3所示。

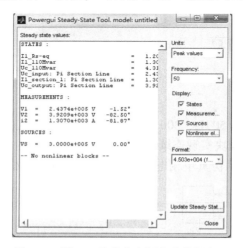

图 9-3　例 9-1 的稳态电压电流分析窗口

图中，状态变量用电流和电压的符号加上电感或电容的模块名表示，例如"11_110Mvar"表示 110Mvar 负荷上的电流大小，"Uc_input：Pi Line"表示 PI 形线路左侧并联电容器上的电压大小，"Uc_output：Pi Line"表示 PI 形线路右侧并联电容器上的电压大小，"11_sectiong _1：Pi Line"表示第一段 PI 形线路串联电感上的电流大小。电压源上电压的名称与系统电压源名称一致，如"Vs"表示电压源 Vs 上的电压大小。测量模块测得的电压值用测量模块的名称表示，如"V1"表示电压表模块 V1 测得的电压大小（电源侧电压）。"V2"表示电压表模块 V2 测得的电压大小，"I2"表示电流表模块 I2 测得的电流大小。

由图 9-3 可见，PI 形电路左侧的电压相量为 $244.88\angle0.19\,\text{kV}$，PI 形电路右侧的电压相量为 $166.41\angle3.66°\,\text{kV}$，PI 形电路上的电流为 $529.21\angle-86.12°\,\text{A}$。负荷侧电流为 $610.17\angle-86.15°\,\text{A}$。

因此，负荷大小为

$$\widetilde{S}=\dot{U}\dot{I}=\frac{166.41}{\sqrt{2}}\times\frac{610.17}{\sqrt{2}}\angle(86.15°+3.66°)$$

$$=(0.168+50.76)\,\text{MV}\cdot\text{A} \tag{9-1}$$

图 9-4 所示为直接通过测量模块得到的 PI 形电路两侧电压和实际负荷大小。图中波形从上到下依次为 PI 形电路左侧电压、PI 形电路右侧电压、负荷侧有功功率、负荷侧无功功率。该结果与 Powergui 所得结论一致。

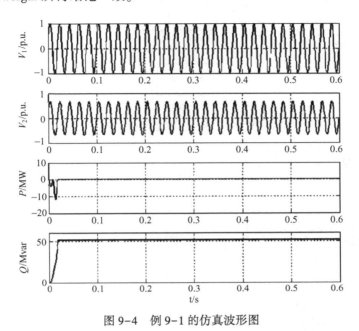

图 9-4　例 9-1 的仿真波形图

利用测量模块还可以得到电源侧电流的大小，这样就可以很容易求得线路各处的功率。

9.3.2　离散系统仿真

连续系统仿真通常采用变步长积分算法。对小系统而言，变步长算法通常比定步长算法快，但是对含大量状态变量或非线性模块（如电力电子开关）的系统而言，采用定步长离散算法的优越性更为明显。

对系统进行离散化时，仿真的步长决定了仿真的精确度。步长太大可能导致仿真精度不足，步长太小又可能大大增加仿真运行时间。判断步长是否合适的唯一方法就是用不同的步长试探并找到最大时间步长。对于 50 Hz 或 60 Hz 的系统，或者带有整流电力电子设备的系统，通常 20~50 μs 的时间步长都能得到较好的仿真结果。对于含强迫换流电力电子开关器件的系统，由于这些器件通常都运行在高频下，因此需要适当地减小时间步长。例如，对运行在 8 kHz 左右的脉宽调制（PWM）逆变器的仿真，需要的时间步长为 1 μs。

【例 9-2】 一条 300 kV、50 Hz、300 km 的输电线路，其 $z = (0.1 + j0.5)\,\Omega/\mathrm{km}$，$y = j3.2 \times 10^{-6}\mathrm{S/km}$。分析用集总参数、多段 PI 型等效参数和分布参数表示的线路阻抗的频率特性。若 PI 型电路的段数为 10，对系统进行离散化仿真并比较离散系统和连续系统的仿真结果。

解： 1）系统仿真图，如图 9-5 所示。

2）参数设置。双击例 9-2 模型文件中 PI 形电路模块，打开参数对话框，将分段数设为 10，如图 9-6 所示。

打开 Powergui 模块，选择"离散系统仿真"单选框，设置采样时间为 25e−6s，如

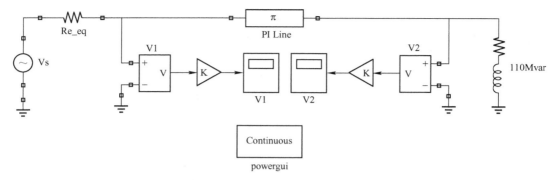

图 9-5   例 9-2 的系统仿真图

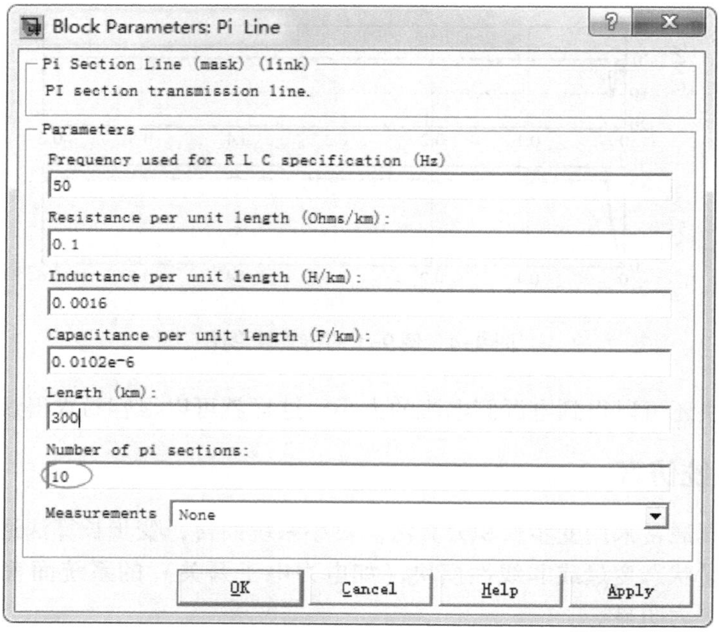

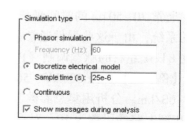

图 9-6   例 9-2 的 PI 形电路参数对话框

图 9-7 所示。仿真时该系统将以 25 μs 的采样率进行离散化。

　　由于系统离散化了，因此在该系统中无连续的状态变量，所以不需要采用变步长的积分算法进行仿真。选择 "Simulation" → "Configuration parameters" 命令，在弹出的对话框中按图 9-8 设置仿真参数，选择 "定步长" （Fixed-step） 和 "离散" （discrete （no continuous states）） 选项并设置步长为 25 μs。

图 9-7   例 9-2 的 Powergui 模块
参数对话框

　　3）仿真运行时间比较。为了得到仿真运行时间，在 MATLAB 命令窗口输入如下命令：tic；sim（gcs）；toc。

　　仿真结束后，仿真所用的时间将以秒为单位显示在 MATLAB 命令窗口中，如图 9-9 所示。

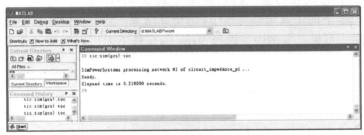

图 9-8 例 9-2 的仿真参数设置对话框

图 9-9 例 9-2 的仿真运行时间

可见，离散化系统后，仿真运行时间为 0.188 s。

将离散系统的采样时间设为 0 并回到连续系统的仿真状态，仿真算法改为连续积分算法 ode23tb。可以得到连续系统仿真需要的运行时间为 0.219 s。

因此，离散积分算法比连续积分算法更快。

4）仿真精度比较。为了比较两种方法的精确度，执行以下三种仿真：①连续系统仿真，$T_s = 0$ s；②离散系统仿真，$T_s = 25$ μs；③离散系统仿真，$T_s = 50$ μs。

如图 9-10 所示，双击并打开 V2 示波器模块，选择"参数"（Parameters）项，在打开的窗口中选择"数据历史"（Data history），取消勾选"仅保留最新的数据点"（Limit data points to last）复选框，这样可以观察到整个仿真过程中的波形变化。选中"将数据保存到工作空间"（Save data points to workspace）复选框，将变量名指定为 V2，格式为"列"（Array）。

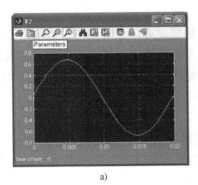

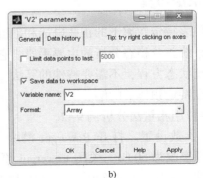

a)   b)

图 9-10 例 9-2 示波器 V2 的参数设置

a）波形　b）参数选项卡

开始连续系统仿真，仿真结束时间选为 0.02 s。仿真结束后，在 MATLAB 命令窗口中输入命令：$V_{2C} = V_2$；这样，电压 V_2 被保存在变量 V_{2C} 中。

重新开始仿真，将系统离散化，设置仿真步长 $T_s = 25\ \mu s$，注意仿真参数中的步长设置也要改为 25 μs，仿真结束时间为 0.02 s。仿真结束后，将电压 V_2 保存在变量 V_{2d25} 中。

再次仿真，设置仿真步长为 $T_s = 50\ \mu s$。仿真结束后，将电压 V_2 保存在变量 V_{2d50} 中。

在 MATLAB 命令窗口中输入如下语句，可画出三种情况下的电压波形，如图 9-11 所示：

Plot(V2C(:,1), V2C(:,2), V2d25(:,1), V2d25(:,2), V2d50(:,1), V2d50(:,2))

使用图形窗口中的放大功能，将目标集中到 0.0045 s 附近观察三种仿真的差别。如图 9-12 所示，25 μs 下的仿真结果与 50 μs 的仿真结果一致。连续系统的仿真结果除了步长不同，结果也相同。可见，本例中，选择 50 μs 的步长不但可以提高计算速度，而且不影响仿真的精确度。

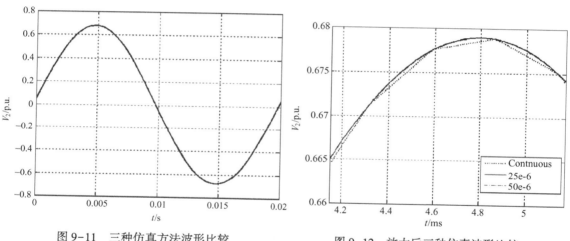

图 9-11 三种仿真方法波形比较　　　　　　图 9-12 放大后三种仿真波形比较

9.3.3 相量法仿真

相量是代表特定频率下的正弦电压和电流的复数，可以用直角坐标或者极坐标表示。相量法是电力系统正弦稳态分析的主要手段。它只关心系统中电压电流的相角和幅值，不需要求解电力系统状态方程，不需要特殊的算法，因此计算速度快得多。必须清楚的是，相量法给出的解是在特定频率下的解。

【例 9-3】 用相量法分析例 9-2。

解： 1）参数设置。打开 Powergui 模块，选择"相量法分析"单选框，并在"频率"对话框中将频率改为 50 Hz。关闭 Powergui 模块，模型文件主窗口中的 Powergui 模块图标显示为"相量法"（Phasors）分析，如图 9-13 所示。

打开电压测量模块 V1，选择"幅值-相角"（Magnitude-Angle）模式，如图 9-14 所示，电压测量模块 V2 也选择幅值-相角模式。

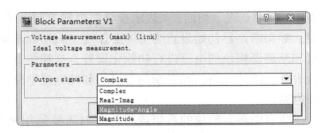

图 9-13 例 9-3 的 Powergui 模块相量法分析图标　　图 9-14 例 9-3 的电压测量模块 V1

注意：在用相量法进行分析时，电压、电流表模块可以有四种输出格式：复数（Complex）、实部-虚部（Real-Imag）、幅值-相角（Magnitude-Angle）和幅值（Magnitude）。如果希望对复数信号进行处理，那么可以选择复数测量格式，但是示波器无法显示复数波形。

2）仿真。开始仿真，得到输电线路送端 V1 和受端 V2 的电压幅值和相角，如图 9-15 所示。

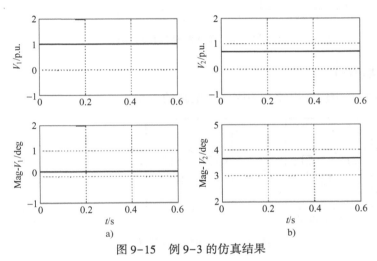

图 9-15 例 9-3 的仿真结果

可见，V1 侧电压幅值为 1p. u.，相角为 0.19°；V2 侧电压幅值为 0.67 p. u.，相角为 3.66°。

9.4 电力系统电磁暂态仿真

SIMULINK 的电力系统暂态仿真过程通过机械开关设备，如"断路器"（Circuit Breakers）模块或者电力电子设备的开断实现。

9.4.1 断路器模块

SimPowerSystems 库提供的断路器模块可以对开关的投切进行仿真。断路器合闸后等效于电阻值为 R_{on} 的电阻元件。R_{on} 是很小的值，相对外电路可以忽略。断路器断开时等效于无穷大电阻，熄弧过程通过电流过零时断开断路器完成。开关的投切操作可以受外部或内部信号的控制。外部控制方式时，断路器模块上出现一个输入端口，输入的控制信号必须为 0 或者 1，其中 0 表示切断，1 表示投合；内部控制方式时，切断时间由模块对话框中的参数指定。如果断路器初始设置为 1（投合），SimPowerSystems 库自动将线性电路中的所有状态变量和断路器模块的电流进行初始化设置，这样仿真开始时电路处于稳定状态。断路器模块包含 R_s-C_s 缓冲电路。如果断路器模块和纯电感电路、电流源和空载电路串联，则必须使用缓冲电路。

带有断路器模块的系统进行仿真时需要采用刚性积分算法，如 ode23tb、ode15s，这样可以加快仿真速度。

1. 单相断路器模块

外部控制方式、带缓冲电路和不带缓冲电路的单相断路器模块图标如图 9-16 所示。

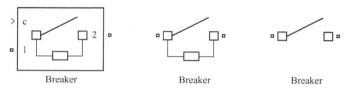

图 9-16　单相断路器模块图标

2. 三相断路器模块

外部控制方式、带缓冲电路和不带缓冲电路的三相断路器模块图标如图 9-17 所示。

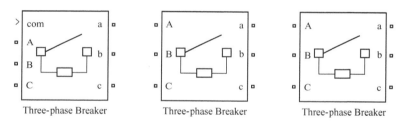

图 9-17　三相断路器模块图标

选中的测量变量需要通过万用表模块进行观察。测量变量用"标签"加"模块名"加"相序"构成，例如，断路器模块名称为 B1 时，测量变量符号见表 9-2。

表 9-2　三相断路器测量变量符号

测　量　内　容	符　　　号	解　　　释
电压	Ub：B1/Breaker A Ub：B1/Breaker B Ub：B1/Breaker C	断路器 B1 的 A 相电压 断路器 B1 的 B 相电压 断路器 B1 的 C 相电压
电流	Ib：B1/Breaker A Ib：B1/Breaker B Ib：B1/Breaker C	断路器 B1 的 A 相电流 断路器 B1 的 B 相电流 断路器 B1 的 C 相电流

3. 三相故障模块

三相故障模块是由三个独立的断路器组成的，能对相-相故障和相-地故障进行模拟的模块。该模块的等效电路如图 9-18 所示。

外部控制方式和内部控制方式下的三相故障模块图标如图 9-19 所示。

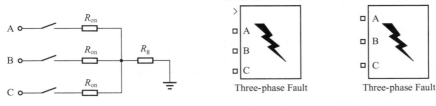

图 9-18   三相故障模块等效电路   图 9-19   三相故障模块图标

选中的测量变量需要通过万用表模块进行观察。测量变量用"标签"加"模块名"加"相序"构成,例如,三相故障模块名称为 F1 时,测量变量符号见表 9-3。

表 9-3   三相故障模块测量参数符号

测 量 内 容	符 号	解 释
电压	Ub:F1/Fault A Ub:F1/Fault B Ub:F1/Fault C	三相故障模块 F1 的 A 相电压 三相故障模块 F1 的 B 相电压 三相故障模块 F1 的 C 相电压
电流	Ib:F1/Fault A Ib:F1/Fault B Ib:F1/Fault C	三相故障模块 F1 的 A 相电流 三相故障模块 F1 的 B 相电流 三相故障模块 F1 的 C 相电流

9.4.2   暂态仿真分析

【例 9-4】线电压为 300 kV 的电压源经过一个断路器和 300 km 的输电线路向负荷供电。搭建电路对该系统的高频振荡进行仿真,观察不同输电线路模型和仿真类型的精度差别。

解:1)按图 9-20 搭建仿真单相电路图,选用的各模块的名称及提取路径见表 9-4。

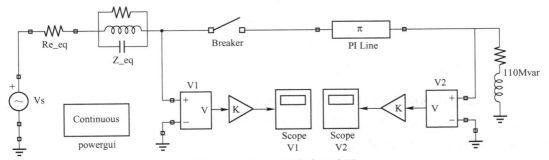

图 9-20   例 9-4 的仿真电路图

表 9-4   例 9-4 仿真电路模块的名称及提取路径

模 块 名	提 取 路 径
交流电压源 Vs	SimPowerSystems /Electrical Sources
串联 RLC 支路 Rs_eq	SimPowerSystems/Elements
并联 RLC 支路 Z_eq	SimPowerSystems/Elements
断路器模块 Breaker	SimPowerSystems/Elements
PI 型等效电路 PI Line	SimPowerSystems/Elements

模　块　名	提　取　路　径
串联 RLC 负荷 110 Mvar	SimPowerSystems/Elements
接地模块	SimPowerSystems/Elements
电压表模块 V1、V2	SimPowerSystems/Measurements
增益模块	Simulink/Commonly Used Blocks
示波器模块 Scope V1、V2	SimPowerSystems/Sinks
电力系统图形用户界面 Powergui	SimPowerSystems

2）设置模块参数和仿真参数。并联 RLC 模块 Z_eq 的参数设置如图 9-21 所示。断路器模块 Breaker 的参数设置如图 9-22 所示。其余元件参数与例 9-2 相同，仿真参数的设置也与例 9-2 相同。仿真结束时间取为 0.02 s。

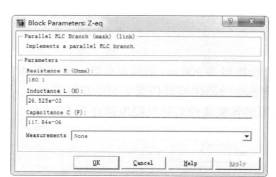

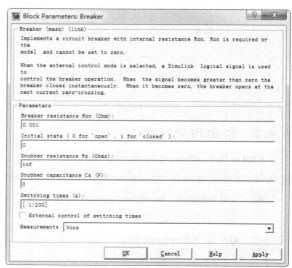

图 9-21　例 9-4 的 Z_eq 参数设置　　　　图 9-22　例 9-4 的 Breaker 参数设置

3）不同输电线路模型下的仿真。按例 9-2 的方法，设置线路为 1 段 PI 形电路、10 段 H 形电路和分布参数线路，把仿真得到的 V2 处电压分别保存在变量 V21、V210 和 V2d 中，并画出对应的波形如图 9-23 所示。

由图 9-23 可见，断路器在 0.005 s 合闸时，系统中产生了高频振荡。其中由 1 段 PI 形电路模块构成的系统未反映高于 206 Hz 的振荡，由 10 段 PI 形电路模块构成的系统较好地反映了这种高频振荡，分布参数线路由于波传导过程在断路器合闸后存在 1.03 ms 的时间延迟。

4）不同仿真类型下的仿真。用 10 段 PI 型输电线路按例 9-2 的方法，执行以下三种仿真：①连续系统仿真，$T_s = 0$ s；②离散系统仿真，$T_s = 25$ μs；③离散系统仿真 $T_s = 50$ μs。把仿真得到的 V2 处电压分别保存在变量 V2c、V2d25 和 V2d50 中，并画出对应的波形如图 9-24 所示。

由图 9-24 可见，25 μs 步长下的仿真结果（短虚线）与连续系统的结果（实线）很接

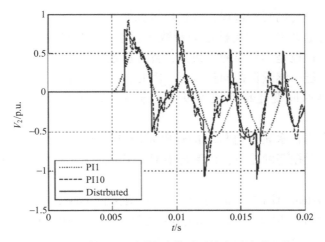

图 9-23　例 9-4 不同线路模型下的电压波形比较

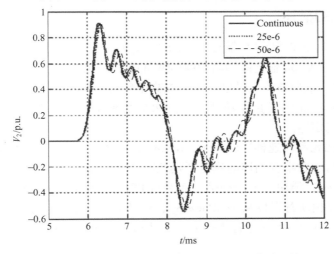

图 9-24　例 9-4 不同仿真类型下的电压波形比较

近，而 50 μs 步长下的仿真结果（长虚线）已经有误差了。三种仿真的运算时间分别为 0.25 s、0.17 s 和 0.15 s。因此，本例中选择 25 μs 的步长不但仿真精度满足要求，而且还可以提高运算速度。

9.5　电力系统机电暂态仿真

当电力系统受到大的扰动时，表征系统运行状态的各种电磁参数都要发生急剧的变化。但是，由于原动机调速器具有较大的惯性，它必须经过一定时间后才能改变原动机的功率。这样，发电机的电磁功率与原动机的机械功率之间便失去了平衡，于是产生了不平衡转矩。在不平衡转矩作用下，发电机开始改变转速，使各发电机转子间的相对位置发生变化（机械运动）。发电机转子相对位置，即相对角的变化，反过来又将影响到电力系统中电流、电压和发电机电磁功率的变化。所以，由大扰动引起的电力系统暂态过程，是一个电磁暂态过程和发电机转子间机械运动暂态过程交织在一起的复杂过程。如果计及原动机调速器、发电机励磁调节器等调节设备的暂态过程，则过程将更加复杂。

精确地确定所有电磁参数和机械运动参数在暂态过程中的变化是困难的，对于解决一般的工程实际问题往往也是不必要的。通常，暂态稳定性分析计算的目的在于确定系统在给定的大扰动下发电机能否继续保持同步运行。因此，只需研究表征发电机是否同步的转子运动特性，即功角 δ 随时间变化特性便可以了。这就是通常说的机电暂态过程，即稳定性问题。

本节将对一个含两台水轮发电机组的输电系统进行暂态稳定性的仿真演示。为提高系统的暂态稳定性和阻尼振荡的能力，该系统中配置了静止无功补偿（SVC）以及电力系统稳定器（PSS）。

打开 SimPowerSystems 库的 demo 子库中的模型文件 power_svc_pss，可以直接得到如图 9-25 所示的仿真系统，以文件名 circuit_pss 另存。这样，用户可对该原始模型进行进一步的调整。

9.5.1 输电系统的描述

图 9-25 是一个简单的 500 kV 输电系统图。图中，一个 1000 MV·A 的水轮发电机厂（M1）通过 500 kV、700 km 输电线路与 5000 MW 的负荷中心相连，另一容量为 5000 MV·A 的本地发电厂（M2）也向该负荷供电。为了提高故障后系统的稳定性，在输电线路中点并联了一个容量为 200 Mvar 的静止无功补偿器。两个水轮发电机组均配置水轮机调速器、励磁系统和电力系统稳定器。

单击并进入"涡轮和调速器"（Turbine & Regulators）子系统，其结构如图 9-26 所示。

该子系统中，与励磁系统相连的稳定器模块有两种类型：一种是"普通 PSS"（Generic Power System Stabilizer）模块，另一种是"多频段 PSS"（Multi-band Power System Stabilizer）模块。这两种稳定器模块都可以从 SimPowerSystems/Machines 库中直接提取。

通过手动设置图 9-25 左下方的"开关"模块可以选择不同的 PSS，或者将系统设置为不含 PSS 的工作状态。

图 9-25 中的 SVC 模块是 SimPowerSystermslPhasor Elements 库中的相量模块。打开 SVC 模块的参数对话框，在"显示"（Display）下拉框中选择"功率数据"（Power data）选项，将显示功率数据参数对话框（见图 9-27a），确定 SVC 的额定容量是+/-200Mvar；若在"显示"（Display）下拉框中选择"控制参数"（Control parameters）选项，将显示控制参数对话框（见图 9-27b），在该窗口中，可以选择 SVC 的运行模式为"电压调整"（Voltage regulation）或"无功控制"（Var control），默认设置为"无功控制"模式。若不希望投入 SVC，直接将电纳设置为 $B_{ref}=0$ 即可。

图 9-25 中的母线 B1 上连接有一个三相故障模块。通过该故障模块设置不同类型的故障，可观测 PSS 和 SVC 对系统稳定性的影响。

仿真开始前，打开 Powergui 模块参数对话框，选中"相量法分析"单选框以加快仿真速度。单击 Powergui 模块的"潮流计算和电机初始化"按键进行初始化设置。将发电机 M1 定义为 PV 节点（$U=13800$ V，$P=950$ MW），发电机 M2 定义为平衡节点（$V=13800$ V，a 相相电压相角为 0°，估计要送出的有功功率为 4000 MW）。潮流计算和初始化工作完成后，两个发电机参数对话框中的初始条件、两个发电机输入端口的参考功率都被自动更新，其中

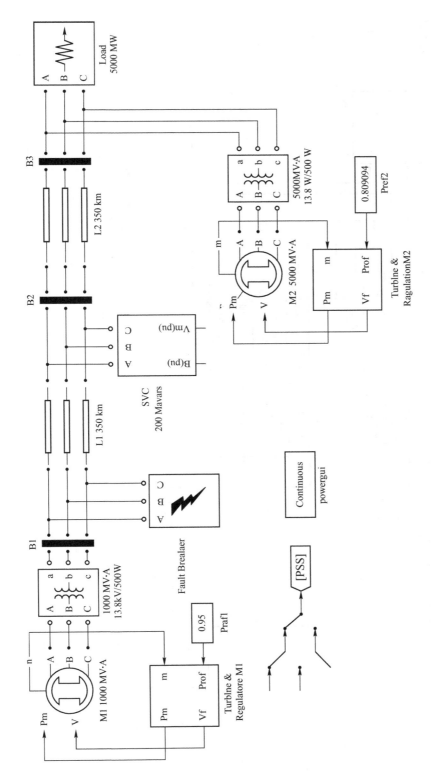

图 9–25 电力系统暂态稳定性分析的仿真系统图

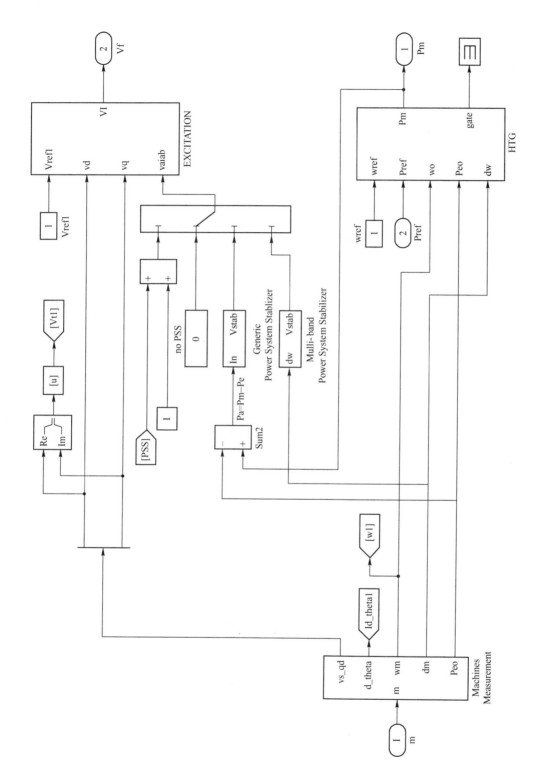

图 9-26　"涡轮和调速器"子系统结构图

图 9-27　SVC 模块参数对话框

a) SVC 功率数据　b) SVC 控制参数

Prefl = 0.95 p. u.（950 MW），Pref2 = 0.8091p. u.（4046 MW）。更新后发电机的初始状态如图 9-28 所示。进入"涡轮和调速器"子系统，可以看见两个励磁系统输入端口上的参考电压被自动更新为 Vref = Vrefl = 1.0 p. u.。

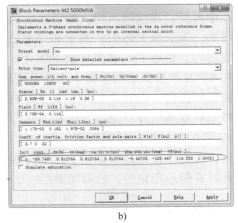

图 9-28　更新后的发电机初始参数

a) 发电机 M1　b) 发电机 M2

9.5.2　单相故障

本节将对不使用 SVC 时的单相故障进行仿真，并观测系统的暂态稳定性。

电力系统中发电机经输电线路并列运行时，在扰动下会发生发电机转子间的相对摇摆，并在缺乏阻尼时引起持续振荡。此时，输电线路上功率也会发生相应振荡。由于其振荡频率很低，一般为 0.2~2.5 Hz，故称为低频振荡。电力系统低频振荡在国内外均有发生，常出现在长距离、重负荷输电线路上，在采用现代快速、高顶值倍数励磁系统的条件下更容易发生。这种低频振荡可以通过电力系统稳定器得到有效抑制。

此外，从理论分析上可知，当转子间相角差为 90°时，发电机输出的电磁功率达到最大

283

值。若系统长期在功角大于 90°的状况下运行，发电机将失去同步，系统不稳定。

设置 SVC 的参数 $B_{ref}=0$，即不使用 SVC。设置三相故障模块在 0.1 s 时发生 a 相接地故障，0.2 s 时消除故障。分别对投入普通 PSS、投入多频段 PSS、退出 PSS 三种情况进行暂态仿真。将这三种情况下的仿真结果叠加比较，如图 9-29 所示。图中波形从上到下依次为转子间相角差、发电机转速和 SVC 端口上的正序电压幅值。

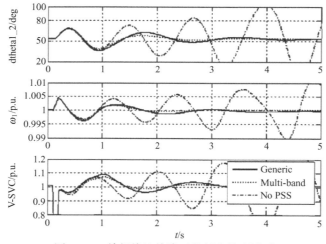

图 9-29　单相接地故障时的暂态仿真波形

从图中可见，在故障期间，由于发电机 M1 的电磁功率小于机械功率，因此发电机 M1 的转速增大。未安装 PSS 时，转子相角差在 3.8 s 时超过 90°，并且振荡失稳，因此系统是暂态不稳定的。普通 PSS 和多频段 PSS 下，最大转子相角差分别为 62.5°和 57.8°，5 s 时，相角差在 53°左右重新达到平衡，因此系统具有暂态稳定性。本例中，普通 PSS 有效抑制了 0.6 Hz 的低频振荡，但对 0.025 Hz 的低频振荡作用不明显。若将仿真时间延长到 50 s，则可以很清楚地观察到故障清除后发电机发生了 0.025 Hz 的低频振荡，而多频段 PSS 有效抑制了 0.6 Hz 和 0.025 Hz 的低频振荡。

可见，发生单相接地故障后，尽管未使用 SVC，发电机之间仍然能够重新恢复同步运行，因此具有暂态稳定性。故障清除后，0.6 Hz 的低频振荡迅速衰减。

9.5.3　三相故障

本节对 SVC 和 PSS 均投入使用时的三相故障进行仿真，并观测系统的暂态稳定性。

设置三相故障模块在 0.1 s 时发生三相接地故障，0.2 s 时故障消失。打开 SVC 参数对话框，选择显示"控制参数"参数对话框，将 SVC 的运行模式改为"电压调整"，将"参考电压 Vref"（Reference Voltage Vref）文本框中的值改为 1.009（1.009p. u. 为未投入 SVC 时 SVC 端口的电压稳态值），其余参数不变。开始仿真，仿真结果如图 9-30 所示。

图中波形从上到下依次为转子间相角差、发电机转速、SVC 端口的正序电压、从 SVC 端口看入的等效电纳。为了方便比较，将投入普通 PSS、未投入 SVC（$B_{ref}=0$）时的三相接地故障仿真波形叠加到图 9-30 中。

由图 9-30 可见，未使用 SVC 时，两个发电机在 0.3 s 时迅速单调失去同步，发电机转速单调增大，SVC 等效电纳为 0，表示不向系统吸收无功，也不向系统发送无功。安装 SVC

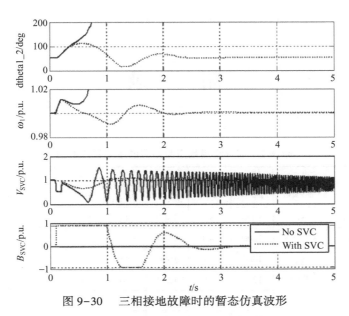

图 9-30   三相接地故障时的暂态仿真波形

后，SVC 的等效电纳在正值和负值间波动，正的电纳表示向系统发送无功，负的电纳表示从系统吸收无功。转子间相角差虽然有短暂时间超过了 90°，但最终以衰减振荡的形式稳定在 53° 附近。因此，尽管发生了最为严重的三相接地故障，但系统仍然具有暂态稳定性。

习题与思考题

9-1   按图 9-31 设计交流电压源的叠加电路，分析线路首端电压的变化情况。两个单相交流电压源分别为 $v_1 = 100\sin(120\pi t + \pi/6)\,\mathrm{V}$ 和 $v_2 = 75\sin(100\pi t + \pi/3)\,\mathrm{V}$。

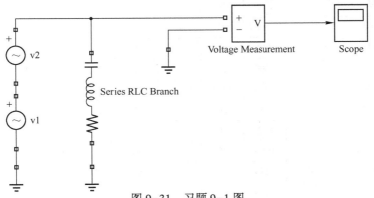

图 9-31   习题 9-1 图

9-2   供电系统如图 9-32 所示，其中线路 L 的参数：长 50 km，$r = 0.17\,\Omega/\mathrm{km}$，$x = 0.402\,\Omega/\mathrm{km}$，变压器 T 的参数：$S_n = 10\,\mathrm{MV\cdot A}$，$V_s\% = 10.5$，$K_T = 110/11$。假定供电点电压 U_1 为 106.5 kV，保持恒定，当空载运行时变压器低压母线发生三相短路。试构建系统进行仿真，并观察短路电流周期分量和冲击电流大小。

图 9-32   习题 9-2 的系统图

285

附　　录

附表 1　部分常用高压断路器的主要技术数据

类别	型号	额定电压/kV	额定电流/A	开断电流/kA	断流容量/MV·A	动稳定电流峰值/kA	热稳定电流/kA	固有分闸时间/s	合闸时间/s	配用操动机构型号
少油户外	SW2-35/1000	35（40.5）	1000	16.5	1000	45	16.5（4 s）	0.06	0.4	CT-2-XG
	SW2-35/1500		1500	24.8	1500	63.4	24.8（4 s）			
少油户内	SN10-35Ⅰ	35（40.5）	1000	16	1000	45	16（4 s）	0.06	0.2	CT10 CT10Ⅳ
	SN10-35Ⅱ		1250	20	1250	50	20（4 s）		0.25	
	SN10-10Ⅰ		630	16	300	40	16（4 s）	0.06	0.15	CT7、8 CD10Ⅰ
			1000	16	300	40	16（4 s）		0.2	
	SN10-10Ⅱ	3000	1000	31.5	500	80	31.5（4 s）	0.06	0.2	CD10Ⅰ
			1250	40	750	125	40（4 s）			
	SN10-10Ⅲ		40	750	125	40（4 s）	40（4 s）	0.07	0.2	CD10Ⅲ
			40	750	125	40（4 s）	40（4 s）			
真空户内	ZN12-40.5	35（40.5）	1250、1600	25	—	63	25（4 s）	0.07	0.1	CT12 等
			1600、2000	31.5	—	80	31.5（4 s）	0.075	0.1	
	ZN12-35		1250~2000	31.5	—	80	31.5（4 s）	0.06	0.075	
	ZN23-40.5		1600	25	—	63	25（4 s）			
	ZN3-10Ⅰ	10（12）	630	8		20	8（4 s）	0.07	0.15	CD10 等
	ZN3-10Ⅱ		1000	20		50	20（2 s）	0.05	0.1	
	ZN4-10/1000		1000	17.3		44	17.3（4 s）	0.05	0.2	
	ZN4-10/1250		1250	20		50	20（4 s）			
	ZN5-10/630		630	20		50	20（2 s）	0.05	0.1	CT8 等
	ZN5-10/1000		1000	20		50	20（2 s）			
	ZN5-10/1250		1250	25		63	25（2 s）			
	ZN12-12/1600		1250 1600 2000	25		63	25（4 s）	0.06	0.1	CT8 等
	ZN24-12/1250-20		1250	20		50	20（4 s）	0.06	0.1	CT8 等
	ZN24-12/1250、2000-31.5		1250、2000	31.5		80	31.5（4 s）			
	ZN28-12/630~1600		630~1600	20		50	20（4 s）			

类别	型 号	额定电压/kV	额定电流/A	开断电流/kA	断流容量/MV·A	动稳定电流峰值/kA	热稳定电流/kA	固有分闸时间/s	合闸时间/s	配用操动机构型号
六氯化硫户内	LN2-35Ⅰ	35（40.5）	1250	16	—	40	16（4s）	0.06	0.15	CT12I
	LN2-35Ⅰ		1250	25	—	63	25（4s）			
	LN2-35Ⅲ		1600	25	—	63	25（4s）			
	LN2-10	10（12）	1250	25	—	63	25（4s）	0.06	0.15	CT12I、CT8I

附表 2　RM10 型低压熔断器的主要技术数据

型 号	熔管额定电压/V	额定电流/A		最大分断能力	
		熔管	熔 体	电流/kA	cosφ
RM10-15	交流 220、380 500 直流 220/440	15	6、10、15	1.2	0.8
RM10-60		60	15、20、25、35、45、60	3.5	0.7
RM10-100		100	60、80、100	10	0.35
RM10-200		200	100、125、160、200	10	0.35
RM10-350		350	200、225、260、300、350	10	0.35
RM10-600		600	350、430、500、600	10	0.35

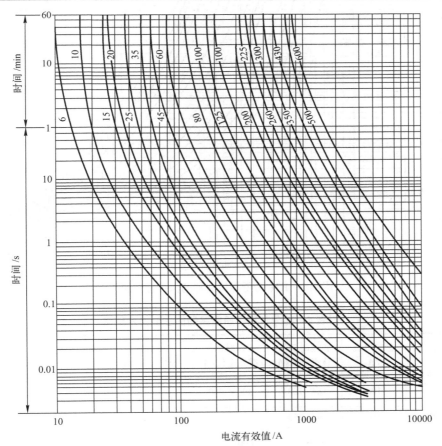

附图 1　RM10 型低压熔断器的保护特性曲线

附表3　RT0 型低压熔断器的主要技术数据

型　　号	熔管额定电压/V	额定电流/A		最大分断电流/kA
		熔管	熔体	
RT0-100	交流 380 直流 440	100	30、40、50、60、80、100	50 （cosφ＝0.1~0.2）
RT0-200		200	（80、100）、120、150、200	
RT0-400		400	（150、200）、250、300、350、400	
RT0-600		600	（350、400）、450、500、550、600	
RT0-1000		1000	700、800、900、100	

注：表中括号内的熔体电流尽量不采用。

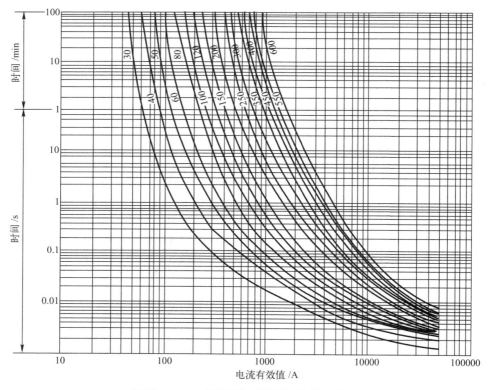

附图2　RT0 型低压熔断器的保护特性曲线

附表4　部分常用低压断路器的主要技术数据

型　　号	额定电流/A	长延时动作整定电流/A	短延时动作整定电流/A	瞬时动作整定电流/A	单相接地动作电流/A	分断能力	
						电流/A	cosφ
DW15-200	100	64~100	300~1000	300~1000 800~2000	—	20	0.35
	150	98~150	—	—			
	200	128~200	600~2000	600~2000 1000~4000			

型　　号	额定电流/A	长延时动作整定电流/A	短延时动作整定电流/A	瞬时动作整定电流/A	单相接地动作电流/A	分断能力	
						电流/A	$\cos\varphi$
DW15-400	200	128~200	600~2000	600~2000 1000~4000	—	25	0.35
	300	192~300	—	—			
	400	256~400	1200~4000	3200~8000			
DW15-600（630）	300	192~300	900~3000	900~3000 1400~6000	—	30	0.35
	400	256~400	1200~4000	1200~4000 3200~8000			
	600	384~600	1800~6000	—			
DW15-1000	600	420~600	1800~6000	6000~12000	—	40 （短延时30）	0.35
	800	560~800	2400~8000	8000~16000			
	1000	700~1000	3000~10000	10000~20000			
DW15-1500	1500	1050~1500	4500~15000	15000~30000			
DW15-2500	1500	1050~1500	4500~9000	10500~21000	—	60 （短延时40）	0.2 （短延时0.25）
	2000	1400~2000	6000~12000	14000~28000			
	2500	1750~2500	7500~15000	17500~35000			
DW15-4000	2500	1750~2500	7500~15000	17500~35000	—	80 （短延时60）	0.2
	3000	2100~3000	9000~18000	21000~42000			
	4000	2800~4000	12000~24000	28000~56000			
DW16-630	100	64~100	—	300~600	50	30 （380 V） 20 （660 V）	0.25 （380 V） 0.3 （660 V）
	160	102~160		480~960	80		
	200	128~200		600~1200	100		
	250	160~250		750~1500	125		
	315	202~315		945~1890	158		
	400	256~400		1200~2400	200		
	630	403~630		1890~3780	315		
DW16-2000	800	512~800	—	2400~4800	400	50	—
	1000	640~1000		3000~6000	500		
	1600	1024~1600		4800~9600	800		
	2000	1280~2000		6000~12000	1000		
DW16-4000	2500	1400~2500	—	7500~15000	1250	80	—
	3200	2048~3200		9600~19200	1600		
	4000	2560~4000		12000~24000	2000		

型　号	额定电流/A	长延时动作整定电流/A	短延时动作整定电流/A	瞬时动作整定电流/A	单相接地动作电流/A	分断能力 电流/A	分断能力 cosφ
DW17-630（ME630）	630	200~400 350~630	3000~5000 5000~8000	1000~2000 1500~3000 2000~4000 4000~8000	—	50	0.25
DW17-800（ME800）	800	200~400 350~630 500~800	3000~5000 5000~8000	1500~3000 2000~4000 4000~8000	—	50	0.25
DW17-1000（ME1000）	1000	350~630 500~1000	3000~5000 5000~8000	1500~3000 2000~4000 4000~8000	—	50	0.25
DW17-1250（ME1250）	1250	500~1000 750~1000	3000~5000 5000~8000	2000~4000 4000~8000	—	50	0.25
DW17-1600（ME1600）	1600	500~1000 900~1600	3000~5000 5000~8000	4000~8000	—	50	0.25
DW17-2000（ME2000）	2000	500~1000 1000~2000	5000~8000 7000~12000	4000~8000 6000~12000	—	80	0.2
DW17-2500（ME2500）	2500	1500~2500	7000~12000 8000~12000	6000~12000	—	80	0.2
DW17-3200（ME3200）	3200	—	—	8000~16000	—	80	0.2
DW17~4000（ME4000）	4000	—	—	10000~20000	—	80	0.2

注：表中低压断路器的额定电压：DW15，直流 220 V，交流 380 V、660 V、1140 V；DW16，交流 400 V、660 V；DW17（ME），交流 380 V、660 V。

附表 5　架空裸导线的最小截面

线　路　类　别		导线最小截面/mm^2 铝及铝合金线	导线最小截面/mm^2 钢芯铝线	导线最小截面/mm^2 铜绞线
35 kV 及以上线路		35	35	35
3~10 kV 线路	居民区	35	25	25
	非居民区	25	16	16
低压线路	一般	16	16	16
	与铁路交叉跨越档	35	16	16

附表 6　绝缘导线芯线的最小截面

线 路 类 别			芯线最小截面/mm²		
			铜芯软线	铜芯线	铝芯线
照明用灯头引线下		室内	0.5	1.0	2.5
		室外	1.0	1.0	2.5
移动式设备线路		生活用	0.75	—	—
		生产用	1.0	—	—
敷设在绝缘支持件上的绝缘导线（L 为支持点距离）	室内	$L \leqslant 2m$	—	1.0	2.5
	室外	$L \leqslant 2m$	—	1.5	2.5
		$2m \leqslant L \leqslant 6m$	—	2.5	4
		$6m \leqslant L \leqslant 15m$	—	4	6
		$15m \leqslant L \leqslant 25m$	—	6	10
穿管敷设的绝缘导线			1.0	1.0	2.5
沿墙明敷的塑料护套线			—	1.0	2.5
板孔穿线敷设的绝缘导线			—	1.0	2.5
PE 线和 PEN 线	有机械保护时		—	1.5	2.5
	无机械保护时	多芯线	—	2.5	4
		单芯干线	—	10	16

附表 7　LJ 型铝绞线和 LGJ 型钢芯铝绞线的允许载流量　　　（单位：A）

导线截面/mm²	LJ 型铝绞线				LGJ 型钢芯铝绞线			
	环境温度/℃				环境温度/℃			
	25	30	35	40	25	30	35	40
10	75	70	66	61	—	—	—	—
16	105	99	92	85	105	98	92	85
25	135	127	119	109	135	127	119	109
35	170	160	150	138	170	159	149	137
50	215	202	189	174	220	207	193	178
70	265	249	233	215	275	259	228	222
95	325	305	286	247	335	315	295	272
120	375	352	330	304	380	357	335	307
150	440	414	387	356	445	418	391	360
185	500	470	440	405	515	484	453	416
240	610	574	536	494	610	574	536	494
300	680	640	597	550	700	658	615	566

注：1. 母线正常工作温度按 70℃ 计。
　　2. 本表载流量按室外架设考虑，无日照，海拔高度 1000 m 及以下。

每相母线条数		单条		双条		三条		四条	
母线放置方式		平放	竖放	平放	竖放	平放	竖放	平放	竖放
母线尺寸宽×厚/mm×mm	40×4	480	503	—	—	—	—	—	—
	40×5	542	562	—	—	—	—	—	—
	50×4	586	613	—	—	—	—	—	—
	50×5	661	692	—	—	—	—	—	—
	63×6.3	910	952	1409	1547	1866	2111	—	—
	63×8	1038	1085	1623	1777	2113	2379	—	—
	63×10	1168	1221	1825	1994	2381	2665	—	—
	80×6.3	1128	1178	1724	1892	2211	2505	2558	3411
	80×8	1274	1330	1946	2131	2491	2809	2863	3817
	80×10	1427	1490	2175	2373	2774	3114	3167	4222
	100×6.3	1371	1430	2054	2253	2633	2985	3032	4043
	100×8	1542	1609	2298	2516	2933	3311	3359	4479
	100×10	1728	1803	2558	2796	3181	3578	3622	4829
	125×6.3	1674	1744	2446	2680	2079	3490	3525	4700
	125×8	1876	1955	2725	2982	3375	3813	3847	5129
	125×10	2089	2177	3005	3282	3725	4194	4225	5633

注：1. 本表载流量按导体最高允许工作温度 70℃、环境温度 25℃、无风、无日照条件下计算而得。如果环境温度不为 25℃，则应乘以下表的校正系数：

环境温度/℃	+20	+30	+35	+40	+45	+50
校正系数	1.05	0.94	0.88	0.81	0.74	0.67

2. 当母线为四条时，平放和竖放时第二、三片间距均为 50mm。

附表 9   10kV 常用三芯电缆的允许载流量及其校正系数

a）10kV 常用三芯电缆的允许载流量

项 目		铝芯电缆允许载流量/A							
绝缘类型		黏性油浸纸		不滴流纸		交联聚乙烯			
钢铠护套						无		有	
缆芯最高工作温度/℃		60		65		90			
敷设方式		空气中	直埋	空气中	直埋	空气中	直埋	空气中	直埋
缆芯截面/mm²	16	42	55	43	59	—	—	—	—
	25	56	75	63	79	100	90	100	90
	35	68	90	77	95	123	110	123	105
	50	81	107	92	111	146	125	141	120

项　目	铝芯电缆允许载流量/A							
	70	106	133	118	138	178	152	173	152
	95	126	160	143	169	219	182	214	182
	120	146	182	168	196	251	205	246	205
缆芯截面 /mm²	150	171	206	189	220	283	223	278	219
	185	195	233	218	246	324	252	320	247
	240	232	272	261	290	378	292	373	292
	300	260	308	295	325	433	332	428	328
	400	—	—	—	—	506	378	501	374
	500	—	—	—	—	579	428	574	424
环境温度/℃		40	25	40	25	40	25	40	25
土壤热阻系数 /℃·m·W⁻¹		—	1.2	—	1.2	—	2.0	—	2.0

注：1. 本表系铝芯电缆数值。铜芯电缆的允许载流量应乘以1.29。

2. 当地环境温度不同时的载流量校正系数见附表9b。

3. 当地土壤热阻系数不同时（以热阻系数1.2为基准）的载流量校正系数见附表9c。

4. 本表根据 GB50217-2018《电力工程电缆设计标准》编制。

b) 电缆在不同环境温度时的载流量校正系数

电缆敷设地点	空气中				土壤中			
环境温度/℃	30	35	40	45	20	25	30	35
缆芯最高 工作温度/℃ 60	1.22	1.11	1.0	0.86	1.07	1.0	0.93	0.85
65	1.18	1.09	1.0	0.89	1.06	1.0	0.94	0.87
70	1.15	1.08	1.0	0.91	1.05	1.0	0.94	0.88
80	1.11	1.06	1.0	0.93	1.04	1.0	0.95	0.90
90	1.09	1.05	1.0	0.94	1.04	1.0	0.96	0.92

c) 电缆在不同土壤热阻系数时的载流量校正系数

土壤热阻系数 /℃·m·W⁻¹	分类特征 （土壤特性和雨量）	校正系数
0.8	土壤很潮湿，经常下雨。如湿度>9%的沙土；湿度>14%的沙-泥土等	1.05
1.2	土壤很潮湿，规律性下雨。如7%<湿度<9%的沙土；湿度为12%～14%的沙-泥土等	1.0
1.5	土壤较干燥，雨量不大。如湿度为8%～12%的沙-泥土等	0.93
2.0	土壤干燥，少雨。如4%<湿度<7%的沙土；湿度为4%～8%的沙-泥土等	0.87
3.0	多石地层，非常干燥。如湿度<4%的沙土等	0.75

附表 10　绝缘导线明敷、穿钢管和穿塑料管时的允许载流量

(导线正常温度为65℃)

a) 绝缘导线明敷时的允许载流量　　　　　　　　　　　　　　　　　（单位：A）

芯线截面 /mm²	橡皮绝缘线								塑料绝缘线							
	环境温度/℃															
	25		30		35		40		25		30		35		40	
	铜芯	铝芯	铜芯	铝芯	铜芯	铝芯	铜芯	铝芯	铜芯	铝芯	铜芯	铝芯	铜芯	铝芯	铜芯	铝芯
2.5	35	27	32	25	30	23	27	21	32	25	30	23	27	21	25	19
4	45	35	41	32	39	30	35	27	41	32	37	29	35	27	32	25
6	58	45	54	42	49	38	45	35	54	42	50	39	46	36	43	33
10	84	65	77	60	72	56	66	51	76	59	71	55	66	51	59	46
16	110	85	102	79	94	73	86	67	103	80	95	74	89	69	81	63
25	142	110	132	102	123	95	112	87	135	105	126	98	116	90	107	83
35	178	138	166	129	154	119	141	109	168	130	156	121	144	112	132	102
50	226	175	210	163	195	151	178	138	213	165	199	154	183	142	168	130
70	284	220	266	206	245	190	224	174	264	205	246	191	228	177	209	162
95	342	265	319	247	295	229	270	209	323	250	301	233	279	216	254	197
120	400	310	361	280	346	268	316	243	365	283	343	266	317	246	290	225
150	464	360	433	336	401	311	366	284	419	325	391	303	362	281	332	257
185	540	420	506	392	468	363	428	332	490	380	458	355	423	328	387	300
240	660	510	615	476	570	441	520	403	—	—	—	—	—	—	—	—

b) 橡皮绝缘导线穿钢管时的允许载流量　　　　　　　　　　　　　（单位：A）

芯线截面 /mm²	芯线材质	2 根单芯线				2 根穿管管径 /mm		3 根单芯线				3 根穿管管径 /mm		4~5 根单芯线				4 根穿管管径 /mm		5 根穿管管径 /mm	
		环境温度/℃						环境温度/℃						环境温度/℃							
		25	30	35	40	SC	MT	25	30	35	40	SC	MT	25	30	35	40	SC	MT	SC	MT
2.5	铜	27	25	23	21	15	20	25	22	21	19	15	20	21	18	17	15	20	25	20	25
	铝	21	19	18	16			19	17	16	15			16	14	13	22				
4	铜	36	34	31	28	20	25	32	30	27	25	20	25	30	27	25	23	20	25	20	25
	铝	38	26	24	22			25	23	21	19			23	21	19	18				
6	铜	48	44	41	37	20	25	44	40	37	34	20	25	39	36	32	30	25	25	25	32
	铝	37	34	32	29			34	31	29	26			30	28	25	23				
10	铜	67	62	57	53	25	32	59	55	50	46	25	32	52	48	44	40	25	32	32	40
	铝	52	48	44	41			46	43	39	36			40	37	34	31				
16	铜	85	79	74	67	25	32	76	71	66	59	32	32	67	62	57	53	32	40	40	50
	铝	66	61	57	52			59	55	51	46			52	48	44	41				

芯线截面/mm²	芯线材质	2根单芯线 环境温度/℃				2根穿管管径/mm		3根单芯线 环境温度/℃				3根穿管管径/mm		4~5根单芯线 环境温度/℃				4根穿管管径/mm		5根穿管管径/mm	
		25	30	35	40	SC	MT	25	30	35	40	SC	MT	25	30	35	40	SC	MT	SC	MT
25	铜	111	103	95	88	32	40	98	92	84	77	32	40	88	81	75	68	40	50	40	—
	铝	86	80	74	68			76	71	65	60			68	63	58	53				
35	铜	137	128	117	107	32	40	121	112	104	95	32	50	107	99	92	84	40	50	50	—
	铝	106	99	91	83			94	87	83	74			83	77	71	65				
50	铜	172	160	148	135	40	50	152	142	132	120	50	50	135	126	116	107	50		70	
	铝	135	124	115	105			118	110	102	93			105	98	90	83				
70	铜	212	199	183	168	50	50	194	181	166	152	50	50	172	160	148	135	70		70	
	铝	164	154	142	130			150	140	129	118			133	124	115	105				
95	铜	258	241	223	204	70	—	232	217	200	183	70	—	206	192	178	163	70	—	80	
	铝	200	187	173	158			180	168	155	142			160	149	138	126				
120	铜	297	277	255	233	70	—	271	253	233	214	70		245	228	216	194	70		80	
	铝	230	215	198	281			210	196	181	166			190	177	164	150				
150	铜	335	313	289	264	70		310	289	267	244	70		284	266	245	224	80	—	100	—
	铝	260	243	224	205			240	224	207	189			220	205	190	174				
185	铜	381	355	329	301	80		348	325	301	275	80		323	301	279	254	80	—	100	—
	铝	295	275	255	233			270	252	233	213			250	233	216	197				

注：1. 穿管线符号：SC-焊接钢管，管径按内径计；M-电线管，管径按外径计。

2. 4~5根单芯线穿管的载流量，指低压TN-C系统、TN-S系统或TN-C-S系统中相线载流量，其中N线或PEN线中可有不平衡电流流过。

c) 橡皮绝缘导线穿硬塑料管时的允许载流量 （单位：A）

芯线截面/mm²	芯线材质	2根单芯线 环境温度/℃				2根穿管管径/mm	3根单芯线 环境温度/℃				3根穿管管径/mm	4~5根单芯线 环境温度/℃				4根穿管管径/mm	5根穿管管径/mm
		25	30	35	40		25	30	35	40		25	30	35	40		
2.5	铜	25	22	21	19	15	22	19	18	17	15	19	18	16	14	20	25
	铝	19	27	16	15		17	15	14	13		15	14	12	11		
4	铜	32	30	27	25	20	30	27	25	23	20	26	23	22	20	20	25
	铝	25	23	21	19		23	21	19	18		20	18	17	15		
6	铜	43	39	36	34	20	37	35	32	28	20	34	31	28	26	25	32
	铝	33	30	28	26		29	27	25	22		26	24	22	20		
10	铜	57	53	49	44	25	52	48	44	40	25	45	41	38	35	32	32
	铝	44	41	38	34		40	37	34	31		35	32	30	27		
16	铜	75	70	65	58	32	67	62	57	53	32	59	55	50	46	32	40
	铝	58	54	50	45		52	48	44	41		46	43	39	36		

芯线截面/mm²	芯线材质	2根单芯线 环境温度/℃				2根穿管管径/mm	3根单芯线 环境温度/℃				3根穿管管径/mm	4~5根单芯线 环境温度/℃				4根穿管管径/mm	5根穿管管径/mm
		25	30	35	40		25	30	35	40		25	30	35	40		
25	铜	99	92	85	77	32	88	81	75	68	32	77	72	66	61	40	40
	铝	77	71	66	60		68	63	58	53		60	56	51	47		
35	铜	123	114	106	97	40	108	101	93	85	40	95	89	83	75	40	50
	铝	95	88	82	75		84	78	72	66		74	69	64	58		
50	铜	155	145	133	121	40	139	129	120	111	50	123	114	106	97	50	65
	铝	120	112	103	94		108	100	93	86		95	88	82	75		
70	铜	197	184	170	156	50	174	163	150	137	50	155	114	133	122	65	75
	铝	153	143	132	121		135	126	116	106		120	112	103	97		
95	铜	237	222	205	187	50	213	199	183	168	65	194	181	166	152	75	80
	铝	184	172	159	145		165	154	142	130		150	140	129	118		
120	铜	271	253	233	214	65	145	228	212	194	65	219	204	190	173	80	80
	铝	210	196	181	166		190	177	164	150		170	158	147	134		
150	铜	323	301	277	254	75	293	273	253	231	75	264	246	228	209	80	90
	铝	250	233	215	297		227	212	196	179		205	191	177	162		
185	铜	364	339	313	288	80	329	307	284	259	80	299	279	258	236	100	100
	铝	282	263	243	223		255	238	220	201		232	216	200	183		

附表 11 垂直管形接地体的利用系数值

a）敷设成一排时（未计入连接扁钢的影响）

管间距离与管子长度之比 a/l	管子根数 n	利用系数 η_E	管间距离与管子长度之比 a/l	管子根数 n	利用系数 η_E
1		0.83~0.87	1		0.67~0.72
2	2	0.90~0.92	2	5	0.79~0.83
3		0.93~0.95	3		0.85~0.88
1		0.76~0.80	1		0.56~0.62
2	3	0.85~0.88	2	10	0.72~0.77
3		0.90~0.92	3		0.79~0.83

b）敷设成环形时（未计入连接扁钢的影响）

管间距离与管子长度之比 a/l	管子根数 n	利用系数 η_E	管间距离与管子长度之比 a/l	管子根数 n	利用系数 η_E
1		0.66~0.72	1		0.44~0.50
3	4	0.76~0.80	2	20	0.61~0.66
2		0.82~0.86	3		0.68~0.73

管间距离与管子长度之比 a/l	管子根数 n	利用系数 η_E	管间距离与管子长度之比 a/l	管子根数 n	利用系数 η_E
1		0.58~0.65	1		0.41~0.47
2	6	0.71~0.75	2	30	0.58~0.63
3		0.78~0.82	3		0.66~0.71
1		0.52~0.58	1		0.38~0.44
2	10	0.66~0.71	2	40	0.56~0.61
3		0.74~0.78	3		0.64~0.69

附表 12　部分电力装置要求的工作接地电阻值

序号	电力装置名称	接地的电力装置特点	接地电阻值	
1	1 kV 以上大电流接地系统	仅用于该系统的接地装置	$R_E \leqslant \dfrac{2000\ \text{V}}{I_k^{(1)}}$ 当 $I_k^{(1)} > 4000$ A 时 $R_E \leqslant 0.5\ \Omega$	
2	1 kV 以上小电流接地系统	仅用于该系统的接地装置	$R_E \leqslant \dfrac{250\ \text{V}}{I_E}$ $R_E \leqslant 10\ \Omega$	
3		与 1 kV 以下系统共用的接地装置	$R_E \leqslant \dfrac{120\ \text{V}}{I_E}$ $R_E \leqslant 10\ \Omega$	
4	1 kV 以下系统	与总容量在 100 kV·A 以上的发电机或变压器相连的接地装置	$R_E \leqslant 10\ \Omega$	
5		上述（序号4）装置的重复接地	$R_E \leqslant 10\ \Omega$	
6		与总容量在 100 kV·A 及以下的发电机或变压器相连的接地装置	$R_E \leqslant 10\ \Omega$	
7		上述（序号6）装置的重复接地	$R_E \leqslant 30\ \Omega$	
8	避雷装置	独立避雷针和避雷器		$R_E \leqslant 10\ \Omega$
9		变配电所装设的避雷器	与序号4装置共用	$R_E \leqslant 4\ \Omega$
10			与序号6装置共用	$R_E \leqslant 10\ \Omega$
11		线路上装设的避雷器或保护间隙	与电机无电气联系	$R_E \leqslant 10\ \Omega$
12			与电机有电气联系	$R_E \leqslant 5\ \Omega$
13	防雷建筑物	第一类防雷建筑物		$R_E \leqslant 10\ \Omega$
14		第二类防雷建筑物		$R_E \leqslant 10\ \Omega$
15		第三类防雷建筑物		$R_{sh} \leqslant 30\ \Omega$

注：R_E 为工频接地电阻；R_{sh} 为冲击接地电阻；$I_k^{(1)}$ 为流经接地装置的单相短路电流；I_E 为单相接地电容电流。

土 壤 名 称	电阻率/Ω·m	土 壤 名 称	电阻率/Ω·m
陶黏土	10	砂质黏土、可耕地	100
泥炭、泥灰岩、沼泽地	20	黄土	200
捣碎的木炭	40	含砂黏土、砂土	300
黑土、田园土、陶土	40	多石土壤	400
黏土	60	砂、沙砾	1000

附表14 普通白炽灯的主要技术参数

型 号	额定功率/W	额定光通量/lm	型 号	额定功率/W	额定光通量/lm
PZ220-15	15	110	PZ220-500	500	8300
PZ220-25	25	220	PZ220-1000	1000	18600
PZ220-40	40	350	PZS220-36	36	350
PZ220-60	60	630	PZS220-40	40	415
PZ220-100	100	1250	PZS220-55	55	630
PZ220-150	150	2090	PZS220-60	60	715
PZ220-200	200	2920	PZS220-94	94	1250
PZ220-300	300	4610	PZS220-100	100	1350

附表15 GC1-A/B-1型配照灯的主要技术数据和计算图表

1. 主要规格数据

规格	数据
光源容量	白炽灯 150W
遮光角	8.7°
灯具效率	85%
最大距高比	1.25

2. 灯具外形及配光曲线

3. 灯具利用率 u

顶棚反射比 ρ_c（%）		70			50			30			0
墙壁反射比 ρ_w（%）		50	30	10	50	30	10	50	30	10	0
室空间比（$\rho_r=20\%$）	1	0.85	0.82	0.78	0.82	0.79	0.76	0.78	0.76	0.74	0.70
	2	0.73	0.68	0.63	0.70	0.66	0.61	0.68	0.63	0.60	0.57
	3	0.64	0.57	0.51	0.61	0.55	0.50	0.59	0.54	0.49	0.46
	4	0.56	0.49	0.43	0.54	0.48	0.43	0.52	0.46	0.42	0.39
	5	0.50	0.42	0.36	0.48	0.41	0.36	0.46	0.40	0.35	0.33
	6	0.44	0.36	0.31	0.43	0.36	0.31	0.41	0.35	0.30	0.28
	7	0.39	0.32	0.26	0.38	0.30	0.26	0.37	0.30	0.26	0.24
	8	0.35	0.28	0.23	0.34	0.28	0.23	0.33	0.27	0.23	0.21
	9	0.32	0.25	0.20	0.31	0.24	0.20	0.30	0.24	0.20	0.18
	10	0.29	0.22	0.17	0.28	0.22	0.17	0.27	0.21	0.17	0.16

4. 灯具概算图表

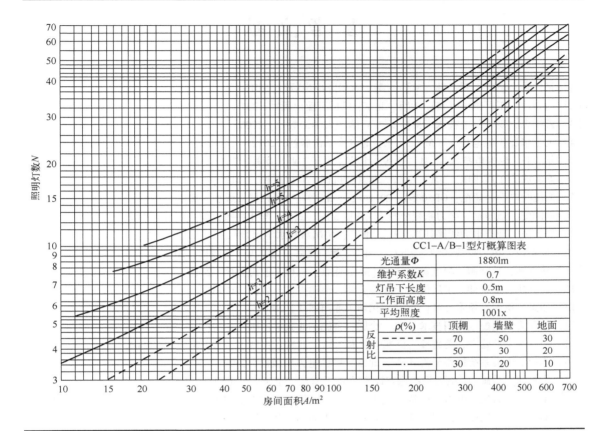

CC1-A/B-1型灯概算图表			
光通量Φ	1880lm		
维护系数K	0.7		
灯吊下长度	0.5m		
工作面高度	0.8m		
平均照度	100lx		
反射比	ρ(%)	顶棚	墙壁	地面
	70	50	30
	50	30	20
	30	20	10

参 考 文 献

［1］张铁岩．电气工程基础［M］．北京：人民邮电出版社，2012．

［2］刘介才．工厂供电［M］．3版．北京：机械工业出版社，2015．

［3］孟祥忠．现代供电技术［M］．北京：清华大学出版社，2006．

［4］王玉华．供配电技术［M］．北京：北京大学出版社，2012．

［5］唐志平．供配电技术．［M］．3版．北京：电子工业出版社，2013．

［6］苏文成．工厂供电．［M］．2版．北京：机械工业出版社，2012．

［7］低压配电设计规范：GB50054—2011［S］．北京：中国计划出版社，2012．

［8］何仰赞，温增银．电力系统分析．［M］．3版．武汉：华中科技大学出版社，2002．

［9］胡安民．架空电力线路计算［M］．北京：中国水利水电出版社，2014．

［10］夏新民．电力电缆选型与敷设．［M］．2版．北京：化学工业出版社，2012．

［11］狄富清，狄晓渊．配电实用技术［M］．北京：机械工业出版社，2012．

［12］黄纯华，刘维仲．工厂供电［M］．天津：天津大学出版社，1996．

［13］居荣．供配电技术［M］．北京：化学工业出版社，2005．

［14］胡孔忠．供配电实用技术［M］．合肥：合肥工业大学出版社，2012．

［15］何首贤，葛廷友，姜秀玲．供配电技术［M］．北京：中国水利水电出版社，2005．

［16］陈珩．电力系统稳态分析［M］．北京：中国电力出版社，2007．

［17］华智明，岳湖山．电力系统稳态计算［M］．重庆：重庆大学出版社，1991．

［18］温步瀛，唐巍．电力工程基础［M］．2版．北京：中国电力出版社，2014．

［19］刘学军．继电保护原理［M］．北京：中国电力出版社，2007．

［20］贺家李，宋从矩．电力系统继电保护原理（增订版）［M］．北京：中国电力出版社，2004．

［21］孙树勤．电压波动与闪动［M］．北京：中国电力出版社，1999．

［22］赵德申．供配电技术应用［M］．北京：高等教育出版社，2004．

［23］李军．供配电技术［M］．北京：中国轻工业出版社，2007．

［24］吕梅蕾，武玉忠．工厂供电技术［M］．天津：天津大学出版社，2009．

［25］王晶，翁国庆，张有兵．电力系统的 MATLAB/SIMULINK 仿真与应用［M］．西安：西安电子科技大学出版社，2008．